Gerhardt · Pilzführer

BLV Bestimmungsbücher

1 Pilze
2 Pflanzenführer
3 Meeresfische
4 Süßwasserfische
5 Aquarienfische
6 Heilpflanzen
7 Steine + Mineralien
8 Sterne + Planeten
9 Tierspuren
10 Pflanzen- und Tierwelt der Alpen
11 Bäume + Sträucher
12 Blumen am Mittelmeer
13 Pflanzen Europas
14 Hunderassen der Welt
15 Insekten + Weichtiere
16 Muscheln + Schnecken
17 Edel- und Schmucksteine
18 Katzenrassen der Welt
19 Säugetiere Afrikas
20 Wetterkunde für alle
21 Die Höhlen Europas
22 Bäume + SträucherEuropas
23 Vögel
24 Pferderassen der Welt
25 Orchideen Europas
26 Tierische Schädlinge
27 Aquarienpflanzen
28 Farne, Moose, Flechten
29 Gräser
30 Pflanzen der Tropen
31 Pilzführer

BLV Naturführer

102 Nachtfalter
103 Pilze
104 Vögel
105 Alpenblumen
106 Heimische Pflanzen 1
107 Strand + Küste
108 Aquarienfische
109 Mineralien
110 Heimische Pflanzen 2
111 Insekten
112 Säugetiere
113 Fische
114 Giftpflanzen, Gifttiere
115 Wasservögel, Strandvögel
116 Bäume + Sträucher
117 Bach – Fluß – See
118 Heilpflanzen
119 Wolkenbilder – Wettervorhersage
120 Schmetterlinge
121 Wald und Forst
122/123 Mein Hobby: Vögel beobachten
124/125 Mein Hobby: Steine sammeln
126 Sterne und Sternbilder
127 Versteinerungen

Weitere BLV Naturbücher

Bergmann/Helb, Stimmen der Vögel Europas
Bianchini/Corbetta/Pistoia, Der große Heilpflanzenatlas
Cetto, Der große Pilzführer, Band 1–3
Eisenreich/Bacher, Der große BLV Naturführer
Keith/Gooders, BLV Vogelführer
Mottana/Crespi/Liborio, Der große BLV Mineralienführer
Nielsen/Hancke, Heilpflanzen in Farbe
Pacioni, Das neue BLV Pilzbuch
Schauer/Caspari, Der große BLV Pflanzenführer
Schuhmacher, Korallenriffe

BLV Bestimmungsbuch

Pilzführer

245 wichtige Speise- und Giftpilze
in 267 Farbfotos abgebildet und beschrieben

Ewald Gerhardt

Zweite, durchgesehene Auflage

BLV Verlagsgesellschaft
München Wien Zürich

CIP-Kurztitelaufnahme der Deutschen Bibliothek

Gerhardt, Ewald:
Pilzführer: 245 wichtige Speise- u. Giftpilze
in 267 Farbfotos abgebildet u. beschrieben /
Ewald Gerhardt. – 2., durchges. Aufl. – München;
Wien; Zürich: BLV Verlagsgesellschaft, 1982.
(BLV Bestimmungsbuch; 31)
ISBN 3-405-12484-0

NE: GT

Bildnachweis:

Heinz Michaelis: Nr. 237
Marina Gerhardt: Nr. 45
Alle anderen Fotos sind vom Autor

BLV Bestimmungsbuch 31

Farbreproduktionen: Eurocrom 4, Treviso
Satz und Druck: R. Oldenbourg, München
Buchbinder: Hans Klotz, Augsburg

Printed in Germany · ISBN 3-405-12484-0

Vorwort

Pilze sind eine Pflanzengruppe, die von jeher ein besonderes Interesse bei den Menschen erregte. Das launenhafte, oft sporadische Auftreten und die Vielgestaltigkeit dieser Gewächse mögen dazu beitragen. Auch die Tatsache, daß einige Arten ein kulinarischer Leckerbissen, andere wiederum tödlich giftig sind, erweckt in uns Verlangen, flößt aber auch Respekt ein.
Dieses Buch ist für den Pilzsammler bestimmt, der sich bemüht, die eßbaren Arten von den giftigen zu unterscheiden. Es wurde daher trotz aller wissenschaftlichen Exaktheit besonders auf allgemeine Verständlichkeit und Klarheit in der Darstellung geachtet. Aus der großen und fast unüberschaubaren Vielzahl der Pilzarten wurden deshalb solche ausgewählt, die nicht nur besonders häufig, sondern auch aufgrund ihres äußeren Erscheinungsbildes gut kenntlich sind. Besonderer Wert wird auf die Giftpilze gelegt, die den eßbaren gegenübergestellt und mit ihnen verglichen werden.
Als Darstellungsweise wird die Standortfotografie gewählt, die den großen Vorteil besitzt, daß die für die Bestimmung und Charakterisierung der Pilzart oft so wichtige direkte Umgebung, also der Biotop, mit abgebildet wird.
Vorliegendes Werk ist in erster Linie ein Bestimmungsbuch. Gerade bei der Pilzbestimmung sind die nicht sichtbaren Merkmale wie Geruch, Geschmack, Verfärbung des Fleisches bei Anschnitt, oder Feinheiten der Pilzgestalt, die für das ungeübte Auge schwer sichtbar sind, von großer Bedeutung. Mehrere Bestimmungsschlüssel, nach gut erkennbaren Merkmalen aufgebaut, sollen eine leichtere Überschaubarkeit des im Bilde vielfältig Dargestellten ermöglichen.
Es ist mein Wunsch, dem Leser die Pilze nicht nur als eßbare oder giftige Objekte, sondern auch als schützenswerte Naturschönheiten darzustellen. Gerade in der heutigen technisierten Zeit benötigt der Mensch als Ausgleich eine geistige Beschäftigung mit Dingen, die nicht von Technik geprägt sind. Pilze sind dafür bestens geeignet. Ihnen kommt daher gerade heute eine Bedeutung zu, die weit über die Frage »Eßbar oder giftig« hinausgeht.
An dieser Stelle möchte ich all jenen herzlich danken, die direkt oder indirekt am Gelingen dieses Werkes beteiligt waren, insbesondere meiner Frau Marina. Herrn Heinz Michaelis danke ich für das Foto vom Kronenbecherling. Den verantwortlichen Damen und Herren des BLV-Verlages danke ich für großzügiges Entgegenkommen bezüglich der Ausstattung des Werkes.

Ewald Gerhardt

Inhaltsübersicht

Einführung

Was sind Pilze, und wie leben sie?

Alle Pflanzen, die Blattgrün (Chlorophyll) enthalten, wie Bäume und Sträucher, Kräuter, Moose, Farne oder Algen, sind in der Lage, mit Hilfe von Chlorophyll und Sonnenenergie aus Kohlendioxyd und Wasser eigene Aufbaustoffe zu gewinnen. Man nennt diesen Vorgang Fotosynthese. Pilze sind, da sie kein Blattgrün enthalten, dazu nicht in der Lage und bilden somit eine Sonderstellung im Pflanzenreich. Sie sind auf schon fertige organische Substanzen ihrer Umwelt angewiesen. Ein umgestürzter Baumstamm, Humusboden, abgestorbene Kräuterstengel, tote Blätter oder Reste eines toten Tieres dienen ihnen als Nahrungsquelle. Pilze, die derartige Substrate besiedeln und diese abbauen, nennt man **Saprophyten** (Fäulnisbewohner). Andere Arten greifen an Wundstellen lebende Organismen (z. B. Bäume) an und schaden diesen. Es sind die **Parasiten**, zu denen beispielsweise der Hallimasch und viele baumbewohnende Porlinge gehören. Zwischen Parasiten und Saprophyten läßt sich nicht immer eine strenge Grenze ziehen, da es hier viele Übergänge gibt. Ein Kiefernporling, der als typischer Parasit alten Kiefern schadet, wächst am umgestürzten Stamm oft noch mehrere Jahre als Saprophyt weiter. Die dritte sehr wichtige Gruppe sind die **Symbionten**, die mit unseren Bäumen eine Lebensgemeinschaft eingehen. Beide Teile, Baum und Pilz, ziehen einen gemeinsamen Nutzen aus diesem Zusammenleben, welches **Mykorrhiza** heißt. Viele bekannte Speise- und Giftpilze gehören hierher, wie Ritterlinge, Täublinge, Schnecklinge, Milchlinge, Röhrlinge und Knollenblätterpilze.
Pilze erfüllen also in vielfältiger Weise bestimmte Aufgaben im Kreislauf der Natur, ohne die ein Leben auf unserer Erde nicht denkbar wäre. Die eigentliche Pilzpflanze lebt unterirdisch, im Substrat verborgen. Sie besteht aus einem feinen verzweigten Fadengeflecht, dem Myzel (Abb. rechts), welches lichtempfindlich ist.

Myzel eines Rindenpilzes *(Corticiaceae)* an der Unterseite eines am Boden liegenden Astes.

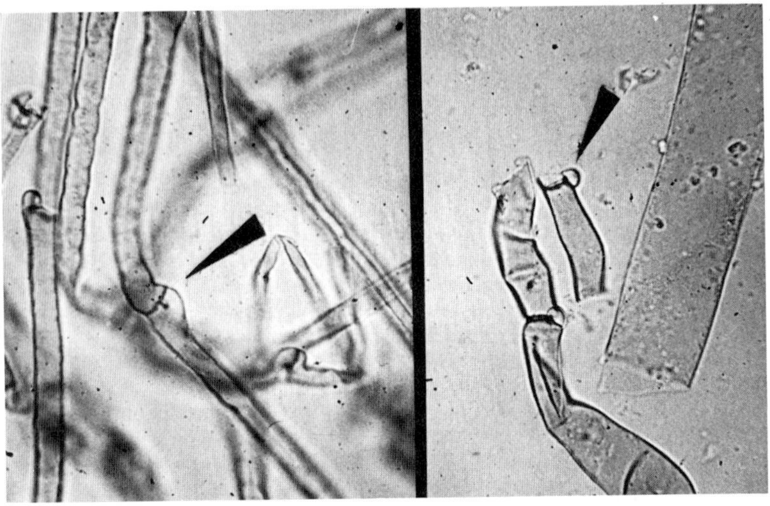

Hyphen mit Schnallen. Links: aus der Huthaut eines Schleierlings der Untergattung *Telamonia*; rechts: aus dem Velum eines Schirmlings *(Lepiota)* (ca. × 1000).

Der einzelne »Faden«, die eigentliche Pilzzelle, deren Wand größtenteils aus Chitin besteht, heißt Hyphe (Abb. oben).
Diese und folgende Angaben gelten im wesentlichen für sog. höhere Pilze, zu denen die bekannten Speise- und Giftpilze gehören. Niedere Pilze, die oft schimmelartige Oberflächenmyzelien bilden, werden in diesem Buch nicht behandelt.

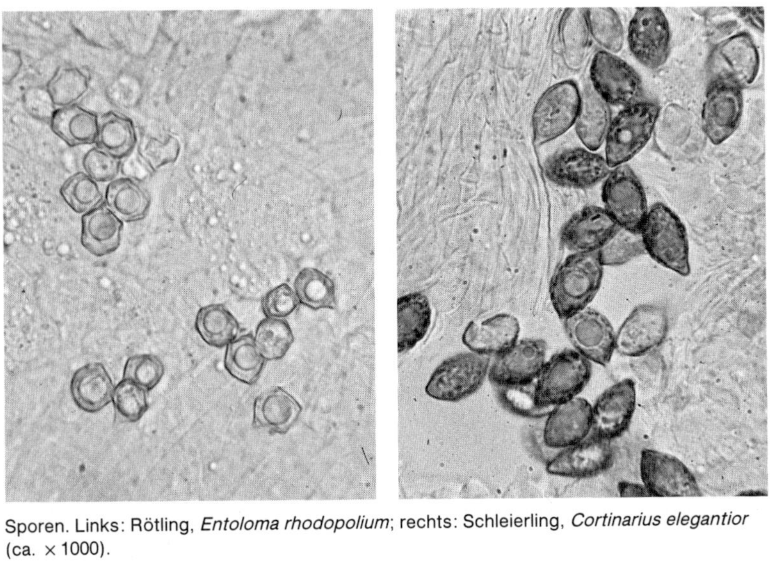

Sporen. Links: Rötling, *Entoloma rhodopolium*; rechts: Schleierling, *Cortinarius elegantior* (ca. × 1000).

Bei den bekannten Großpilzen besitzen die Hyphen echte Querwände (Septen). Der Durchmesser der »Fäden« beträgt nur einige tausendstel Millimeter. Das ganze Myzel kann aber den Boden quadratmetergroß durchziehen und viele Jahre, in einzelnen Fällen sogar Jahrhunderte überleben. Unter günstigen Umständen bildet es Fruchtkörper, die dann für uns sichtbar werden und als »Pilze« aus dem Boden »schießen«.
Der Fruchtkörper hat die Aufgabe, für die Bildung und Verbreitung der Sporen (Abb. S. 8 unten), mit denen sich der Pilz vermehrt, zu sorgen. Die Sporen sind im Gegensatz zu den Samen der höheren Pflanzen winzig und enthalten nicht wie diese Nahrungsreserven für die Jungpflanze. Die Durchschnittslänge beträgt etwa 10 tausendstel Millimeter. Wegen des geringen Gewichtes erfolgt die Verbreitung, ähnlich wie bei den Pollen der Gräser, durch den Wind. Die Pilzfruchtkörper sind wie das Myzel aus Hyphen aufgebaut, die in bestimmter Weise miteinander verflochten sind, so daß ein Scheingewebe (Plectenchym) entsteht. Hier spielen sich auch die Vorgänge ab, die der Erzeugung der nächsten Pilzgeneration dienen.

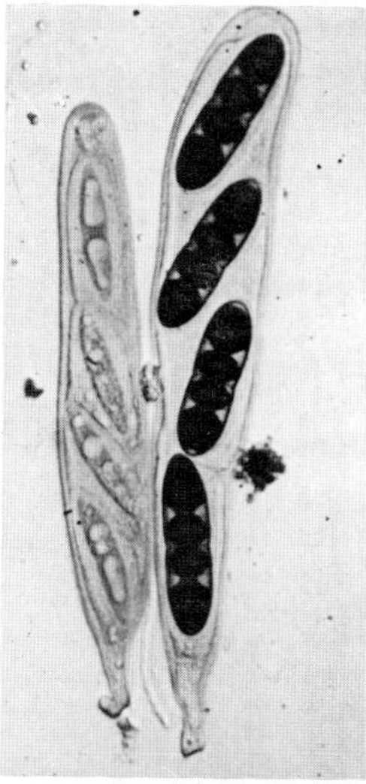

Viersporige Schläuche von *Pseudovalsa irregularis (Ascomycetes)* (ca. × 500).

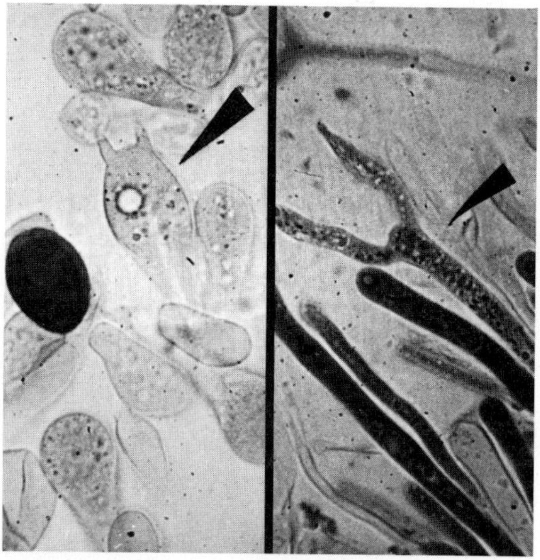

Basidien (siehe Pfeil). Links: Basidie eines Parasolpilzes, *Macrolepiota procera;* rechts: gegabelte Basidie einer Gallertträne *(Dacrymyces)*. Auf der linken Bildhälfte ist noch eine Spore des Parasolpilzes zu sehen (ca. × 1000).

Die höheren Pilze werden in zwei große Gruppen (Klassen) eingeteilt. Bei der Klasse der Schlauchpilze *(Ascomycetes)* werden die Sporen im Innern von mikroskopisch kleinen Schläuchen (Asci, Abb. oben links) gebildet. Ein Schlauch enthält meistens 8 Sporen, die Anzahl kann aber je nach Art auch 2, 4, 16 oder mehr betragen. Die andere große Klasse sind die Ständerpilze *(Basidiomycetes)*. Hier entstehen die Sporen meist zu 4 auf sog. Sporenständern (Basidien, Abb. oben rechts). Die Schläuche oder Sporenständer sind in den Fruchtkörpern an ganz bestimmten Stellen lokalisiert. Sie stehen dort dicht an dicht gedrängt und

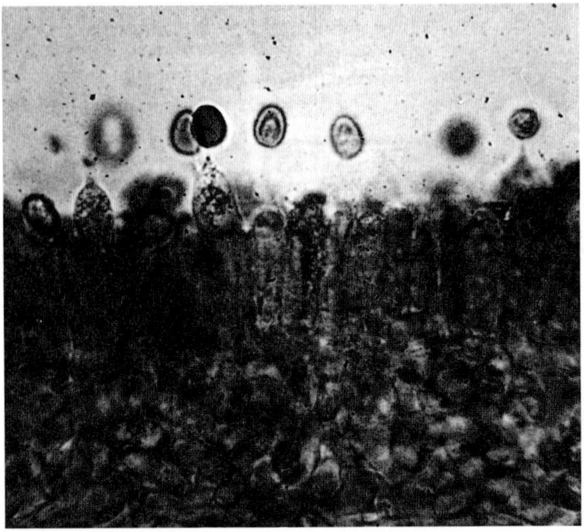

Hymenium eines Zweisporigen Champignons, *Agaricus bisporus (Basidiomycetes)*. Der Ausschnitt des Lamellenquerschnittes zeigt die senkrecht nebeneinander liegenden zweisporigen Basidien, an denen teilweise noch die Sporen haften (ca. × 1000).

bilden die Fruchtschicht (Hymenium, Abb. oben). Die Lage dieser Schicht ist ein wichtiges Merkmal zur systematischen Einteilung der Großpilze. Bei Lamellenpilzen überzieht die Fruchtschicht die Lamellenflächen der Hutunterseite, bei Röhrenpilzen überkleidet sie die Innenseite der Röhren, bei Becherlingen die Innenseite des schalenförmigen Fruchtkörpers usw.

Bei Pilzen, die in Hut und Stiel eingeteilt sind, beobachtet man häufig an der Hutunterseite Lamellen (Abb. unten), Röhren (Abb. S. 11 oben), Stacheln (Abb. S. 11 unten), Leisten oder Falten. Dies ist ein Hilfsmittel der Natur, die Oberfläche der

Hutunterseite eines Pappelschüpplings, *Pholiota destruens*, mit Blick auf die Lamellen, deren Schneide deutlich gekerbt ist.

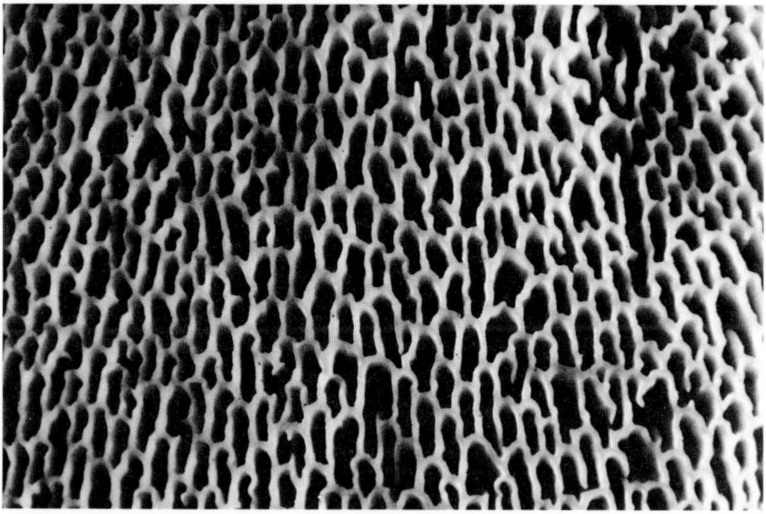

Röhrenschicht eines Schuppigen Porlings, *Polyporus squamosus*.

Fruchtschicht zu vergrößern, um möglichst viele Sporen bilden zu können. Bei weniger hoch entwickelten holzbewohnenden Schichtpilzen, Rindenpilzen oder bodenbewohnenden Keulen- oder Korallenpilzen ist das Hymenium häufig glatt. Reife Sporen werden unter Zuhilfenahme von Wasser aktiv abgeschleudert. Aus diesen können sich dann unter günstigen Umständen neues Myzel und neue Fruchtkörper entwickeln.

Stacheln an der Hutunterseite von *Sarcodon glaucopus*.

Bei einer Untergruppe der Ständerpilze, den Bauchpilzen, verbleiben die Sporen im Innern der Fruchtkörper und werden erst durch mechanische Reize (Regentropfen, Berührung) nach außen befördert. Dies ist z. B. bei den häufigen Stäublingen und den bizarr anmutenden Erdsternen der Fall. Die meisten Pilzarten bilden ihre Fruchtkörper oberirdisch aus. Bei einigen Gruppen werden diese auch unter der Erdoberfläche angelegt. So bei einigen Schlauchpilzen, wie den Trüffeln, und bei etlichen Bauchpilzen, z. B. den Erdnüssen. Die unterirdisch wachsenden Arten werden gern vom Wild aufgespürt und gefressen. Die Ausbreitung erfolgt dann über den Kot der Tiere, in dem sich die Sporen keimfähig erhalten oder es dadurch erst werden.
Einige bodenbewohnende Pilzarten zeigen ihre Fruchtkörper in kreisförmiger Anordnung, dem sog. »Hexenring«. Ein Myzel, welches sich im Boden ungehindert ausbreiten kann, bedeckt in etwa eine Kreisfläche, da es, von einem Punkte ausgehend, gleichmäßig nach allen Seiten auswächst. Die Nahrungsstoffe werden dabei zur Peripherie transportiert, wo auch die Fruchtkörper erscheinen. Das Myzel stirbt innen ab oder wird inaktiv und wächst nach außen weiter. Deshalb vergrößert sich der Kreisring von Jahr zu Jahr. Die Hexenringe des Feldschwindlings sind häufig auf den Wiesen zu bewundern. Im Bereich der Fruchtkörper stirbt das Gras ab, weil dort vom Myzel wuchshemmende (antibiotische) Stoffe ausgeschieden werden. An der Innenseite des Ringes wuchert es besonders stark, da hier das Wachstum durch den Pilz begünstigt wird.
Es wird geschätzt, daß bisher auf der Welt etwa 60 000 Pilzarten bekannt sind. Damit sind alle pilzlichen Organismen gemeint. Dazu gehören winzige vergängliche Formen, Schimmelpilze, Hefen, Rost- und Brandpilze, Mehltau und viele andere. Da das Gebiet der Mykologie (Pilzkunde) so ungeheuer groß ist, muß sich der Mykologe (Pilzwissenschaftler) auf kleinere Spezialgebiete beschränken, die oft immer noch fast unüberschaubar sind. Allein in Mitteleuropa sind heute zwischen 3000 und 4000 Pilzarten bekannt, die größere, für das Auge gut sichtbare Fruchtkörper bilden, die sog. *Makromyzeten.* Mit einem kleinen Teil der Großpilze befaßt sich dieses Buch. Nämlich mit einigen gut kenntlichen häufigen Arten. Für Speisezwecke kommen von den fast 4000 Pilzen nur noch einige hundert in Frage. Etwa 100 für den Menschen irgendwie schädliche Arten sind bekannt. Wegen der besseren Erforschung der Pilzinhaltsstoffe wird sich die Zahl in Zukunft wohl noch erhöhen. Etwa 10 Arten sind tödlich giftig oder können es wenigstens sein. Einige davon sind zum Glück recht selten oder treten nicht in größeren Mengen auf.

Die Standorte

Die weitaus meisten Speise- und Giftpilze wachsen im Wald. Jeder Waldtyp hat seine charakteristische Pilzflora, die von den auftretenden Baumarten und vom pH-Wert des Bodens sowie von seiner Beschaffenheit abhängig ist. Der bekannte Grünling ist ein Bewohner des Kiefernwaldes auf Sandboden. Der Doppeltbescheidete Scheidenstreifling bevorzugt lehm- und kalkhaltige Böden mit Laubbäumen. Ähnlich wie bei vielen Kräutern sind auch gewisse Pilzarten Anzeiger für einen bestimmten Bodentyp. Auch der lichte Waldrand kann ein Lebensraum für bestimmte Arten wie Parasolpilz und Safranschirmling sein. Auf offenen Wiesen oder Almweiden finden sich häufig einige Champignonarten, der danach benannte Almen-Weichritterling, der Hasen-Stäubling und viele Saftlinge und El-

lerlinge. Der Schopftintling, ein guter Speisepilz, hat eine Vorliebe für neu angelegte Wiesen zwischen den Neubauten der Großstädte.
Die von Pilzen besiedelbaren Standorte sind außerordentlich vielfältig. Wer nach bestimmten Arten sucht, sollte sich vorher darüber im klaren sein, zu welcher ökologischen Gruppe der Gesuchte gehört. So sind die Mykorrhiza-Pilze von den in einer Waldgesellschaft wachsenden Baumarten abhängig, die Parasiten von der Art ihres Wirtes. Auch die Fäulnisbewohner bevorzugen oft in ganz spezieller Weise ein bestimmtes Substrat.

Standorte der Mykorrhiza-Pilze

Bei dieser schon erwähnten Symbiose zwischen Baum und Pilz umspinnt das Myzel die feinen Wurzelenden der Bäume und dringt teilweise in die obersten Zellen ein. So ist ein Stoffaustausch der beiden Partner möglich. Diese Ektomykorrhiza ist der am häufigsten auftretende Symbiosetyp, der von den hier interessierenden Großpilzen bevorzugt wird. Während der Kahle Krempling noch mit mehreren Baumarten eine Lebensgemeinschaft eingehen kann oder sogar ganz darauf verzichtet, gibt es andere, die nur mit bestimmten Bäumen zusammenleben. Der Grüne Knollenblätterpilz bevorzugt Eichen und Buchen, der Sommersteinpilz Eichen, der Große Gelbfuß Fichten, der Frostschneckling Kiefern. Dabei spielt der pH-Wert des Bodens ebenfalls eine ausschlaggebende Rolle. So ist der Goldröhrling ein ausschließlicher Begleiter der Lärche auf allen Böden. Der Graue und der Rostrote Lärchenröhrling folgen diesem Baum nur auf Kalkböden. Im Gegensatz dazu wächst der Chromgelbe Graustieltäubling auf sauren Moorböden unter Moorbirken.

Standorte der Parasiten

Die meisten parasitisch lebenden Arten finden wir unter den baumbewohnenden »Porlingen« (*Poriaceae* u. a.), die im Volksmund auch als »Baumschwämme« bezeichnet werden. Der Schwefelporling, dessen leuchtend gelbe Fruchtkörper meist im Mai erscheinen, befällt verschiedene Laubbäume wie Eichen, Linden, Robinien, Pappeln, Weiden u. a. Der bekannte Birkenporling ist ausschließlich an Birken zu finden, die er bald zum Absterben bringt. Ein gefährlicher Parasit ist auch der Echte Zunderschwamm, dessen bevorzugte Wirte Rotbuche und Birke sind. Seine Fruchtkörper sind mehrjährig und erzeugen jedes Jahr eine neue Fruchtschicht, die aus Röhren besteht, während das alte Hymenium zwar erhalten bleibt, aber weitgehend inaktiv wird. Bei einem Längsschnitt kann man die je nach Alter verschieden hohe Anzahl der Röhren erkennen. Am umgestürzten Stamm wächst der Pilz noch einige Zeit weiter. Da er bei seinem Wachstum der Schwerkraft folgt, wird die nach dem Umstürzen neu gebildete Röhrenschicht wieder so gebildet, daß die Röhren genau senkrecht stehen. Das ist wichtig für den ungehinderten Sporenauswurf. Dieses Phänomen nennt man Geotropismus. Der Pilzsammler begegnet deshalb oft an umgefallenen Baumstämmen eigenartig verwinkelten Porlingsfruchtkörpern.
Bekannte Baumparasiten aus der Ordnung der Blätterpilze *(Agaricales)* sind Hallimasch und Sparriger Schüppling.
Durch den Pilzbefall entsteht im Holz ein unterschiedlich aussehendes Schadbild.

Die am häufigsten auftretenden Formen sind, wie der Forstmann sagt, Weiß- und Braunfäule. Bestimmte Pilzarten erzeugen ihren speziellen Stammfäuletyp. Bei der Braunfäule wird vorwiegend Zellulose abgebaut, während beim Weißfäuletyp der Pilz die Kohlenhydrate (Zellulose) und das Lignin aufzehrt.
Eine besonders interessante Form des Parasitismus ist die zwischen Pilz und Pilz. Der Schmarotzerröhrling wächst nur auf noch lebenden Fruchtkörpern des Kartoffelbovistes, die er stark schädigt. Die Zungenkernkeule parasitiert auf unterirdisch wachsenden Hirschtrüffeln. Sie erzeugt ihre Fruchtkörper an der Erdoberfläche. Beim Nachgraben erkennt man die leuchtend gelben Myzelstränge, die eine Verbindung zum Wirt herstellen. Mit etwas Glück entdeckt der Naturfreund auch die dazugehörige Hirschtrüffel im Boden.

Standorte der Fäulnisbewohner (Saprophyten)

Die weitaus größte Zahl der Großpilze sind Saprophyten. Hier werden von Pilzen die vielfältigsten Substrate abgebaut und umgesetzt. Neben Arten auf ganz speziellen Unterlagen gibt es zwei Hauptgruppen: Boden- und Holzbewohner.
Das Myzel der **Bodenbewohner** ernährt sich oft von abgestorbenen Blättern oder Nadeln des Waldbodens. Die Trichterlinge, Rüblinge, Schwindlinge und einige Helmlinge gehören hierher. Einige Champignonarten lieben stickstoffreichen, naturgedüngten Boden und haben eine vielen sicher bekannte Vorliebe für Pferdemist. Auch Düngerlinge, der Name sagt es, sind an ähnlichen Standorten anzutreffen. Mistpilze, einige Tintlinge und Zärtlinge sind ebenfalls stickstoffliebend, man nennt sie »coprophil«.
Das Myzel der **Holzbewohner** durchdringt und verarbeitet totes Holz. Hierzu gehören die vielen saprophytisch lebenden Porlinge, Schicht- und Rindenpilze; aber auch viele bekannte Lamellenpilze wie Stockschwämmchen, Schwefelköpfe und Dachpilze. Es ist oft artcharakteristisch, ob der Pilz an Nadel- oder an Laubholz wächst. Das eßbare Stockschwämmchen besiedelt fast ausschließlich Laubholz, während sein giftiger Doppelgänger, der Nadelholzhäubling, an totem Nadelholz lebt. Oft ist die Substratabhängigkeit eines Holzbewohners nicht leicht zu erkennen. Der Breitblättrige Rübling kann scheinbar am Boden auftreten, dann sind jedoch mit Sicherheit Holzreste im Boden versteckt. Einige erwähnenswerte Spezialstandorte sind vergrabene Kiefernzapfen, auf denen die Zapfenrüblinge und der Ohrlöffelstacheling wachsen, abgestorbene Fruchthüllen von Buchen und Eßkastanien, auf denen bestimmte Schlauchpilze vorkommen, oder vorjährige Erlenkätzchen, die schom im März von einem Kleinbecherling *(Ciboria amentacea)* besiedelt werden. Wer großes Glück hat, kann sogar auf dem Stachelkleid eines toten Igels den Schlauchpilz *Onygena corvina* finden.
Eine andere Einheit bilden die **Brandstellenbewohner** (carbophile Pilze). Namen wie Kohlenleistling, Kohlentintling und Kohlenschüppling machen diese Vorliebe deutlich.

Die Erscheinungszeit

Die Jahreszeit, in der die meisten Großpilze vorkommen, ist der Herbst. Das sind die Monate August bis Oktober. In dieser Zeit ist normalerweise das Verhältnis von Feuchtigkeit und Temperatur für das Pilzwachstum in Mitteleuropa am günstigsten. Die Myzelien der meisten Arten lieben es feucht und warm, um gut gedeihen zu können. Es gibt aber auch Spezialisten, die selbst in Extremzeiten wie Dezember oder Januar fruktifizieren können, darunter sogar einige Speisepilze. Zusammenfassend kann man sagen, daß es keinen Monat gibt, in dem ein Pilzwachstum unmöglich ist.

In folgenden Zeilen soll das Pilzvorkommen im Jahresverlauf diskutiert werden. Ich beginne mit den Monaten Februar und März. Der Samtfußrübling, ein echter Winterpilz, der in der warmen Jahreszeit nicht zu finden ist, kann jetzt an frostfreien Tagen Fruchtkörper hervorbringen. Je nach Witterung konnten wir diesen eßbaren Holzbewohner auch schon im November oder sogar um die Weihnachtszeit bewundern. Neue Fröste schaden ihm nicht, sondern verzögern nur das Weiterwachsen. War der Winter mild und sind keine starken Fröste mehr zu erwarten, besiedelt als einer der ersten »Neujahrspilze« *Ciboria amentacea* die abgestorbenen Erlenkätzchen. Dieser kleine mit einem Stielchen versehene braune Becherling ist ein Charakterpilz des Erlenbruchs. Ende März zeigt uns der Milde Kiefernzapfenrübling an, daß bereits die ersten Frühjahrslorcheln die sandigen Kiefernschonungen besiedeln. Dieser Giftpilz kann bis zum Mai fruktifizieren und ist dann der Doppelgänger von den meist in der Monatswende von April zu Mai erscheinenden begehrten Morcheln. Die ersten Spitzmorcheln können in gewissen Gegenden auch schon im März gesichtet werden. Im April und Mai gedeihen viele Schlauchpilze, zu denen die größeren bodenbewohnenden Becherlinge oder die kleinen holzbesiedelnden Haarbecherlinge gehören. Mitte Mai können dann die ersten größeren Lamellenpilze das Auge des Wanderers erfreuen. Die Namen wie Voreilender Ackerling und Voreilender Helmling deuten die frühe Erscheinungszeit an. Außerhalb des Waldes kann jetzt auch der Kurzstielige Weichritterling oder der Frühlings-Weichritterling wachsen. Sind die Monate Juni und Juli besonders warm und feucht, können weitere seltene Schlauchpilze gefunden werden. Die Grubenlorchel hat jetzt ihre Hauptvegetationszeit. Der Sommer ist auch die Zeit der vielen Täublinge und Röhrlinge, die im Juli noch recht schüchtern hervortreten, gegen August aber dominierender werden. Einer der bekanntesten Speisepilze, der Pfifferling, ist in stadtfernen Gebieten, in denen er noch nicht so stark dezimiert wurde, noch häufig anzutreffen. Seine »Erntezeit« begann bereits im Juni und dauert bis Ende September. An dieser Stelle sei noch bemerkt, daß auch in der Herbstzeit, sofern die Witterung zu kalt oder zu trocken ist, ein Pilzwachstum fast gänzlich unterbleiben kann. Am unempfindlichsten sind die Holzbewohner gegenüber ungünstigen Wetterbedingungen. In der Zeit von August bis Oktober begegnet der Pilzfreund der ganzen Vielfalt und Pracht der Pilze in Wald und Flur. Eine Artenaufzählung erübrigt sich deshalb. Wenn der erste Fliegenpilz seine rothütigen Fruchtkörper zeigt, weiß der Kundige, daß der wirkliche Herbst seinen Einzug gefunden hat. Abendliche Nebelschwaden und Fallaub sind weitere Anzeichen dafür. Irgendwann im Oktober, je nach Witterung früher oder später, bemerkt der kritische Beobachter, daß bestimmte Pilzgattungen immer häufiger werden. So z. B. die Schleierlinge, die Ritterlinge, Rötelritterlinge, Helmlinge und schließlich auch die Trichterlinge. Röhrlinge und Täublinge werden immer seltener. Gleichzeitig beginnt die große Zeit der holzbewohnenden Schichtpilze, Rindenpilze, einiger Porlinge und vieler Gallertpilze und Gallerttränenpilze. Auch der Hallimasch zeigt im Oktober seine auffälligen Büschel. Mit dem Einsetzen der ersten kleineren Nachtfröste läßt der Pilzsegen stark nach. Diese Kältegrade aber benötigt gerade der Austernseitling, um seinerseits Hüte auszubilden. Auch der Frostschneckling erscheint in den Kiefernwäldern. Der

Schneepilz oder Schwarzfaserige Ritterling und Winterhelmling sowie Winterporling und Winter-Trompetenschnitzling zeigen sich noch im Dezember. Die drei letztgenannten halten sich zusammen mit dem längst schon wieder aktiven Samtfußrübling bis ins Frühjahr und schließen so den jahreszeitlichen Kreislauf.
Diese Angaben gelten jedoch nur für Mitteleuropa. In Ländern mit anderen klimatischen Bedingungen verschiebt sich die »Pilzzeit« erheblich. Schon im mediterranen Raum, etwa auf der bekannten spanischen Urlaubsinsel Mallorca, kann das Pilzwachstum gerade um die Weihnachtszeit besonders üppig sein.

Die Speisepilze

Nicht jeder Pilz, der nicht giftig ist, kann als Speisepilz bezeichnet werden. Viele baumbewohnende Porlinge, vor allem jene mit mehrjährigen Fruchtkörpern, besitzen eine sehr zähe oder holzige Konsistenz und sind deshalb ungenießbar. Der stark bittere Gallenröhrling, der von manchen Personen, die aus physiologischen Gründen die Bitterkeit nicht spüren, durchaus gegessen werden kann, zählt ebenfalls nicht dazu. Die Kriterien, die einen Speisepilz ausmachen, sind gute Verdaulichkeit ohne Spezialbehandlung, relative Häufigkeit, gute Erkennbarkeit und Abgrenzbarkeit gegenüber giftigen Doppelgängern, annehmbare Größe der Fruchtkörper und nicht zuletzt natürlich der angenehme Geschmack. Arten, die sich nach dem Abpflücken besonders lange frisch halten, also nicht schnell verderben, erhalten als »Marktpilze« noch eine Steigerung. Hierzu gehören Steinpilze, Maronenröhrlinge, Pfifferlinge, Champignons u. a. Der Schopftintling, in seiner Eigenschaft als Tintling sehr schnell vergänglich, kann diesen Anspruch nicht erheben, obwohl er ein guter Speisepilz ist.
Nebelgrauer Trichterling und Hallimasch werden erst nach Abbrühen und Weggießen des Kochwassers genießbar. Diese und ähnliche Arten dürfen nur auf eigene Verantwortung des Sammlers gegessen werden, da die Verträglichkeit von Person zu Person unterschiedlich sein kann. Unsere Speisepilze enthalten zu etwa 90% Wasser, 1,5–3% Eiweiß und 3–5% Kohlenhydrate. Fett und Mineralsalze sind nur in Spuren (unter 1%) enthalten. Der eigentliche Nährwert ist demnach im Gegensatz zu Fleisch und Fisch nicht hoch. Wichtig für die menschliche Ernährung sind hier eher die Mineralsalze und die verdauungsfördernden Fermente. Abgesehen davon, ist das Gesündeste beim Pilzsuchen immer noch der Waldspaziergang.
An dieser Stelle soll noch erwähnt werden, daß unter gewissen Umständen jeder eßbare Pilz giftig wirken kann; nämlich wenn sich das Pilzeiweiß zersetzt und toxische Stoffe bildet. Der Konsument zieht sich dann eine »Lebensmittelvergiftung« zu, wie sie bei verdorbenem Fisch oder Fleisch auftritt.
Schon beim Sammeln achte man darauf, daß die Pilze nicht zu alt, angeschimmelt, stark vermadet oder vom Regen durchweicht sind. In derartigen Fällen können wenigstens stellenweise Zersetzungsprozesse eingesetzt haben. Der Kenner nimmt für Speisezwecke nur feste und einwandfreie Exemplare, die gerade im Begriff sind, ihre Sporen abzuwerfen. Bei Hutpilzen ist in diesem Zustand der Hutrand noch etwas eingekrempelt. Mit der Hand fühlen sich diese Fruchtkörper durch den hohen inneren Zelldruck fest und knackig an. Wichtig, um diesen Zustand möglichst lange zu erhalten, ist die sachgemäße Lagerung des Sammelgutes auf dem Nachhauseweg. Feuchtigkeit, Wärme und gestaute Luft (Plastiktüte) führen meist sehr schnell zu Zersetzungen. Deshalb ist ein Korb oder ähnliches

für den Transport sehr zu empfehlen. Zu Hause werden die Pilze sofort ausgebreitet, möglichst an einem schattigen, kühlen Ort. Die Zubereitung sollte noch am gleichen Tag erfolgen. Ein vorheriges Wässern ist völlig unnötig und beeinträchtigt höchstens den Wohlgeschmack. Sand, Schmutz und Humusteilchen können unter fließendem Wasser abgespült werden. Dabei achte man darauf, daß sich die Lamellen oder Röhren nicht zu sehr mit Wasser vollsaugen. Es kann heute nicht mehr empfohlen werden, gänzlich auf das Waschen zu verzichten, da es immer möglich ist, daß Insektizide oder Herbizide in der Nähe eines Pilzvorkommens gesprüht wurden.

Die Giftpilze und ihre Wirkung

Grundsatzregel bei Pilzvergiftungen

Bei den ersten Anzeichen einer Pilzvergiftung sollte sofort ein Arzt zu Rate gezogen werden.
Reste der verspeisten Pilze sind zur Identifizierung der Art, was für die Therapie sehr wichtig ist, unerläßlich. Auch in getrocknetem Zustand können sie einem Kenner vorgelegt werden.
Vorab sollte eine Magenentleerung versucht werden.

Die Giftpilze können je nach der Intensität und Art ihrer Wirkung in drei Hauptgruppen unterteilt werden:

1. Angriff auf innere Organe, Giftwirkung oft tödlich.
2. Angriff auf das Nervensystem.
3. Angriff auf die Verdauungsorgane.

Giftpilze, die innere Organe schädigen, oft mit tödlichem Ausgang

Hierzu gehören vor allem einige Knollenblätterpilze wie Grüner *(Amanita phalloides)*, Weißer (*Amanita phalloides* var. *verna*) und Kegelhütiger Knollenblätterpilz *(Amanita virosa)*. Die giftig wirkenden Substanzen sind ringförmig angeordnete Eiweiße (Zyklopeptide), die aufgrund ihrer Struktur nicht durch Kochen zerstörbar sind. Sie werden Amanitin und Phalloidin genannt und schädigen vor allem das Gewebe der Leber. Die ersten Anzeichen einer Vergiftung treten nach 5–12 Stunden auf und äußern sich als oft tagelanges starkes Erbrechen und Durchfall. Danach zeigt sich am sehr geschwächten Patienten Gelbsucht, und etwa am 5. Tage nach der Mahlzeit tritt der Tod wegen unzureichender Leberfunktion ein. Bei einigen kleinen Schirmlingen (*Lepiota helveola* und *L. brunneoincarnata*) mit fleischrötlichen bis violettlichen Farben wurden ähnliche Giftstoffe entdeckt. In den Verdacht, zur gleichen Giftpilzgruppe zu gehören, kommen heute auch der Grünblättrige Schwefelkopf *(Hypholoma fasciculare)* und der Nadelholzhäubling *(Galerina marginata)*, beides Holzbewohner.

Ein besonders gefährlicher, bei uns aber nicht häufiger Giftpilz ist der Orangefuchsige Schleierling *(Cortinarius orellanus)*. Die in ihm enthaltenen Gifte schädigen vor allem die Nieren. Auffällig ist die lange Inkubationszeit, die 2–15 Tage betragen kann. Andere Schleierlinge, ebenfalls aus derselben Untergattung *(Leprocybe)*, sollen ähnliche Giftstoffe enthalten. Dazu gehören *Cortinarius speciosissimus, C. gentilis* und *C. limonius*. Alle Arten sind auffällig orangerötlich bis gelblich gefärbt. Die genaue chemische Zusammensetzung des Giftes, Orellanin genannt, ist heute noch nicht bekannt. Es handelt sich aber um einen sehr komplexen Stoff.

Giftpilze, die auf das Nervensystem wirken

Die verantwortlichen Giftstoffe sind hier unterschiedlicher Art. Bei Panther- und Fliegenpilz sind es Ibotensäure, Muszimol, Muskazon und andere in ihrer Struktur noch nicht aufgeklärte Stoffe. Muskarin ist im Gegensatz zu früherer Meinung unwirksam gering enthalten. Einen besonders hohen Muskaringehalt weist dagegen der Ziegelrote Rißpilz auf. Auch einige kleine Trichterlinge (*Clitocybe rivulosa, C. dealbata, C. phyllophila, C. cerussata* u. a.) sind erheblich giftig und sollen schon zu Todesfällen geführt haben. Außerdem enthalten fast alle Rißpilze und, wie neuerdings bekannt wurde, auch der Rettichhelmling Muskarin. Die Vergiftungserscheinungen stellen sich oft innerhalb einer Stunde nach der Mahlzeit ein. Sie äußern sich durch Schweißbildung, Speichelfluß, Atemnot, Sehstörungen und Herzklopfen. Rauschähnliche Zustände können ebenfalls auftreten, während Durchfall und Erbrechen fehlen. Der Arzt muß schnell für eine Magenentleerung sorgen.
Auch andere Pilzarten können rauschähnliche Zustände hervorrufen. Dazu gehören solche mit meist kleinen grazilen Fruchtkörpern wie Kahlköpfe *(Psilocybe)* und Düngerlinge *(Panaeolus)*. Der verantwortliche Inhaltsstoff ist das Psilocybin, ein Abkömmling des Indols.

Giftpilze, die auf die Verdauungsorgane wirken

Zu dieser Pilzgruppe gehören Arten, die lediglich Magen- und Darmbeschwerden hervorrufen, ohne weitergehende Schäden zu hinterlassen. Erbrechen und Durchfall sind hier die Symptome. Eine Ausnahme bilden vielleicht die beiden am stärksten giftigen Arten, die hierher gehören: Riesenrötling und Tigerritterling. Hier kann in besonders schweren Fällen bei kränklichen Personen auch der Tod eintreten. Beide Arten sind in Mitteleuropa nicht allgemein verbreitet. Vergiftungen mit dem Riesenrötling sind vor allem aus Frankreich bekannt. Der grauhütige Tigerritterling liebt kalkhaltige Laubwaldböden und ist in der Schweiz und in Süddeutschland stärker verbreitet.
Eine größere Zahl von Pilzarten ruft ähnliche Vergiftungen schwächerer Art hervor. Dazu zählen kleinere Rötlinge, z.B. der Frühlingsrötling *(Entoloma verna)*, der Niedergedrückte Rötling *(Entoloma rhodopolium)* und einige andere: diverse braune Ritterlinge, einige scharf schmeckende Täublinge und Milchlinge, die Kartoffelboviste, mehrere Korallenpilze und sogar einige Champignons aus der Gruppe der Karbolegerlinge. Der Satansröhrling hat die ganze Gruppe der rotporigen Röhrlinge in Verruf gebracht. Er ist in seinem Vorkommen wie der Tigerritterling auf Kalkböden beschränkt und gilt generell als selten. Der ebenfalls rotpo-

rige Wolfsröhrling *(Boletus lupinus)* wächst an ähnlichen Stellen und weist die gleiche Giftwirkung auf. Er ist noch seltener zu finden. Tödliche Vergiftungen wurden durch diese Röhrlinge nicht bekannt.

Die Giftwirkung des Kahlen Kremplings *(Paxillus involutus)* und ähnlich wirkender Arten

Über den Speisewert des jetzt als giftig bezeichneten, früher aber beliebten Speisepilzes entstehen immer wieder Diskussionen. Im rohen oder ungenügend erhitzten Zustand ist der Kahle Krempling stark giftig . Er soll Muskarin, Azetylcholin, Hämolysine und Hämagglutinine enthalten.
In älteren Büchern wird 20minütiges Abkochen und Weggießen des Kochwassers empfohlen, um diesen Pilz genießbar zu machen. Anschließend sollte er ca. 30 Minuten gebraten werden.
Trotz dieser Vorbehandlung sind nach Kremplingsmahlzeiten Todesfälle bekannt geworden. In den meisten Fällen handelte es sich bei den Vergifteten um bereits organisch kranke Personen, die häufig und oft über Jahrzehnte hinweg Kremplingsgerichte zu sich nahmen. Schon Jahre vor ihrem Tod zeigten sich nach den Pilzmahlzeiten gewisse »Vergiftungserscheinungen« wie Schwindelgefühl, Leibschmerzen, in schweren Fällen sogar Schüttelfrost mit Fieber. Man weiß heute, daß es sich hierbei um Überempfindlichkeitsreaktionen (vielleicht gegenüber dem Pilzeiweiß des Kahlen Kremplings?) handelte, von denen nicht jeder betroffen werden muß. Die Patienten wurden über Jahre hinweg dafür sensibilisiert, bis die allergischen Reaktionen immer stärkeres Ausmaß annahmen.
Wegen der oben genannten Tatsachen ist der Kahle Krempling als Speisepilz nicht mehr zu empfehlen, obwohl bisher noch kein wirksames Gift im abgekochten Pilz entdeckt werden konnte.
Wer dennoch nicht von ihm lassen möchte, handelt auf eigene Verantwortung und sollte spätestens nach den ersten geringsten Nebenerscheinungen den Genuß einstellen.
Auch der Butterröhrling *(Suillus luteus)* scheint nach neueren Angaben zu den sog. »Allergiepilzen« zu gehören, die nicht jedermann verträglich sind. Butterröhrlinge können, im Gegensatz zum Kahlen Krempling, auch ohne vorheriges Abbrühen zubereitet werden (Braten, Dünsten u. ä.). Es ist aber empfehlenswert, auf eventuell auftretende allergieähnliche Erscheinungen zu achten und in einem solchen Falle die Art für Speisezwecke zu meiden.

Die giftige Frühjahrslorchel *(Gyromitra esculenta)*

Der Name *»esculenta«* bedeutet »eßbar«. In der Tat wurde die Frühjahrslorchel früher viel gegessen und sogar auf den Märkten verkauft. Heute ist der öffentliche Handel in vielen Ländern verboten. Der in diesem Pilz enthaltene Giftstoff ist das Gyromitrin, welches durch Kochen zerstört wird. Größere oder kleinere Restmengen scheinen aber dennoch Vergiftungen hervorgerufen zu haben. Auch Todesfälle sind bekannt. Gut getrocknete Lorcheln sind in der Regel ungiftig. Zur Sicherheit sollten sie erst nach einem halben Jahr verwendet werden. Ähnliche Vergiftungen werden durch den Kronenbecherling *(Sarcosphaera crassa)* hervorgerufen.

Pilze, die in Verbindung mit Alkohol Beschwerden verursachen

Einige an sich eßbare Pilzarten wirken in Verbindung mit Alkohol giftig und erzeugen die sog. »Antabuswirkung«. Antabus ist ja ein Stoff, der Alkoholsüchtigen zur Abgewöhnung eingegeben wird.
Der entsprechend wirksame Inhaltsstoff in den Pilzen heißt Coprin. Er wurde in dem Grauen Tintling *(Coprinus atramentarius)* entdeckt. Dieser Graue Tintling, ein Doppelgänger des uneingeschränkt eßbaren Schopftintlings, der Glimmertintling und Netzstielige sowie Flockenstielige Hexenröhrling haben nach ihrem Genuß in Verbindung mit Alkohol diese Wirkung zur Folge. Gesichtsrötung, Herzklopfen und Atemnot treten auf, klingen nach einigen Stunden ab und wiederholen sich nach erneutem Alkoholgenuß.
Wer auf den Genuß dieser Arten nicht verzichten will, sollte 2 Tage vor und mindestens 3 Tage nach der Mahlzeit keinen Alkohol trinken.

Giftige Schwermetalle in Pilzen

Pilze besitzen in viel stärkerem Maße als unsere Grünpflanzen die Fähigkeit, Metallionen in ihrem Fruchtkörper zu konzentrieren. Diese sind als Spurenelemente dem Menschen durchaus nützlich. Kürzlich wurde aber entdeckt, daß auch giftige Schwermetalle, wie Kadmium (Cd), Blei (Pb) und Quecksilber (Hg), in überdurchschnittlichen Mengen von bestimmten Pilzarten aufgenommen werden. Besonders hoch waren die Konzentrationen in einigen gilbenden Champignonarten, so bei Schafchampignon *(Agaricus arvensis)*, Dünnfleischigem und Schiefknolligem Anischampignon (*A. silvicola* und *A. abruptibulbus*) und dem Riesenchampignon *(A. augustus)*. Der Riesenschirmling *(Macrolepiota procera)* und sein Doppelgänger, der Safranschirmling *(M. rhacodes)*, besitzen ebenfalls diese Eigenschaft. Für den Verzehr dieser Arten wurde vom Bundesgesundheitsministerium eine Mengenbeschränkung von nicht mehr als 500 g Frischpilzen pro Person und Woche empfohlen. Diese Werte können sich im Laufe der Jahre mit der Belastung unserer Umwelt durch Giftstoffe ändern.

Regeln und Tips für Pilzsammler

Allgemeingültige Regeln oder Patentrezepte für das Erkennen von Giftpilzen gibt es nicht. Weder ein im Kochwasser verfärbender Silberlöffel noch das Fehlen von Fraßstellen signalisieren den Giftpilz. Der tödlich giftige Grüne Knollenblätterpilz wird beispielsweise gern von Schnecken und auch von Kaninchen angefressen, denen das Gift als Kaltblüter bzw. Pflanzenfresser nicht schadet. Fleischfresser dagegen, wie Hund und Katze, würden daran eingehen.
Jeder Pilzsammler kommt nicht umhin, den beschwerlichsten Weg zum Erkennen der Speise- und Giftpilze zu gehen: jede Art an ihren botanischen Merkmalen sicher unterscheiden zu lernen.
Bei der Pilzsuche sollte er auf jeden Fall folgende Grundregeln stets beachten:

1. Lernen Sie vor Ihrem ersten selbstgesammelten Pilzgericht die Merkmale der gefährlichsten Giftpilze kennen.
2. Zu Speisezwecken werden nur Arten verwandt, die Sie genau kennen und die in einem modernen Pilzbuch ausdrücklich als Speisepilz ausgezeichnet sind.
3. Transportieren Sie das Sammelgut in luftigen festen Behältern, am besten in einem Korb. In Plastiktüten schwitzen die Pilze schnell, zersetzen sich und bilden giftige Eiweißzerfallsprodukte.
4. Wie Sie die Fruchtkörper von dem Substrat entfernen, bleibt Ihnen überlassen (Abschneiden, Herausdrehen). Um das lichtempfindliche Myzel möglichst wenig zu schädigen, sollten entstandene Löcher sorgsam geschlossen werden. Unbekannte Pilze, die noch identifiziert werden sollen, müssen als Ganzes (mit Stielbasis) vorsichtig entnommen werden, damit alle Merkmale am Fruchtkörper sichtbar sind.
5. Das Sammelgut sollte bereits im Walde grob vorgereinigt werden. Dazu gehört das Entfernen von Erde, Nadeln, Blätterhumus und anderen Schmutzteilchen. Bei stark schmierigen Arten kann die Huthaut entfernt werden, obwohl dies sonst nicht üblich ist. Speisepilze werden für den Transport sorgsam von den noch zu bestimmenden getrennt.
6. Ein wichtiger Punkt, für dessen Einhaltung Ihnen jeder Naturfreund dankbar ist, heißt Disziplin. So soll man bei der Pilzsuche im Wald nicht alles sinnlos niedertrampeln, sondern die gefundenen Exemplare sorgfältig abpflücken. Vor allem aber sammeln Sie maßvoll! Giftige, unbekannte oder aus anderen Gründen für den Verzehr ungeeignete Pilze sollten unbedingt stehen bleiben, damit diese ihre Aufgabe in der Natur (siehe S. 7) erfüllen können. Bringen Sie die Überwindungskraft auf, etwas stehen zu lassen. Bei den immer größer werdenden Menschenmengen, die auch die entlegensten Waldgebiete durchstreifen, sind dies an Bedeutung immer mehr zunehmende Anliegen.

Neben diesen 6 Grundregeln gibt es eine Reihe von Tips, die, wenn sie beherzigt werden, eine Vergiftung stärkeren Ausmaßes verhindern. Leider setzen aber diese Regeln eine bestimmte Kenntnis voraus, die sich der Sammler zuvor aneignen muß. Mit Hilfe der in diesem Buch enthaltenen Farbfotos ist das jedoch ohne weiteres möglich. Die jetzt folgenden Punkte beziehen sich vor allem auf gewisse Formenkreise oder Gruppen, die vom Anfänger zu meiden sind. Jeder Pilzfreund muß selbst entscheiden, welche der Regeln er beachtet und welche er übergehen kann. Das hängt vor allem von seinem Kenntnisstand ab. Hier kann Bescheidenheit lebensrettend sein, da der Neuling so gut wie alles, der Fachmann davon aber nur die Hälfte verwechselt.

- Der Neuling verwende zunächst nur Röhrlinge für die Küche und meide alle solche mit roten Röhrenmündungen. Unter den Lamellenpilzen befinden sich die gefährlichsten Giftpilze, besonders bei Arten mit weißen und braunen Lamellen.
- Zu meiden sind (auch für Fortgeschrittene):
  - alle kleinen oder kleineren weißlichen Trichterlinge (Lamellen weißlich, nicht oder deutlich herablaufend);
  - alle kleinen Schirmlinge (weißliche freie Lamellen);
  - alle Rötlinge (Rotsporer mit angewachsenen Lamellen);
  - alle Rißpilze (Braunsporer mit radial eingerissenen Hüten);
  - alle braunen und grauen Ritterlinge (meist unberingte kompaktere Weißsporer mit buchtig angewachsenen Lamellen);
  - alle Korallenpilze.
- Alle Boviste und Stäublinge, die, längs durchgeschnitten, innen völlig weiß sind, können gegessen werden. Die leicht giftigen Kartoffelboviste verfärben sich sehr früh im Innern violett-schwärzlich. Außerdem besitzen sie ein viel größeres spezifisches Gewicht und riechen unangenehm stechend-metallisch.
- Alle mild und nicht unangenehm schmeckenden Täublinge und Milchlinge sind genießbar oder jedenfalls in nicht allzu großen Mengen unschädlich. Nur hier ist dem Sammler (und nur, wenn er genau weiß, was Täublinge und Milchlinge sind) eine winzige Kostprobe im rohen Zustand gestattet, die nach Auftreten einer leichten Schärfe sofort wieder ausgespieen wird.

Pilzfruchtkörper, Morphologie und Bestimmungsmerkmale

Die Fruchtkörper der Schlauchpilze

An dieser Stelle interessieren hauptsächlich solche Arten mit größeren Fruchtkörpern, die für Speisezwecke in Frage kommen. Dazu gehören Becherlinge und deren Verwandte, Morcheln und Lorcheln. Becherlinge besitzen, wie der Name aussagt, eine becher-, schalen- oder kelchförmige Gestalt. Ein Stiel ist, wenn überhaupt, nur schwach ausgebildet. Während die Becherlinge im engeren Sinne (Gattung *Peziza*) meist regelmäßig schalen- oder schüsselförmig aussehen, sind die Öhrlinge *(Otidea)* am Rande tief eingeschnitten und oft einseitig verlängert, so daß eine Ohrform entsteht.

Auch einige Kelchbecherlinge *(Paxina),* die mit den Lorcheln verwandt sind, besitzen ähnliche Formen. Ihre Außenseite ist meist auffällig erhaben gerippt. Stellt man sich vor, daß sich im Laufe der Entwicklungsgeschichte der Stiel bei einigen Formen immer mehr verlängerte, so entstehen aus der Gruppe der Becherlinge die deutlich gestielten Morcheln *(Morchella),* die einen wabenartig vertieften Hut besitzen. Einen morphologischen Übergang dazu finden wir im Morchelbecherling *(Disciotis venosa),* der bereits einen Stielansatz und eine aderige bis wabenförmig ausgebildete Innenseite aufweist. Aus den Kelchbecherlingen oder ähnlichen Formen könnten sich die Lorcheln entwickelt haben, indem sich der Stiel verlängerte und die Außenränder der pokalförmigen Fruchtkörper nach außen umschlugen.

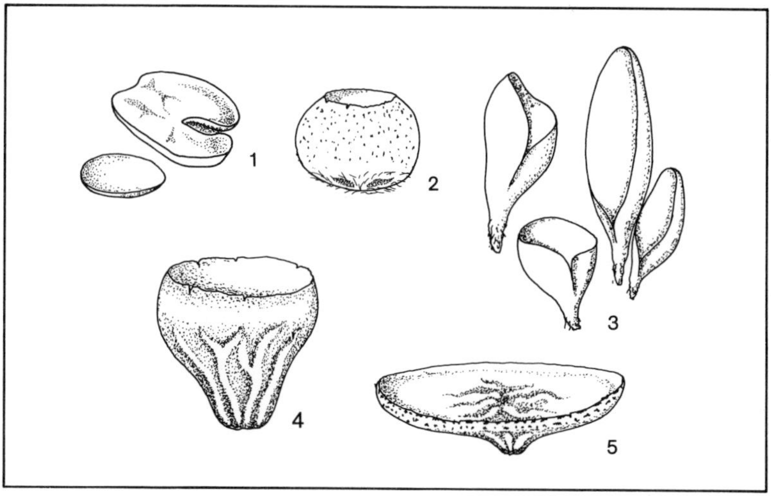

Fruchtkörper der Schlauchpilze
1–2 Becherlinge, 3 Öhrlinge, 4 Pokal-Rippenbecherling, 5 Morchelbecherling.

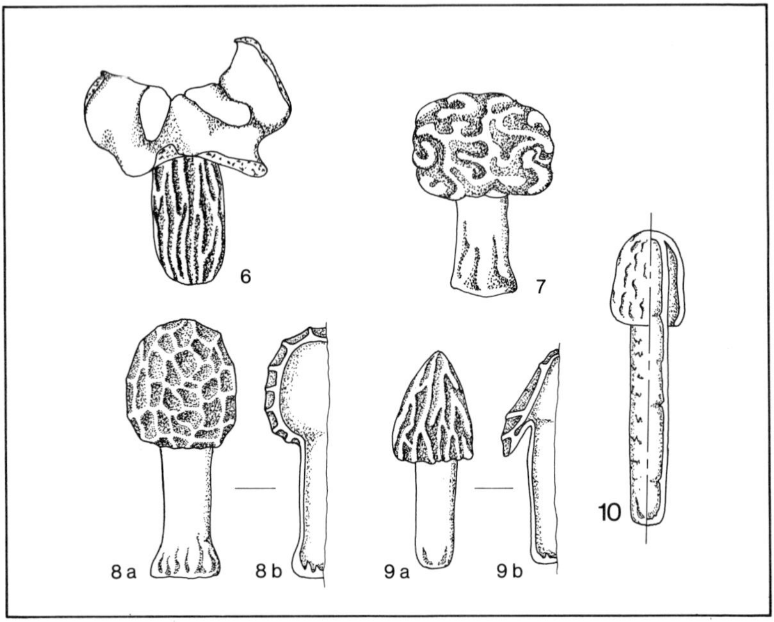

Fruchtkörper der Schlauchpilze
6 Herbstlorchel, 7 Frühjahrslorchel, 8 a Speisemorchel, 8 b Speisemorchel im Längsschnitt, 9 a Halbfreie Morchel, 9 b Halbfreie Morchel im Längsschnitt, 10 Fingerhut-Verpel, rechte Seite im Längsschnitt.

Die giftige Frühjahrslorchel *(Gyromitra esculenta)* zeichnet sich durch einen gehirnartig nach außen gewundenen Hut aus. Sie unterscheidet sich so von den eßbaren Morcheln, die wabenartig vertiefte Hüte besitzen. Bei der Halbfreien Morchel *(Mitrophora semilibera)* sind die Hutkanten nicht am Stiel angewachsen wie bei den Morcheln. Die seltenen Verpeln *(Verpa)* erkennt man an dem fast gänzlich freien Hut. Der Stiel ist nur am Scheitel mit diesem verbunden.
Bei den Morcheln ist der gesamte Fruchtkörper hohl.
Es ist für den Pilzfreund wichtig zu wissen und zu erkennen, an welcher Stelle des Pilzes die sporenerzeugende Schicht (Hymenium) liegt. Das Hymenium wird bei den Schlauchpilzen durch dicht an dicht senkrecht nebeneinander liegende Sporenschläuche und dazwischen stehende Paraphysen gebildet (Abb. S. 28). Bei den Becherlingen und ähnlichen Formen befindet es sich auf der Innenseite, bei den Lorcheln und Verpeln auf der Hutaußenseite. Bei den Morcheln ist das Hymenium auf die wabenartigen Vertiefungen beschränkt, während die dazwischen liegenden erhabenen Kanten steril sind.

Die Fruchtkörper der Ständerpilze

Hier unterscheiden wir Gruppen mit frei angelegter Fruchtschicht (gymnocarp), mit halbfreier (hemiangiocarp) und verdeckter Fruchtmasse (angiocarp).

Zu den **Pilzen mit frei angelegter Fruchtschicht** gehören die Keulen- und Korallenpilze *(Clavariaceae),* die Gallertpilze *(Tremellales),* die Gallerttränenpilze *(Dacrymycetales),* die Schichtpilze *(Stereaceae)* u. v. a. Das Hymenium befindet sich bei all diesen Gruppen auf der Außenseite der Fruchtkörper und ist von Anfang an der Umgebung zugänglich. Meist überzieht es in einfacher Art die Oberfläche, die bei den »Porlingen« (*Poriaceae* u. a.) meist durch Röhren-, seltener durch lamellenartige Bildungen erheblich vergrößert wurde. Derart flächenvergrößernde Elemente, seien es nun Röhren, Stacheln oder Lamellen, werden »Hymenophor« genannt. Es bedeutet »Träger des Hymeniums« und wird an der Oberfläche von diesem überzogen. Die Formgebung wird also von dem Hymenophor übernommen. Bei den nachfolgend beschriebenen Pilzen mit halbverdeckter Fruchtschicht ist ein Hymenophor regelmäßig vorhanden.
Die Fruchtkörper der Porlinge sitzen meist stiellos dem Holz an, auf dem sie wachsen, und entwickeln oft konsolenförmige Bildungen. Die Röhren sind, genau senkrecht, der Erde zugekehrt. Die Pilze können einen Baumstamm in großer

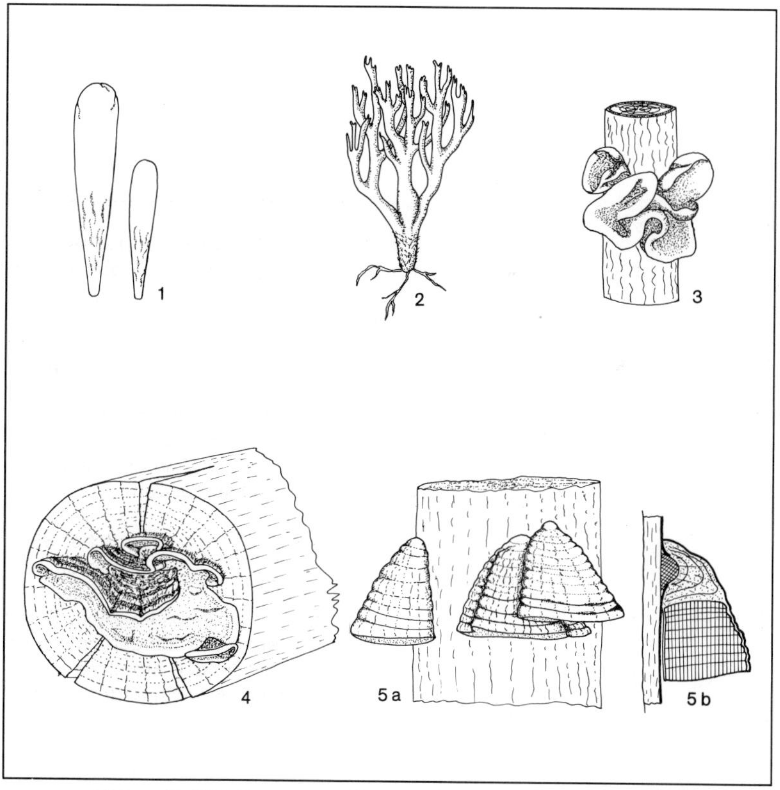

Fruchtkörper von Nichtblätterpilzen (mit frei angelegter Fruchtschicht)
1 Keulenpilz, 2 Korallenpilz, 3 Gallertpilz, 4 Schichtpilz, 5a Porling (Zunderschwamm), 5b Zunderschwamm im Längsschnitt.

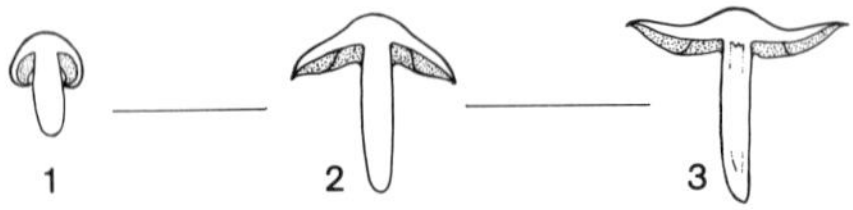

1–3 Längsschnitt eines Ritterlings in verschiedenen Entwicklungsstadien.

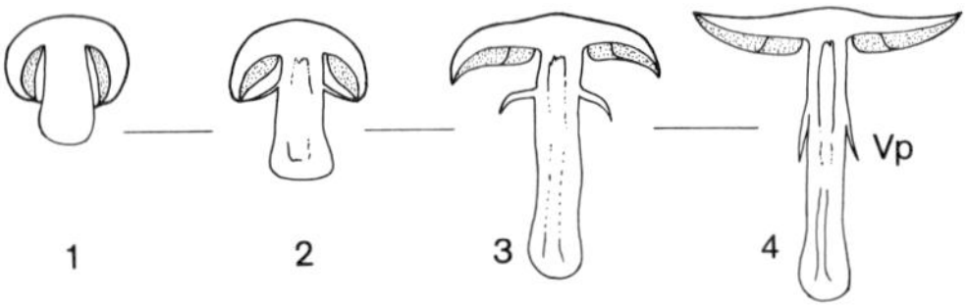

1–4 Längsschnitt eines Champignons in verschiedenen Entwicklungsstadien.

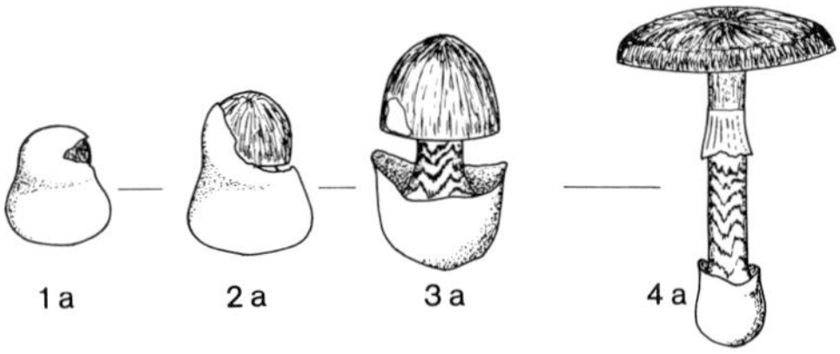

1 a–4 a Grüner Knollenblätterpilz in verschiedenen Entwicklungsstadien,
1 b–4 b Der gleiche Pilz im Längsschnitt.

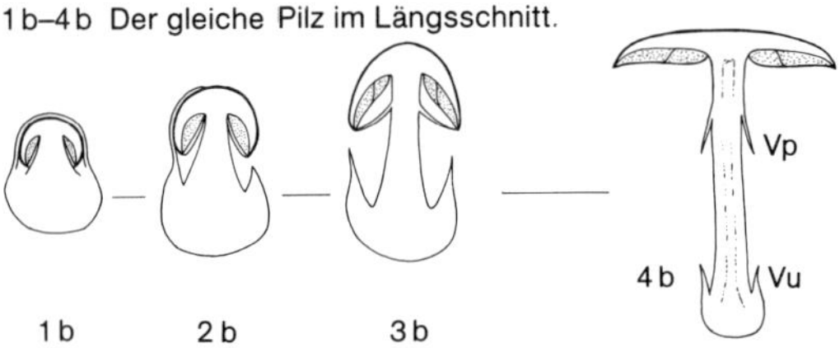

1–3 Längsschnitt eines Schleierlings in verschiedenen Entwicklungsstadien,
4 voll entwickelter Fruchtkörper.

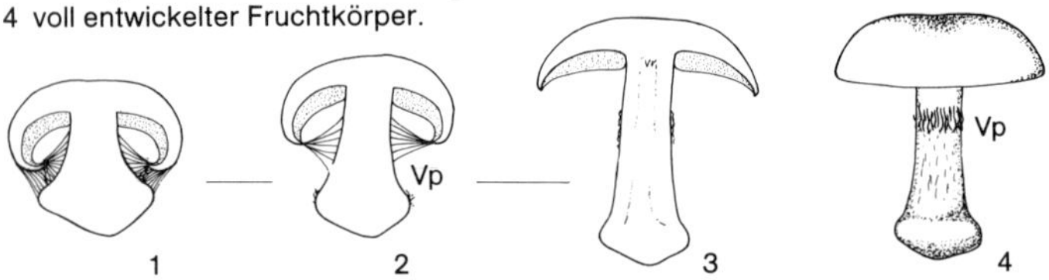

Fruchtkörper von Lamellenpilzen (mit halbverdeckt angelegter Fruchtschicht).
Vp = Velum partiale, Vu = Velum universale.

Höhe, aber auch tief am Boden besiedeln. Störende Gegenstände wie Grashalme, Zweige oder ähnliches werden gern umwachsen. Eine Eigenschaft, die bei den Lamellenpilzen unbekannt ist.

In der Gruppe der **Pilze mit halbverdeckt angelegter Fruchtschicht** befinden sich die meisten für den Speisepilzsammler interessanten Pilzarten. Bei den hierher gehörigen Gruppen sind die Fruchtkörper meist deutlich in Hut und Stiel gegliedert. Das Hymenophor liegt an der Unterseite des Hutes, bestehend aus Lamellen oder Röhren. Im einfachsten Fall wird das jung angelegte Hymenium durch den stark eingerollten Hutrand geschützt, der sich mit zunehmender Reife ausbreitet. Ein Velum ist hier nur in jüngsten Stadien vorhanden oder fehlt ganz. Trichterlinge, Rüblinge, Helmlinge und viele Ritterlinge gehören hierher, um ei-

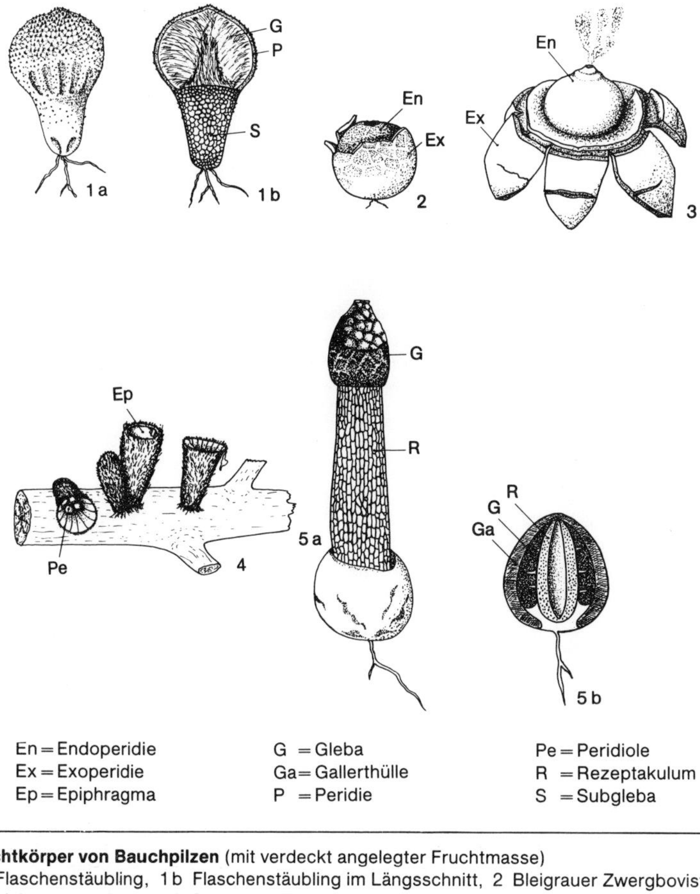

En = Endoperidie
Ex = Exoperidie
Ep = Epiphragma

G = Gleba
Ga = Gallerthülle
P = Peridie

Pe = Peridiole
R = Rezeptakulum
S = Subgleba

Fruchtkörper von Bauchpilzen (mit verdeckt angelegter Fruchtmasse)
1 a Flaschenstäubling, 1 b Flaschenstäubling im Längsschnitt, 2 Bleigrauer Zwergbovist, 3 Halskrausenerdstern, 4 Gestreifter Teuerling, 5 a Stinkmorchel, 5 b Jugendstadium der Stinkmorchel (Hexenei) im Längsschnitt.

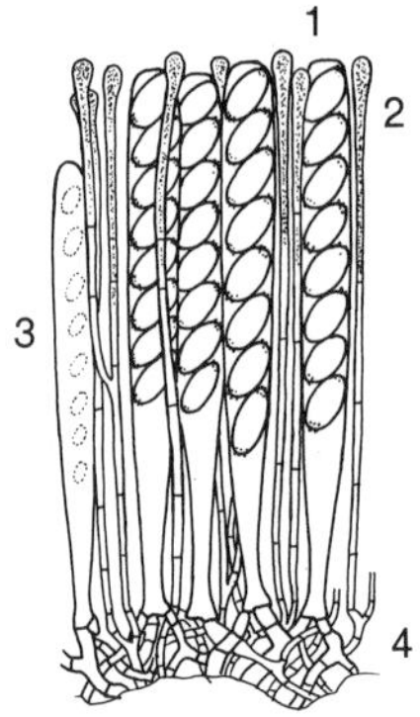

Hymenium einer Morchel, Askomyzet (im Schnitt, ca. 500fach vergrößert)
1 reifer Ascus mit Sporen, 2 Paraphyse, 3 unreifer Ascus, 4 Subhymenium.

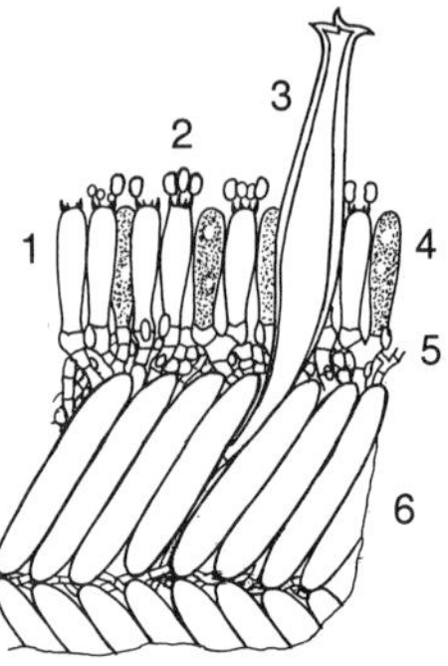

Hymenium eines Rehbraunen Dachpilzes, Basidiomyzet (im Schnitt, ca. 500fach vergrößert)
1 Basidie mit abgeworfenen Sporen, 2 Basidiosporen, an Basidie angeheftet, 3 dickwandige Hakenzystide, 4 unreife Basidie, 5 Subhymenium, 6 Lamellentrama.

nige Beispiele zu nennen. Oft aber ist das junge Hymenium durch eine besondere Schutzhülle, die bei der Reife aufreißt, verdeckt (Velum). Diese Hülle kann häutig oder faserig-fädig sein. Sie kann zwischen Stiel und Hutrand liegen und wird dann als Teilhülle (Velum partiale) bezeichnet. Bei vielen Pilzen bleibt dieses Velum dann als häutiger Ring oder faserige Ringzone (Cortina) am Stiel zurück. Oder die Hülle umschließt den ganzen jungen Fruchtkörper und heißt Gesamthülle (Velum universale). Häufig bleiben dann Hautfetzen auf der Hutoberfläche zurück, wie bei einigen Knollenblätterpilzen, die gleichzeitig noch eine häutige Teilhülle besitzen, die als Stielring sichtbar bleibt. Champignons, viele Schirmlinge, die Riesenschirmlinge und einige Ritterlinge sind beringt. Eine Cortina, also eine fädige Teilhülle, zeichnen die Schleierlinge und deren Verwandte aus. Diese Schutzhüllen treten in vielen Abwandlungen auf. Sie können verkümmern und deshalb nur an ganz jungen Pilzen sichtbar sein, oder eine häutige Teilhülle (Ring) kann statt am Stiel am Hutrand hängenbleiben, der dann aussieht, als wäre er mit Zähnchen besetzt. Auch ein Verschleimen des Velums ist üblich. Ein Beispiel dafür ist das Kuhmaul *(Gomphidius glutinosus).* Hier bildet eine dicke Schleimschicht, die nicht nur auf Hut und Stiel liegt, sondern sich im Jugendzustand auch zwischen Stiel und Hutrand ausbreitet, einen wirksamen Schutz.
Bei **Pilzen mit verdeckt angelegter Fruchtmasse** werden die Sporen im Innern der Fruchtkörper angelegt und verbleiben dort bis zur endgültigen Reife. Die Basidien sind auch nicht palisadenartig nebeneinander angeordnet, so daß hier nicht von einem Hymenium gesprochen werden kann, sondern von einer Fruchtmasse (Gleba). Alle Bauchpilze *(Gasteromycetidae)* besitzen diese Eigenschaft. Die Stäublinge *(Lycoperdon),* Boviste *(Bovista),* Erdsterne *(Geastrum),* Teuerlinge *(Cyathus)* und die Stinkmorchel *(Phallus impudicus)* sind Bauchpilze. Stäublinge, Boviste und Erdsterne haben die gemeinsame Eigenschaft, daß die im Innern gebildete Sporenmasse bei der Reife durch mechanische Reize

(Druck, Regentropfen) ausgestoßen wird. Dazu bildet sich am Scheitel der kugel-, knollen- oder birnenförmigen Fruchtkörper eine verschieden gestaltete Öffnung. Bei der Stinkmorchel wird die reife Gleba durch ein sich streckendes fingerartiges Gebilde, das Rezeptakulum, emporgetragen und liegt dann frei, damit Fliegen und andere Insekten die Sporen verbreiten können. Bei den Teuerlingen bleiben die Sporen stets in linsenförmigen Sporenbehältern, den Peridiolen, die wie Geldstücke in einem topfförmigen Gebilde liegen.

Hutform, Lamellenansatz und Stielform

Die Hutform der Lamellenpilze ist sehr veränderlich. Zum besseren Verständnis werden hier nur einige Grundformen abgebildet, zwischen denen es in der Natur viele Übergänge gibt. Bei vielen fleischigen Pilzgruppen ändert sich im Laufe der Entwicklung die Hutform von halbkugelig über konvex bis hin zu gebuckelt. Bei den Ritterlingen kann dies oft der Fall sein, ebenso bei größeren Rötlingen, Schleierlingen und anderen. Der Betrachter muß dann jeweils das Alter der Fruchtkörper mit berücksichtigen. Dennoch gibt es Gruppen, deren Hutform recht charakteristisch ist und es im Laufe der Entwicklung auch bleibt. Viele Trichterlinge neigen dazu, einen nach innen vertieften Hut auszubilden, ebenso einige Milchlinge und Täublinge. Eine kleinere eng umgrenzte Vertiefung wird »Nabel« genannt. Beim Ockerbräunlichen Trichterling *(Clitocybe gibba)* verstärkt sich diese Vertiefung zu einem trichterförmigen Hut. Als charakteristisch kann hier der meist vorhandene kleine Buckel in der Hutvertiefung gelten (Abb. 9).

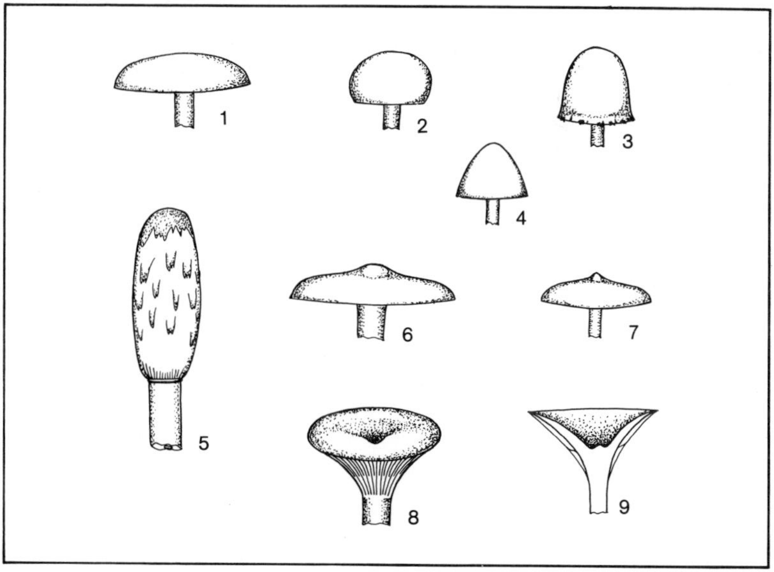

Hutformen bei Lamellenpilzen
1 konvex, 2 halbkugelig, 3 glockenförmig, 4 kegelförmig, 5 walzenförmig, 6 gebuckelt, 7 mit Papille, 8 genabelt, 9 trichterig vertieft (Längsschnitt).

Das Gegenteil von »genabelt« ist »gebuckelt«. Je fleischiger der Pilz ist, desto breiter kann der Buckel ausfallen. Bei dünnfleischigen bis häutigen Formen wird der Buckel oft zur eng umgrenzten »Papille«. Viele schmächtigen Rötlinge *(Entoloma)* und Gürtelfüße (*Cortinarius,* Untergattung *Telamonia*) besitzen dieses Merkmal. Der Glockendüngerling *(Panaeolus campanulatus)* ist, wie der Name ausdrückt, durch seinen glockenförmigen Hut bekannt. Viele kleinere Tintlinge *(Coprinus),* Zärtlinge *(Psathyrella)* und Samthäubchen *(Conocybe)* weisen ähnliche Hutformen auf. Der Schopftintling *(Coprinus comatus)* ist an seinem walzenförmigen Hut zu erkennen. Einen typisch halbkugeligen Hut besitzen z.B. der Halbkugelige Träuschling *(Stropharia semiglobata)* und der Trockene Kugelkopf *(Psilocybe montana).* Die »konvexe« Hutform ist naturgemäß die am häufigsten auftretende Variante, bei der sich eine Aufzählung von Beispielen erübrigt.

Eine gewisse Verbindung zur Hutform besteht auch zur Art und Weise, wie die Lamellen am Stiel angewachsen sind. Obwohl auch hier Übergänge vorhanden sind, gilt der Lamellenansatz doch als wichtiges Bestimmungsmerkmal, vor allem zur Unterscheidung bestimmter Gattungen. Grundsätzlich wird zwischen angewachsenen und freien Lamellen unterschieden. Die Lamellen gelten als frei, wenn sie den Stiel nicht erreichen (Abb. 1). Diese Form des Lamellenansatzes besitzen u.a. Champignons *(Agaricus),* Schirmlinge *(Lepiota),* Dachpilze *(Pluteus),* Scheidlinge *(Volvariella)* und Wulstlinge *(Amanita).* Bei letzteren ist dieses Merkmal jedoch oft undeutlich (Abb. 2). Bei den Riesenschirmlingen *(Macrolepiota)* und dem Halsbandschwindling *(Marasmius rotula)* werden die Lamellen vom Stiel durch einen Ring oder Ringwulst (Kollar) getrennt (Abb. 3 und 4). Bei vielen Tintlingen, Düngerlingen und Samthäubchen sind die Lamellen aufsteigend angeheftet (Abb. 6). Zwischen den drei Anwachsformen »ausgebuchtet«, »gerade« und »herablaufend« können viele Übergänge beobachtet werden.

Sehr häufig tritt der ausgebuchtete Lamellenansatz auf. Man sagt dazu auch »ausgebuchtet und mit Zähnchen herablaufend«. Die Ritterlinge besitzen in typi-

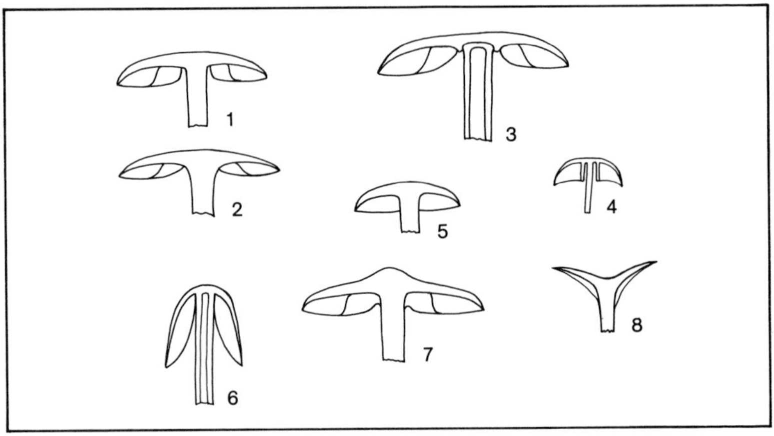

Formen des Lamellenansatzes (im Längsschnitt)
1 frei, 2 undeutlich frei (bei Wulstlingen), 3 frei mit Kollar (bei Riesenschirmlingen), 4 frei mit Kollar (beim Halsbandschwindling), 5 breit angewachsen, 6 aufsteigend angeheftet, 7 ausgebuchtet angewachsen, 8 herablaufend.

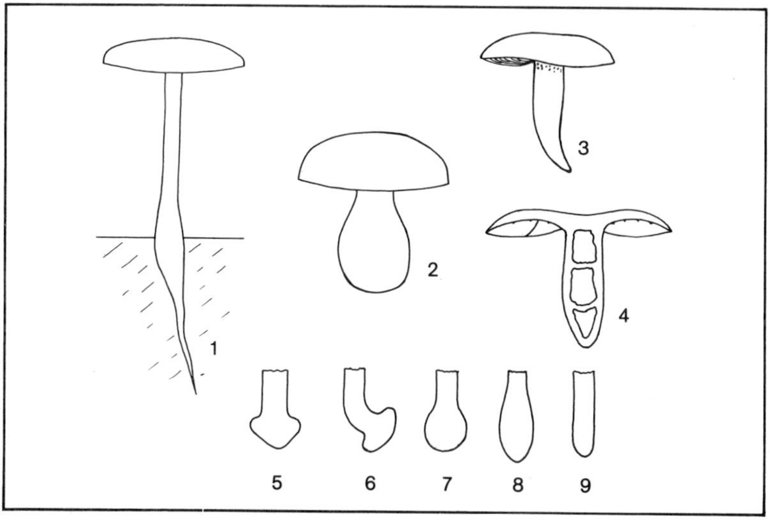

Stielformen bei Lamellen- und Röhrenpilzen
1 spindelig wurzelnd, 2 dickbauchig, 3 zugespitzt, 4 gekammert-hohl (Längsschnitt), 5 gerandet-knollig, 6 gerandet-schiefknollig, 7 knollig, 8 keulig, 9 zylindrisch.

scher Weise dieses Merkmal. Betrachtet man einen solchen Hut von unten, so sieht man eine ringförmige Ausbuchtung der Lamellen an der Stielspitze, den sog. »Burggraben« der Ritterlinge. Bei vielen fleischigen Rötlingen, Schleierlingen und anderen Gruppen wiederholt sich diese Anheftung der Lamellen. Zwischen Rötlingen und Dachpilzen, beide haben bei der Reife lachsrote Lamellen, ist der Lamellenansatz ein wichtiges Unterscheidungsmerkmal. Bei Dachpilzen sind die Lamellen frei. Bildet die Lamellenschneide (die dem Hutfleisch abgewandte messerförmige Kante) mit der Stieloberfläche etwa einen rechten Winkel, so spricht man von »gerade« angewachsenen Lamellen.
Bei vielen Trichterlingen laufen die Lamellen mehr oder weniger stark am Stiel herab wie auch bei den meisten Milchlingen und Täublingen (andere Merkmale S. 32).
Wichtige Unterschiede lassen sich auch an den Stielformen erkennen. Bei vielen dünnfleischigen Lamellenpilzen ist der Stiel innen hohl, oder er wird es im Laufe der Entwicklung. Die dickfleischigen Arten, wie z. B. viele Röhrlinge, neigen dazu, volle Stiele auszubilden. Zur Beurteilung der Form ist vor allem auf die Stielbasis zu achten, die zugespitzt, knollig, keulig oder zylindrisch sein kann. Wenn sich der Stiel nach beiden Richtungen verjüngt, so spricht man von »spindelig«. Beim Wurzelnden Schleimrübling *(Oudemansiella radicata)* verlängert sich die Basis wurzelartig in die Erde, der Stiel »wurzelt«. Viele Schleierlinge und einige Rißpilze besitzen eine mehr oder weniger scharf abgesetzte Knolle, die als »gerandet« bezeichnet wird. Beim Schiefknolligen Anischampignon *(Agaricus abruptibulbus)* liegt die Knolle immer schief zur Stielachse. Die Dickröhrlinge *(Boletus)* erhielten ihren Namen von den oft dickbauchigen Stielen. Besondere Aufmerksamkeit ist den Stielenden der Knollenblätterpilze zu schenken, da schon allein an diesen Merkmalen die besonders giftigen Arten zu erkennen sind. Ein Grund, weshalb

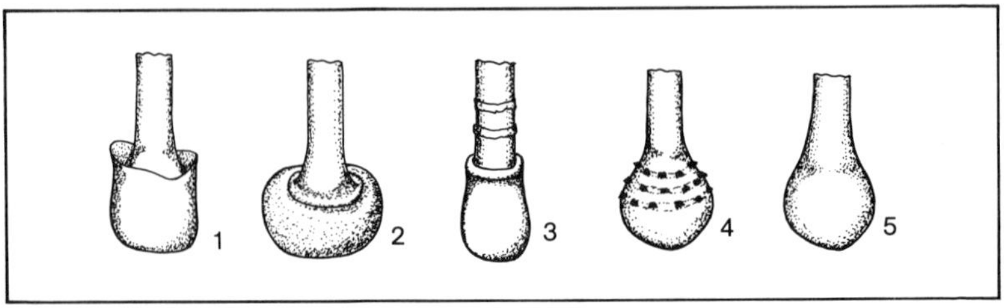

Die speziell ausgebildete Stielbasis der Wulstlinge
1 bescheidet (Grüner Knollenblätterpilz und Kaiserling), 2 abgesetzt knollig (Gelblicher Knollenblätterpilz und Porphyrbrauner Wulstling), 3 eingepfropft (Pantherpilz), 4 mit Warzenkränzen (Fliegenpilz), 5 glatt (Grauer Wulstling und Perlpilz).

der Neuling die gesammelten Pilze immer mit der Stielbasis dem Boden entnehmen soll. Die tödlich giftigen Arten wie Grüner und Weißer Knollenblätterpilz zeigen an der Basis häutige Hüllreste (Scheide, Volva). Beim ebenfalls sehr giftigen Pantherpilz erscheint der Stiel in die Knolle wie eingepfropft. Es entsteht ein rundlicher Rand, der wie bei einem »Bergsteigersöckchen« aussieht. Meist steckt die Knolle tief im Boden. Die Knolle des Fliegenpilzes ist durch Warzenkränze verziert, während die eßbaren Arten wie Perlpilz und Grauer Wulstling zwischen Stiel und Knolle einen glatten Übergang zeigen (Abb. S. 32 oben). Der weniger gefährliche Gelbliche Knollenblätterpilz besitzt zunächst wie der Grüne Knollenblätterpilz eine Volva. Diese ist jedoch so zart und zerbrechlich, daß sie beim Entnehmen des Pilzes regelmäßig im Boden steckenbleibt. Durch das Abbrechen der Hautreste entsteht eine kleine scharfe Kante, die als charakteristisches Merkmal angesehen werden kann. In seltenen Fällen bleibt ein Teil der Hüllreste zurück. Anfänger glauben dann stets, einen Grünen oder, wenn der gefundene Pilz ein Albino ist, einen Weißen Knollenblätterpilz vor sich zu haben.

Die Merkmale der Milchlinge und Täublinge *(Russulales)*

Milchlinge und Täublinge besitzen ein gemeinsames Merkmal: die Brüchigkeit des Fleisches. Am besten läßt sich das am Stiel erkennen. Die Stiele aller anderen Gruppen sind aus parallel zur Stieloberfläche liegenden langgestreckten Hyphen aufgebaut. Milchlinge und Täublinge hingegen bestehen zum großen Teil aus kugeligen Zellen. Bricht man nun deren Stiel durch (Voraussetzung: möglichst frische und junge Fruchtkör-

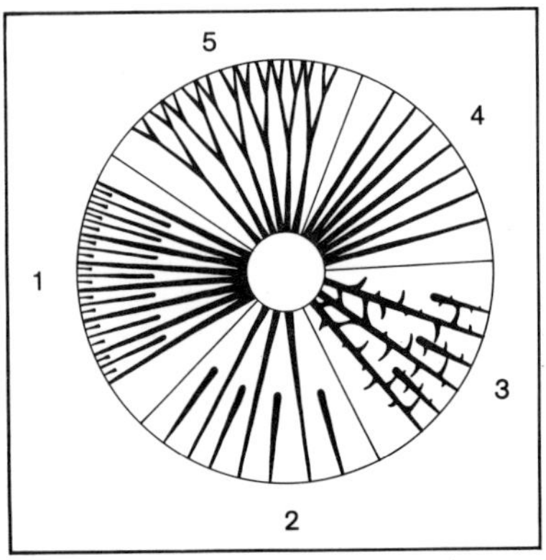

Lamellendiagramm
1 Lamellen untermischt und gedrängt,
2 Lamellen untermischt und entfernt,
3 Lamellen mit Querverbindungen (anastomosierend),
4 Lamellen durchgehend,
5 Lamellen gegabelt.

per), so bricht dieser, oft mit einem kleinen Knall, wie brüchiger Käse ab. Bei anderen Pilzgruppen läßt sich das Stielfleisch, durch die parallelhyphige Struktur bedingt, auffasern. Auch die Lamellen splittern bei stärkerer Berührung ab. Eine Ausnahme bildet der eßbare Frauentäubling *(Russula cyanoxantha)*, dessen Lamellen elastisch sind. Die Täublinge erkennt der Pilzfreund oft an ihren leuchtenden Farben. Sie besitzen weder einen Ring noch andere Hüllreste. Die Lamellen sind gewöhnlich nicht durch kürzere untermischt, mit Ausnahme einer bestimmten Untergruppe, der Schwärztäublinge (Untergattung *Compactae*).
Die Milchlinge erkennt man an dem bei Verletzung austretenden Milchsaft, der verschieden gefärbt sein kann.

Oberflächenbeschaffenheit von Hut und Stiel

Die Hutoberflächen der Pilze werden oft von einer speziell differenzierten Huthaut überzogen. Sie kann sehr unterschiedlich aufgebaut sein, hebt sich aber meist deutlich von dem darunterliegenden Hutfleisch ab. Hier sind auch die Farbstoffe lokalisiert, deren Intensität und Zusammensetzung sehr schwanken kann, was vor allem bei den Hutfarben der Täublinge deutlich wird.
Hut- und Stieloberflächen können bei feuchtem Wetter schmierig oder schleimig werden, bei vielen Gruppen bleiben sie stets trocken. Wir unterscheiden daher z. B. Schmierröhrlinge (Gattung *Suillus*) mit schmierigen Hüten und Filzröhrlinge (Gattung *Xerocomus*), deren Huthaut trocken bleibt und oft einen filzigen Eindruck macht. Butterröhrling *(Suillus luteus)* und Goldröhrling *(Suillus grevillei)* gehören zur ersteren, Maronenröhrling *(Xerocomus badius)* und Ziegenlippe *(Xerocomus subtomentosus)* zur trockenhütigen letzteren Gattung. Bei der großen Gruppe der Schleierlinge *(Cortinarius)* unterscheidet man Schleimköpfe (mit schmierigen Hüten), Schleimfüße (Hut und Stiel schleimig) und Gürtelfüße (Hut und Stiel trocken).
Trockene Hut- und Stieloberflächen können schuppig (grob), flockig (mittelfein) oder bereift (sehr fein) sein. Die Art einer Beschuppung hängt sehr von der mikroskopischen Struktur der Oberfläche ab. Beim Parasolpilz bildet die Huthaut zunächst einen homogenen Überzug, der im Laufe der Entwicklung eine Streckung nicht mitmachen kann und deshalb schuppig aufreißt. Im Scheitelbereich, wo die Ausdehnung am geringsten ist, bleibt die glatte Oberfläche erhalten. Beim Grünen Knollenblätterpilz zeigt sich am Stiel oft ein zickzackartiges Quermuster, welches »Natterung« genannt wird. Diese Zeichnung entsteht dadurch, daß die gefärbte verdichtete Stieloberfläche nicht die gesamte Stielstreckung mitmachen kann.

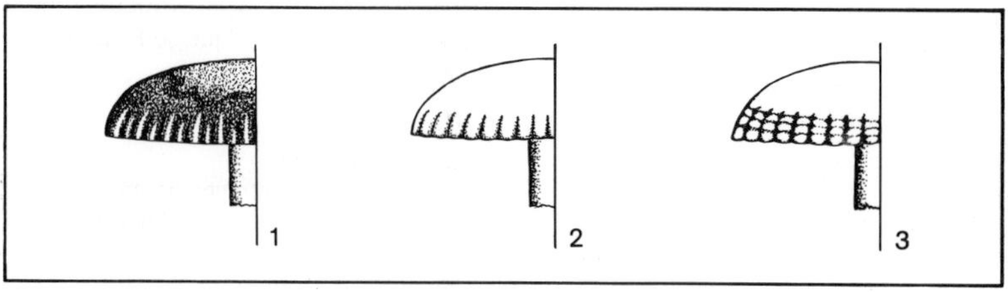

Beschaffenheit des Hutrandes
1 durchscheinend gerieft, 2 gerieft, 3 kammartig gerieft.

Der Sammler sollte sich auch den Hutrand genau betrachten. Hier können mehrere Arten von Riefungen auftreten. Im normalen Fall ist die Hutoberfläche radialfaltig (gerieft), so z. B. beim giftigen Pantherpilz. Bei einigen Täublingen verlaufen zu den Radialriefen noch kleinere Querriefen, was in der Fachsprache »kammartig gerieft« heißt. Bei vielen dünnfleischigen Hüten scheinen im feuchten Zustand am Rande die Lamellen durch, obwohl die Oberfläche gänzlich glatt ist. Hier spricht man von »durchscheinend gerieft«.
Ein Vorgang, der dem Neuling viel Kummer bereitet, ist die »Hygrophanität«. Ein Hut ist dann »hygrophan«, wenn er beim Austrocknen seine Farbe deutlich verändert. Ein bekanntes Beispiel dafür ist das Stockschwämmchen *(Kuehneromyces mutabilis),* bei dem oft schon am Standort die Hüte zweifarbig aussehen. Es entsteht eine hellere Mitte und ein dunklerer Randbereich, da die Hüte von der Mitte her austrocknen.

Geruch und Geschmack

Zu den wichtigsten Merkmalen, die meist nur am frischen Pilz beurteilt werden können, gehören Geruch und Geschmack. Neben verschiedenen schwer zu definierenden Spezialgerüchen gibt es solche, die an Knoblauch, Ammoniak, Camembertkäse, Fruchtbonbons, Kokosflocken, verbranntes Horn, Karbol, Fisch, Gurken oder ranziges Mehl erinnern. Besonders wichtig, da sehr häufig und in verschiedenen Abwandlungen vorkommend, ist der Mehlgeruch, der sich auch gleichzeitig in einem ranzigen Mehlgeschmack äußert. Ein richtiges Erkennen setzt, da das Geruchsempfinden der Menschen unterschiedlich beschaffen ist, einige Übung voraus. Während der Geruch einfach wahrzunehmen ist, sollte man mit einer Geschmacksprobe vorsichtig sein. Der Anfänger sollte sich hier auf das Kosten von Täublingen und Milchlingen, sofern er diese sicher erkennt, beschränken. Da hier der rohe Pilz vorsichtig gekostet wird, kann eine Konfrontation mit Giftpilzen gefährlich werden. Die bei Pilzen häufig auftretenden Geschmacksrichtungen sind: scharf, bitter, mehlartig oder unbedeutend bzw. undefinierbar, was dann als »mild« bezeichnet wird. Wie der Geruch, so ist auch der Geschmack der einzelnen Pilzarten sehr vielfältig. Oft fehlt uns für ihre richtige Benennung das entsprechende Vokabular. Das ist ein Grund, weshalb sich in den Bestimmungstabellen oder Beschreibungen nur auf leicht nachzuvollziehende Geruchs- und Geschmacksrichtungen beschränkt wurde.

Die Bedeutung der Sporenpulverfarbe

Besonders wichtig ist die Sporenpulverfarbe bei den Lamellenpilzen. Jedem Pilzfreund ist sicher schon aufgefallen, daß unterschiedliche Arten verschieden gefärbte Lamellen aufweisen. Die Palette reicht von weiß über braun bis hin zu schwarz. Wir wissen inzwischen, daß auf den Lamellen in großen Massen die Sporen gebildet werden. Diese rufen meist die entsprechende Färbung hervor. Da die Lamellen aber bisweilen eine Eigenfarbe aufweisen, kann so die genaue Sporenpulverfarbe nicht beurteilt werden. Die Sporen müssen auf einfache Weise aufgefangen werden. Dazu wird der Pilzhut kurz unter den Lamellen vom Stiel abgeschnitten und, mit den Lamellen nach unten, auf reinweißes Papier gelegt. Das Ganze wird, am besten durch Abdecken mit einer Glasglocke, gegen Luftzug geschützt. Nach einigen Stunden oder am nächsten Tag kann der entsprechend ge-

färbte Sporenauswurf in Form eines negativen Lamellenabdrucks bewundert werden. Bei reinweißem Sporenpulver erscheint der Abdruck lediglich als matter Bereich in schräg auffallendem Licht. Je nach Sporenfarbe sprechen wir von Weiß-, Rot-, Braun- oder Schwarzsporern. Bei Täublingen ist die Feststellung der Sporenpulverfarbe für die Bestimmung unerläßlich. Sie kann dort weiß, ocker oder gelb sein, auch mit entsprechenden Zwischentönen. Bei Dachpilzen und Rötlingen ist sie lachsrosa.
Der schwedische Mykologe und Begründer der Pilzkunde Elias M. Fries (1794–1878) und nach ihm einer der größten deutschen Mykologen Adalbert Rikken (1851–1921) benutzten die Sporenpulverfarbe zur Einteilung von Blätterpilzfamilien. Diese Unterteilung hat z.T. heute noch Gültigkeit und ist Grundlage eines zwar künstlichen, aber praktischen Systems.
Bei Pilzarten, die in Büscheln wachsen, wird oft von unteren Hüten eine dicke Lage Sporenpulver aufgefangen. In solchen Glücksfällen kann gleich am Standort ungefähr die Farbe beurteilt werden. Beim Hallimasch sieht man oft weiß bestäubte Hüte, während diese bei dem ähnlichen Sparrigen Schüppling braun bepudert sind.
Eine Tabelle soll die Sporenpulverfärbung einiger für den Speisepilzsammler wichtigen Pilzgruppen zeigen:

Pilzgruppe	Sporenpulverfarbe
Wulstlinge	weiß
Helmlinge Maipilz Ritterlinge Rüblinge Schwindlinge Trichterlinge	weiß
Schirmlinge	weiß
Hallimasch	cremegelblich
Milchlinge Täublinge	weiß, hellgelb, ocker, dottergelb
Hasenröhrling Zimtröhrling	ockergelblich
Gallenröhrling	rosa
Mehlräsling	fleischrosa
Dachpilze Scheidlinge Rötlinge	lachsrosa
Maronenröhrling Steinpilz Butterpilz	olivbräunlich

Pilzgruppe	Sporenpulverfarbe
Kremplinge Rißpilze Schleierlinge Reifpilz	zimt- bis rostbraun
Schüpplinge	ockerbraun, braun
Ackerlinge	tabakbraun
Champignons	schokoladenbraun
Stockschwämmchen Schwefelköpfe Träuschlinge	purpur- bis violettbraun
Großer Gelbfuß Tintlinge Zärtlinge Düngerlinge	schwarzbraun, schwarz

Übersicht der verwendeten Fachausdrücke

amyloid: Sporen oder andere Oberflächenstrukturen, die sich in Melzers-Reagenz blau oder violett-schwärzlich färben, sind amyloid. Die Färbung kommt durch Einlagerung von Jod zustande.
anastomosierend: Mit Querverbindungen versehen, vor allem bei Lamellen.
angiocarp: Verdecktfrüchtig, z. B. bei Bauchpilzen, bei denen die Sporen im Innern der Fruchtkörper angelegt werden und dort verbleiben.
Ascomycetes: Schlauchpilze (eingedeutscht: Askomyzeten).
Ascus: Schlauch; schlauchförmiger Sporenbehälter der Askomyzeten.
Basidie: Sporenträger der Basidiomyzeten.
Basidiomycetes: Ständerpilze (eingedeutscht: Basidiomyzeten).
Buckel: In der Pilzkunde eine breite abgerundete Verdickung der Hutmitte.
carbophil: Kohleliebend; bei den Pilzen sind Brandstellenbewohner damit gemeint.
coprophil: Mistliebend; Pilzarten, die speziell auf gedüngten Böden oder Mist vorkommen.
Cortina: Schleierartige Teil- oder Gesamthülle (Velum), vor allem bei den Schleierlingen. Die Reste davon bleiben oft als sichtbare faserige Ringzone am Stiel zurück.
dextrinoid: Sporen oder Oberflächenstrukturen, die sich in Melzers-Reagenz weinrot färben (= pseudoamyloid).
Ektomykorrhiza: Die häufigste Art der Mykorrhiza zwischen höheren Pilzen und Bäumen, bei der das Pilzmyzel die feinsten Wurzelenden der Bäume außen umspinnt. Der Gegensatz dazu ist die Endomykorrhiza, bei der die Myzelfäden in die Wurzelzellen eindringen und sich hauptsächlich dort innen ausbreiten. Diese Art der Symbiose ist bei höheren Pilzen weniger verbreitet.
Endoperidie: Siehe Peridie.
Epiphragma: Verschlußhäutchen bei Teuerlingen.
Exoperidie: Siehe Peridie.
genattert: Natterartiges Zickzackmuster, welches durch Aufreißen der Stieloberhaut, beispielsweise des Grünen Knollenblätterpilzes, entsteht.
Geotropismus: Es bedeutet, daß sich bei Pilzen die Hüte genau senkrecht zum Lot ausrichten, damit die Sporen ungehindert ausfallen können. Besonders bekannt ist dieses Phänomen bei einigen Porlingen, bei denen es dabei auf größte Genauigkeit ankommt.
gezont: Dieser Ausdruck wird oft bei Pilzhüten angewandt. Durch verschiedenartige Färbung oder Struktur entsteht ein zonenweise abwechselndes Muster. Besonders die Milchlinge sind am Hut oft konzentrisch (ringartig) gezont.
Gleba: Sporenmasse der Bauchpilze bzw. fertiles Scheingewebe. Bei den Bauchpilzen wird der im Längsschnitt sichtbare sterile Teil »Subgleba« genannt.
Guttationstropfen: Pilze scheiden oft Flüssigkeitströpfchen an der Stielspitze oder den Lamellen aus (Guttation). Bei einigen Arten färben sich die Tröpfchen beim Eintrocknen oder werden durch das Auffangen von Sporenpulver dunkel.
gymnocarp: Nacktfrüchtig; die Fruchtschicht wird offen angelegt; z. B. bei Keulenpilzen, bei denen sie von Anfang an die frei zugängliche Oberfläche bedeckt.
hemiangiocarp: Halbverdecktfrüchtig; das Hymenium wird in der Jugend durch spezielle Umhüllungen geschützt und erst bei der Reife freigegeben.

heterogen: Verschiedengestaltig.
Holobasidie: Einzellige meist keulenförmige Basidie.
hyalin: Durchscheinend, farblos.
hygrophan: Pilzhüte oder andere Teile der Fruchtkörper, die sich bei Wasserentzug verfärben. Meist entstehen dann hellere Töne.
hymeniform: Wie ein Hymenium aussehend; z. B. bei dem Aufbau der Huthaut einiger Lamellenpilze, der Ackerlinge (Gattung *Agrocybe*).
Hymenium: Fruchtschicht; wird bei den Basidiomyzeten aus senkrecht nebeneinander liegenden Basidien und bei den Askomyzeten aus Asci und Paraphysen gebildet.
Hymenophor: Träger der Fruchtschicht. Dies ist die eigentlich formgebende Struktur, die aus Röhren, Lamellen, Stacheln, Leisten oder Runzeln bestehen kann. Sie wird an der Oberfläche vom Hymenium überzogen. Pilze, bei denen das Hymenium in Form einer ± ebenen Fläche vorliegt, besitzen demnach kein Hymenophor.
Hyphe: Langgestreckte Pilzzelle.
Keimporus: Besonders dünne Stelle in der Sporenwand, an der der Keimschlauch ausgetrieben wird. Der Keimporus liegt meist genau an dem vorderen Polende der Sporen, selten etwas seitlich davon.
Kollar: Ringförmiger Absatz, der die Lamellen vom Stiel trennt.
konvex: Nach außen gewölbt, häufigste Hutform bei Pilzen.
Lugolsche Lösung: 1 g Jod und 2 g Jodkali in 100 ml dest. Wasser gelöst.
Manschette: Stielring
Melzers-Reagenz: 0,5 g Jod und 1,5 g Jodkali in 20 ml dest. Wasser und 20 ml Chloralhydrat auflösen. Chloralhydratlösung: 20 g Chloralhydratkristalle gelöst in 10 ml dest. Wasser.
Mykologie: Pilzkunde.
Mykorrhiza: Wörtlich übersetzt »verpilzte Wurzel«; die Lebensgemeinschaft eines Pilzes mit einer höheren Pflanze (siehe auch Ektomykorrhiza).
Myzel: Die eigentliche Pilzpflanze, die unterirdisch vegetiert. Das Myzel besteht aus vielen fein verzweigten fädigen Zellen, den Hyphen.
Nabel: Eng umgrenzte Hutvertiefung.
Papille: Kleiner spitzer Buckel in der Mitte des Pilzhutes.
Paraphyse: Safthaar; sterile haarförmige Zellen, die zusammen mit den Asci das Hymenium der Askomyzeten bilden.
Peridie: Außenhaut; bei den Bauchpilzen die Umhüllung, in der die Sporenmasse gebildet wird. Die Peridie ist oft zweischichtig und besteht aus einer äußeren Exoperidie und einer inneren Endoperidie. Die Exoperidie ist bei den Bauchpilzen meist vergänglich. Sie besteht aus Warzen oder Stacheln oder kann wie eine Eierschale abbröckeln. Die Endoperidie ist dauerhaft und umschließt noch längere Zeit die gebildeten Sporen.
Peridiole: Linsenförmiger Sporenbehälter der zu den Bauchpilzen gehörenden Teuerlinge und Nestlinge, der als Ganzes verbreitet wird.
Plectenchym: Scheingewebe, welches bei den Pilzen durch Verkleben der einzelnen Hyphen entsteht. Auf diese Art werden die Fruchtkörper der höheren Pilze aufgebaut. Ein anderer Name dafür ist Pseudoparenchym. Bei einem echten Gewebe (Parenchym) sind die Zellen verwachsen und stehen in allen Richtungen miteinander in Verbindung. Dies ist bei den höheren Pflanzen der Fall.
pseudoamyloid: Siehe dextrinoid.

Rezeptakulum: Der sich streckende sporentragende Teil einiger Bauchpilze *(Phallales),* zu denen die Stinkmorchel gehört.
Rhizomorphen: Wurzelartig verdickte Myzelstränge.
Schnalle: Halbringförmige Ausstülpung der Hyphen an den Querwänden vieler Basidiomyzeten.
sensu: Im Sinne von ...
sensu lato: Im weiteren Sinne.
sensu restricto: Im engeren Sinne.
Septe: Querwand der Pilzhyphen.
Seten: (Setae), zystidenähnliche, meist rotbraune, dickwandige Elemente im Hymenium, die über die Basidien hinausragen (manchmal schon bei starker Lupenvergrößerung zu sehen).
Sphaerocysten: Rundlich aufgeblasene Zellen, die als Tramaelemente oder als Hutbeläge auftreten können. Bei Milchlingen und Täublingen besteht das Fleisch zum großen Teil aus Sphaerocysten. Einige Schirmlinge besitzen diese als körnigen Hutbelag.
Sporen: Verbreitungseinheiten der Sporenpflanzen, zu denen die Pilze gehören. Es sind meist eiförmige, rundliche oder längliche ein- oder mehrzellige Gebilde, die eine Durchschnittsgröße von 5–15 tausendstel Millimetern messen. Die Verbreitung erfolgt meistens durch den Wind.
Sterigma: Kleiner hornförmiger Auswuchs der Basidie, an dem die Sporen bis zu ihrer Reife befestigt sind.
Subgleba: Siehe Gleba.
Subhymenium: Dünne, kleinzellige Schicht direkt unter dem Hymenium.
Trama: Das Fleisch des Fruchtkörpers im weiteren Sinne, z. B. Lamellen-, Stiel- und Huttrama. Die Oberflächenstrukturen von Hut und Stiel sind nicht damit gemeint, da sie meist einen deutlich anderen Aufbau als die Trama haben und auch oft anders gefärbt sind.
Velum: Eine Hülle, die den Fruchtkörper teilweise oder ganz im Jugendzustand schützt. Das Velum partiale schützt die jungen Lamellen oder Röhren (Hymenium), während ein Velum universale den ganzen jungen Fruchtkörper abdeckt. Es kann häutig oder fädig ausgebildet sein. Ein fädiges Velum heißt Cortina.
Volva: Scheide; häutige basale Stielumhüllung einiger Knollenblätterpilze und der danach benannten Scheidlinge *(Volvariella).*
Zystide: Sterile, oft herausragende Zelle im Hymenium oder an anderer Stelle des Fruchtkörpers der Basidiomyzeten.

Bestimmungsteil

Vorbemerkungen

Dem speziellen Teil ist eine systematische Einteilung der in diesem Buch behandelten Pilzgattungen vorangestellt. Aus dieser tabellarischen Zusammenstellung kann die systematische Zuordnung der einzelnen Gruppen mit einem Blick erfaßt werden. Die Anordnung der Fotos im Buch entspricht nicht immer dieser Einteilung, da aus praktischen Gesichtspunkten die giftigen »Doppelgänger« den eßbaren Arten möglichst direkt gegenübergestellt werden sollten.

Die Bestimmungsschlüssel

In den Schlüsseln verwendete Abkürzungen:
±: mehr oder weniger
Frkp.: Fruchtkörper
Spp.: Sporenpulver
vgl.: vergleiche
bisw.: bisweilen

Die Benutzung eines Schlüssels ist die schnellste und sicherste Methode für die erfolgreiche Bestimmung eines Pilzes. Je eher sich der Pilzfreund mit dem Gebrauch einer solchen Tabelle vertraut macht, desto besser wird er damit zurechtkommen. Der ernsthaft Interessierte wird deren Benutzung nicht umgehen können. Hier sind auf kleinstem Raum alle wichtigen Unterscheidungsmerkmale gegenübergestellt. Die benutzten Merkmale wurden so gewählt, daß sie möglichst leicht und ohne Mikroskop zu ermitteln sind. Sie sind ohne besondere Vorkenntnisse benutzbar.
Im Bestimmungsteil können die Gattungen bzw. – wenn diese nur aus einer Art bestehen auch die Pilzart – bestimmt werden. Endet der Bestimmungsgang bei einer Gattung oder Art, hinter der weder Nummer noch Seitenzahl steht, so wird sie in diesem Buch nicht behandelt. Es erschien sinnvoll, die Kapazität der Bestimmungsschlüssel nicht nur auf die farbig abgebildeten Pilzarten zu beschränken. Die mit * gekennzeichneten Sätze sind keine alternativen Schlüsselmerkmale, sondern Hinweise auf ähnliche Pilzgruppen bzw. Pilzarten. Gleich zu Beginn der Bestimmungsschlüssel steht eine bebilderte Bestimmungsübersicht, mit deren Hilfe die übergeordnete Hauptgruppe ermittelt werden kann.
Die Benutzung der Schlüssel erfolgt dann so:
Der Bestimmer beginnt, den Pilz betrachtend, der Reihe nach mit der Beantwortung der im Schlüssel angeführten Fragen (Ziffer 1). Trifft ein Punkt zu, so wird mit der nächsthöheren, eingerückten Ziffer (Ziffer 2) weitergearbeitet. Trifft er nicht zu, so muß mit der gleichen nicht eingerückten Ziffer (Ziffer 1′) weitergefragt werden. Ein Pfeil an einer Zahl bedeutet (z. B. ↓1′), daß noch eine weitere nicht eingerückte Frage folgt (z. B. 1″), die zu berücksichtigen ist. Es sollten immer sämtliche Alternativfragen durchgelesen werden, bevor man sich für eine entscheidet, da dann die Fragestellung besser verständlich wird.

Der Bestimmer wird bald merken, worauf es ankommt, und die entsprechenden Merkmale am Pilz zu erkennen suchen. Am Beispiel des Grünen Knollenblätterpilzes sei die Arbeitsweise noch einmal erklärt: Da es sich hier um einen Lamellenpilz handelt, beginnen wir bei Ziffer 1 des Schlüssels für Lamellenpilze. Da hier die Lamellen elastisch und sowohl Ring als auch Stielknolle vorhanden sind, wird bei 1′ weiterbestimmt. Die freien Lamellen bzw. Ring und Knolle führen zu Ziffer 3. Die weißen Lamellen weisen auf Punkt 4, da bei 4′ Pilze mit lachsrosa oder braun gefärbten Lamellen behandelt werden. Die Lamellen besitzen keinen Kollar, also 5′. Durch das Vorhandensein von Ring, Knolle und bescheideter Stielbasis kommt Ziffer 6: Wulstlinge oder Knollenblätterpilze in Frage. Gleichzeitig kann der Leser die laufenden Nummern, die auf die Farbfotos verweisen, vergleichen und wird so unschwer den Grünen Knollenblätterpilz *(Amanita phalloides)* erkennen oder bestimmen können. Eine Bestimmung ist aber erst dann perfekt, wenn Foto und Kurzbeschreibung genau mit dem gefundenen Pilz übereinstimmen. Man muß sich darüber im klaren sein, daß ein in seinem Umfang ja immer beschränktes Buch nur einen recht kleinen Teil der in Wirklichkeit existierenden Pilzarten abbilden oder behandeln kann. In den Kurzbeschreibungen wurde deshalb auf Vergleichshinweise und Verwechslungsmöglichkeiten großer Wert gelegt. Eine wichtige Vorbedingung für eine richtige Bestimmung ist, daß der Pilzfreund ein typisches Exemplar gefunden hat. Denn nur auf typische »Sollmerkmale« kann der Schlüssel Bezug nehmen.

Die Kurzbeschreibungen

Sie sind so abgefaßt, daß möglichst solche Merkmale beschrieben werden, die am Foto nicht oder schlecht erkennbar sind. Dazu gehören Geruch, Geschmack, chemische Reaktionen, Mikromerkmale, Vorkommen usw.
Der Geruch eines Pilzes kann völlig verschwinden, wenn dieser stark unterkühlt wurde (Spätherbst, nach Frösten). Gewisse Gerüche werden überhaupt erst wahrgenommen, wenn eine Stelle des Fruchtkörpers leicht mit dem Finger gerieben wird, bei Lamellenpilzen am besten an den Lamellen (z. B. beim Mehlgeruch).
Die Angaben über die Schmierigkeit eines Hutes oder anderer Teile des Pilzes beziehen sich immer auf normal feuchtes Wetter, nicht auf lange anhaltendes Regenwetter oder eine Trockenperiode. Zur Beurteilung dieses Merkmals sollte die entsprechende Stelle eine gewisse Zeit befeuchtet werden. Man wird staunen, wie ein erst trocken geglaubter Hut plötzlich schmierig aufquellen kann.
Noch ein Wort zu den Angaben des Speisewertes: Der Speisewert steht wegen der besseren Übersicht rechts auf derselben Zeile neben dem volkstümlichen Pilznamen. Die Bezeichnung »eßbar« bezieht sich prinzipiell nicht auf den rohen Pilz! Voraussetzung ist, daß die entsprechende Art zuvor ausreichend erhitzt wurde. Bei Pilzen mit der Bezeichnung »eßbar nach Abkochen« muß das Kochwasser weggeschüttet werden, um in diesem enthaltene Giftstoffe zu entfernen.
»Eßbar ohne Alkohol« bedeutet, daß wenigstens 2 Tage vor und 3 Tage nach der Pilzmahlzeit kein Alkohol genossen werden darf. Die Empfindlichkeit der einzelnen Personen ist hier unterschiedlich groß und kann vorsichtig getestet werden.
Auf eine allzu feine Abstufung der Eßbarkeit wurde verzichtet, da die Vorliebe bzw. Abneigung für bestimmte Pilzarten und Geschmacksrichtungen von Mensch zu Mensch individuell verschieden ist. Im allgemeinen gilt:

eßbar * = guter Speisepilz, eßbar ** = sehr guter Speisepilz.

Systematische Übersicht der behandelten Pilzgattungen

Klasse: *Ascomycetes* (Schlauchpilze)

Ordnung: *Sphaeriales*
Familie: *Xylariaceae*
Gattung: *Xylaria* (244–245)
Ordnung: *Tuberales*
Familie: *Terfeciaceae*
Gattung: *Choiromyces* (228)
Ordnung: *Pezizales*
Familie: *Humariaceae*
Gattung: *Aleuria* (238)
Familie: *Pezizaceae*
Gattungen: *Peziza* (239–240); *Otidea* (241–242); *Sarcosphaera* (237)
Familie: *Helvellaceae*
Gattungen: *Helvella* (234); *Paxina* (235); *Gyromitra* (232); *Rhizina* (243)
Familie: *Morchellaceae*
Gattungen: *Morchella* (230–231); *Mitrophora* (229); *Verpa* (233); *Disciotis* (236)

Klasse: *Basidiomycetes* (Ständerpilze)

Unterklasse: *Phragmobasidiomycetidae*
Ordnung: *Tremellales*
Familie: *Tremellaceae*
Gattungen: *Tremella* (212); *Pseudohydnum* (210); *Tremiscus* (211)
Ordnung: *Auriculariales*
Familie: *Auriculariaceae*
Gattung: *Hirneola* (208)
Unterklasse: *Hymenomycetidae*
Ordnung: *Dacrymycetales*
Familie: *Dacrymycetaceae*
Gattung: *Calocera* (209)
Ordnung: *Poriales (Aphyllophorales)* sensu lato
Familie: *Cantharellaceae*
Gattungen: *Cantharellus* (178–180); *Craterellus* (182)
Familie: *Gomphaceae*
Gattung: *Gomphus* (181)
Familie: *Hydnaceae*
Gattung: *Hydnum* (184)
Familie: *Bankeraceae*
Gattung: *Phellodon* (185)
Familie: *Telephoraceae*
Gattung: *Sarcodon* (183)

Familie: *Clavulinaceae*
Gattung: *Clavulina* (187)
Familie: *Clavariadelphaceae*
Gattung: *Clavariadelphus* (186)
Familie: *Ramariaceae*
Gattung: *Ramaria* (188–191)
Familie: *Sparassidaceae*
Gattung: *Sparassis* (192)
Familie: *Fistulinaceae*
Gattung: *Fistulina* (198)
Familie: *Schizophyllaceae*
Gattung: *Schizophyllum* (197)
Familie: *Poriaceae* sensu lato
Gattungen: *Meripilus* (199); *Laetiporus* (200); *Piptoporus* (201); *Pycnoporus* (202); *Trametes* (203); *Daedalea* (204); *Fomes* (205); *Fomitopsis* (207); *Phaeolus* (195)
Familie: *Ganodermataceae*
Gattung: *Ganoderma* (206)
Familie: *Hymenochaetaceae*
Gattung: *Coltricia* (196)
Ordnung: *Polyporales*
Familie: *Polyporaceae*
Gattungen: *Polyporus* (193–194); *Pleurotus* (85–86); *Panus* (84); *Lentinus* (83)
Ordnung: *Boletales*
Familie: *Strobilomycetaceae*
Gattung: *Strobilomyces* (29)
Familie: *Boletaceae*
Gattungen: *Gyroporus* (27–28); *Boletinus* (26); *Suillus* (21–25); *Xerocomus* (11–14); *Boletus* (2–10); *Tylopilus* (1); *Leccinum* (15–20)
Familie: *Paxillaceae*
Gattungen: *Paxillus* (30–31); *Hygrophoropsis* (177); *Omphalotus* (87)
Familie: *Gomphidiaceae*
Gattungen: *Gomphidius* (32); *Chroogomphus* (33)
Ordnung: *Agaricales*
Familie: *Hygrophoraceae*
Gattungen: *Hygrophorus* (65–67); *Hygrocybe* (64)
Familie: *Tricholomataceae*
Gattungen: *Laccaria* (68); *Mycena* (69–70); *Marasmius* (71–73); *Collybia* (74–78); *Strobilurus* (79); *Flammulina* (80); *Megacollybia* (81); *Oudemansiella* (82); *Tricholomopsis* (88); *Clitocybe* (89–93); *Lepista* (95–99); *Lyophyllum* (104–105); *Melanoleuca* (106); *Tricholoma* (107–115); *Calocybe* (116); *Armillariella* (136–137)
Familie: *Entolomataceae*
Gattungen: *Clitopilus* (94); *Entoloma* (100–103)
Familie: *Pluteaceae*
Gattungen: *Volvariella* (63); *Pluteus* (61–62)

Familie: *Amanitaceae*
Gattung: *Amanita* (48–60)
Familie: *Agaricaceae*
Gattungen: *Agaricus* (34–41); *Lepiota* (42–44); *Macrolepiota* (45–47); *Phaeolepiota* (128)
Familie: *Coprinaceae*
Gattungen: *Coprinus* (146–150); *Psathyrella* (143–145); *Panaeolina* (151)
Familie: *Strophariaceae*
Gattungen: *Stropharia* (130–133); *Hypholoma* (140–142); *Pholiota* (138–139); *Kuehneromyces* (134)
Familie: *Cortinariaceae*
Gattungen: *Inocybe* (117–118); *Hebeloma* (129); *Dermocybe* (119); *Cortinarius* (120–126); *Rozites* (127); *Galerina* (135)
Ordnung: *Russulales*
Familie: *Russulaceae*
Gattungen: *Russula* (152–164); *Lactarius* (165–176)

Unterklasse: *Gasteromycetidae*
Ordnung: *Sclerodermatales*
Familie: *Sclerodermataceae*
Gattungen: *Scleroderma* (220–221); *Pisolithus* (222)
Ordnung: *Nidulariales*
Familie: *Nidulariaceae*
Gattung: *Cyathus* (224)
Ordnung: *Lycoperdales*
Familie: *Lycoperdaceae*
Gattungen: *Bovista* (213); *Lycoperdon* (214–216); *Calvatia* (217–218); *Langermannia* (219)
Ordnung: *Geastrales*
Familie: *Geastraceae*
Gattung: *Geastrum* (223)
Ordnung: *Phallales*
Familie: *Clathraceae*
Gattung: *Clathrus* (227)
Familie: *Phallaceae*
Gattungen: *Phallus* (225); *Mutinus* (226)

Bestimmungsschlüssel

Bebilderter Bestimmungsschlüssel für die Hauptgruppen der Pilze

(Vergleiche auch Textschlüssel auf Seite 47)

Pilze fleischig, mit Lamellen auf der Hutunterseite; Boden- oder Holzbewohner:

»Lamellen- oder Blätterpilze«, Schlüssel I, Seite 49

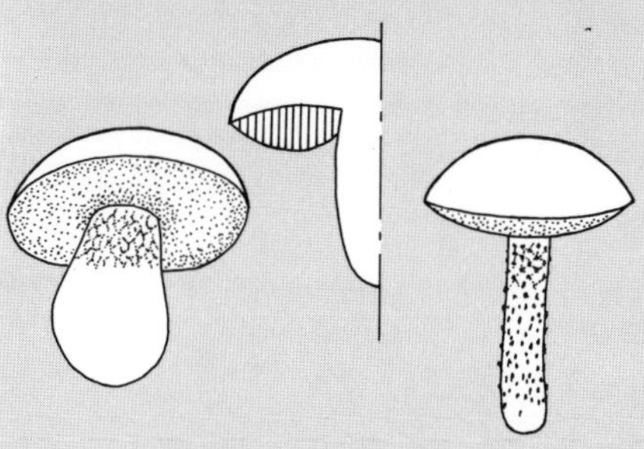

Pilze fleischig, mit leicht ablösbaren Röhren auf der Hutunterseite; Stiel zentral; Bodenbewohner:

Röhrenpilze (Röhrlinge), Schlüssel II, Seite 56

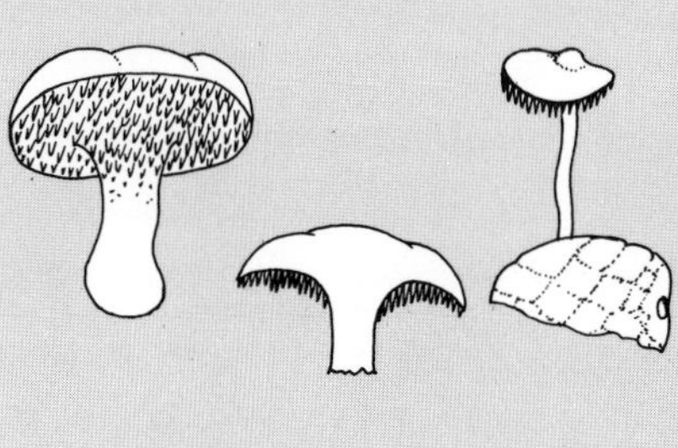

Pilze fleischig oder korkartig, mit Stacheln auf der Hutunterseite;
meist Bodenbewohner:

Stachelpilze, Schlüssel III, Seite 57

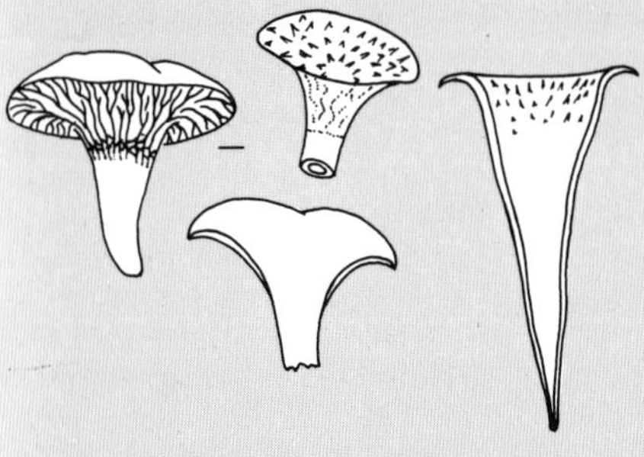

Pilze fleischig bis häutig, mit dicklichen Leisten oder Runzeln an der Hutunter- oder -außenseite; voll, oder trompetenartig hohl; Bodenbewohner:

Leistlinge und Kraterellen,
Schlüssel III, Seite 57

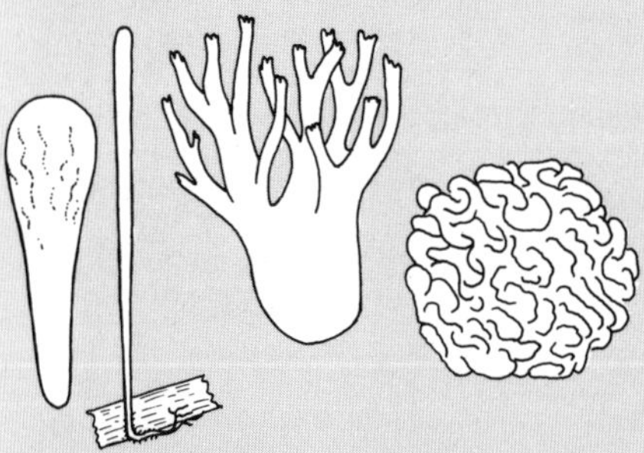

Pilze fleischig, keulen- oder korallenförmig, Fleisch meist brüchig; meist Bodenbewohner:

Keulen- und Korallenpilze,
Schlüssel III, Seite 57

Pilze zäh bis holzartig, auf der Hutunterseite mit ± fest verwachsenen Röhren, mit oder ohne Stiel; meist Holzbewohner:

»Porlinge«,
Schlüssel IV, Seite 59

Pilze gummiartig, weichlich-gallertartig, beim Trocknen stark schrumpfend und hornartig werdend, beim Anfeuchten wieder auflebend; meist Holzbewohner:

»Gallertpilze«,
Schlüssel V, Seite 61

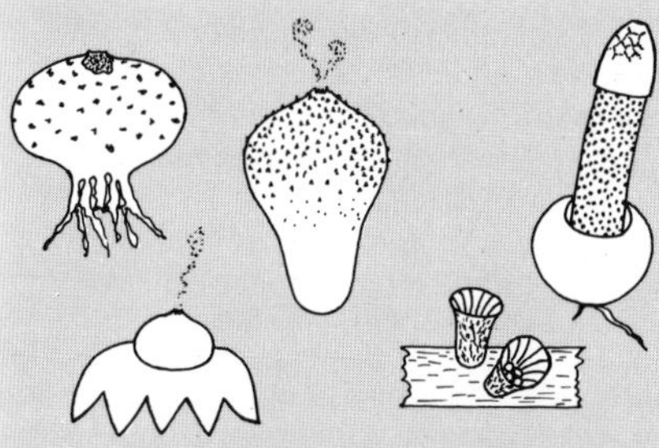

Pilze kugel- oder birnenförmig, sternartig und bei der Reife stäubend; oder rutenförmig und aasartig riechend; oder becherförmig, mit linsenartigem Inhalt; meist Bodenbewohner:

Bauchpilze, Schlüssel VI, Seite 62

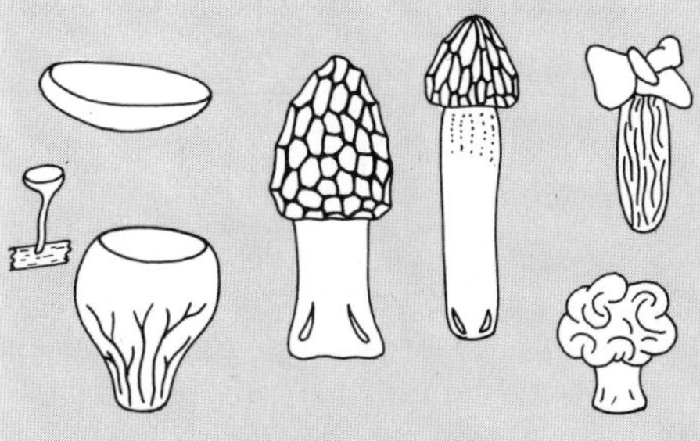

Pilze becher- oder schüsselförmig, Fleisch meist brüchig, mit oder ohne Stiel, Hüte mit wabenartigen Vertiefungen oder gehirnartig gewunden oder lappig; meist Bodenbewohner:

Schlauchpilze, Schlüssel VII, Seite 64

Bestimmungsschlüssel für die Hauptgruppen höherer Pilze mit ansehnlichen Fruchtkörpern

(Vergleiche auch Bilderschlüssel auf S. 45)

1 Frkp. mit lamellenartigen Bildungen (Hymenophor) an der Hutunterseite
*Pilze mit dicklichen flachen bisw. lamellenähnlichen Leisten: vgl. **Pfifferlinge, Leistlinge** (Schlüssel III, S. 57)

2 Konsistenz fleischig, Stiel in der Regel wohl ausgebildet und zentral, seltener seitlich stehend, bei einigen Gruppen (hier nicht behandelt) verkümmert, Boden- oder Holzbewohner: **»Lamellenpilze«** (Schlüssel I, S. 49)

2′ Konsistenz lederig-zäh bis holzig, Stiel fehlend, immer an Holz wachsend

3 Lamellen der Länge nach gespalten, bei trockenem Wetter umrollend (Verdunstungsschutz): vgl. **Spaltblättling *(Schizophyllum commune)*, 197**

3′ Lamellen nicht gespalten, oft mit Querverbindungen oder labyrinthartig gewunden, seltener rein lamellig, Frkp. fächer- bis konsolenförmig: **»Porlinge«** (Schlüssel IV, S. 59)

↓ 1′ Frkp. mit röhren-, stachel- oder leistenförmigem Hymenophor; Fruchtschicht bisw. auch nur leicht gerunzelt und Pilze dann trompeten- oder füllhornförmig

4 Hymenophor stachel- oder leistenförmig oder gerunzelt:
Stachelpilze, Leistlinge und Kraterellen (Schlüssel III, S. 57)

*Mit Stacheln, Konsistenz gallertartig, seitlich an Holz:
vgl. **Zitterzahn *(Pseudohydnum gelatinosum)*, 210**

*Pilze flächig auf Holz, ohne Hutbildungen, eventuell mit umgebogenen Hutkanten: vgl. **Rindenpilze mit stachelförmigem Hymenium *(Corticiaceae)***

4′ Hymenophor röhrenförmig

5 Pilze fleischig, deutlich in Hut und Stiel eingeteilt, Stiel zentralständig, meist Bodenbewohner; Röhrenschicht leicht vom Hutfleisch ablösbar:
Röhrlinge (Schlüssel II, S. 56)

5′ Pilze lederig-zäh oder holzig, in Hut und Stiel eingeteilt oder fächer- bis konsolenförmig, Stiel ± zentral, oft aber fehlend, meist Holzbewohner; Röhrenschicht nicht leicht vom Hutfleisch ablösbar:
»Porlinge« (Schlüssel IV, S. 59)

*Pilze flächig auf Holz, ohne Hutbildung, eventuell mit umgebogenen Hutkanten: vgl. **nicht hutbildende Porlinge *(Poriaceae)***

1″ Frkp. ohne Lamellen, Röhren, Stacheln oder Leisten, Hymenium ± glatt und außen am Frkp. angebracht oder Sporen werden im Innern gebildet (Pilze dann bei der Reife stäubend oder mit Aasgeruch) oder Form becherförmig mit linsenförmigem Inhalt

6 Hymenium ± glatt, reife Pilze weder stäubend noch mit Aasgeruch

7 Konsistenz gummi- oder weichlich-gallertartig, Pilze beim Eintrocknen hornartig einschrumpfend und beim Befeuchten wieder auflebend, Sporen werden auf Basidien gebildet: **»Gallertpilze«** (Schlüssel V, S. 61)

*Form ziemlich regelmäßig, kreiselförmig oder dick schüsselförmig, Sporen werden in Schläuchen gebildet: vgl. **Schlauchpilze mit gallertartiger Konsistenz *(Bulgaria, Neobulgaria und Ascocoryne)***

7′ Konsistenz anders

8 Frkp. keulen- oder korallenförmig oder badeschwammähnlich, Konsistenz fleischig bis brüchig, Sporen werden auf Basidien gebildet:
Keulen- und Korallenpilze (Schlüssel III, S. 57)

↓8′ Frkp. becher-, schalen- oder kelchförmig oder in Hut und Stiel eingeteilt und Hut wabenartig, gerippt, gehirnartig gewunden oder viellappig; Fleisch meist wachsartig brüchig, Sporen werden in Schläuchen gebildet: **Schlauchpilze** (Schlüssel VII, S. 64)

8″ Frkp. flächig auf Holz, bisw. mit Hutkantenbildung:
vgl. **Schichtpilze *(Stereaceae)* und Rindenpilze *(Corticiaceae)***

6′ Pilze ohne Hymenium, Sporen werden im Innern der Frkp. gebildet (Gleba), reife Pilze oft stäubend oder mit Aasgeruch; oder becherförmig und mit linsenförmigem Inhalt

9 Pilze im reifen Zustand oberirdisch:
Oberirdische Bauchpilze (Schlüssel VI, S. 62)

9′ Pilze im reifen Zustand ± unterirdisch und so bleibend, Form knollenförmig: **Unterirdische Bauchpilze** (Schlüssel VI, S. 62)
Schlauchpilze (Schlüssel VII, S. 64)

Schlüssel I
»Lamellenpilze« (*Agaricales, Russulales* und *Polyporales* mit lamelligem Hymenophor)

Frkp. zäh, stiellos, an Holz, Lamellen längsgespalten: vgl. **Spaltblättling *(Schizophyllum commune)*, 197**

»Lamellen« flach und dicklich, gegabelt (Leisten): vgl. **Leistenpilze *(Cantharellus)*** (Schlüssel III, S. 57)

Frkp. mit gut ausgebildeten Lamellen an Hutunterseite, die sich meist deutlich in der Struktur vom Hutfleisch unterscheiden:

1 Fleisch bes. im Stiel brüchig, Stiele lassen sich nicht längs auffasern (da aus rundlichen Zellen bestehend), Lamellen bei Berührung meist absplitternd, Pilze mittelgroß bis groß, immer ohne Ring oder Stielknolle (Täublinge und Milchlinge, *Russulales*)

2 Frkp. bei Verletzung milchend: **Milchlinge *(Lactarius)*, 165–176**

*Pilze sehr grazil, Stiel fädig-dünn: vgl. **milchende Helmlinge *(Mycena, Agaricales)***

2′ Frkp. nicht milchend, Hutfarben meist leuchtend oder Hüte mehrfarbig-bunt: **Täublinge *(Russula)*, 152–164**

1′ Fleisch im Stiel längsfaserig (aus länglichen Hyphen bestehend), wenn Stiel brüchig, dann Pilze sehr grazil (*Agaricales* und einige lamellentragende *Polyporales*)

3 Lamellen frei, den Stiel nicht erreichend (wenn undeutlich, dann Pilze mit Ring und Knolle)

4 Lamellenfarbe weiß oder weißlich und so bleibend, Spp. weiß oder cremeweißlich

5 Lamellen durch ringförmigen Absatz (Kollar, Abb. S. 30) vom Stiel getrennt, Frkp. groß, Stielring im Alter verschiebbar: **Riesenschirmlinge *(Macrolepiota)*, 45–47**

*Pilz klein und dünnhäutig (∅ ca. 1 cm): vgl. **Halsbandschwindling *(Marasmius rotula)*, 73**

5′ Lamellen ohne Kollar

6 Frkp. meist groß, Stiel mit Ring und Knolle oder Stielbasis bescheidet (auch beides zugleich), Hut oft mit Velumresten in Form von Warzen oder Flocken: **Wulstlinge oder Knollenblätterpilze *(Amanita)*, 48–60**

6′ Frkp. klein bis mittelgroß, Stiel nicht zugleich mit Ring und Knolle, Stielbasis nie bescheidet, Spp. dextrinoid: **Schirmlinge *(Lepiota)*, 42–44**

4′ Lamellenfarbe bald lachsrosa oder braun, Spp. lachsrosa bis schokoladenbraun

7 Reife Lamellen und Spp. dunkelbraun, Stiel mit häutigem Ring, Bodenbewohner: **Egerlinge oder Champignons *(Agaricus)*, 34–41**

7′ Reife Lamellen und Spp. lachsrosa, Stiel ohne Ring

8 Stielbasis bescheidet: **Scheidlinge *(Volvariella)*, 63**

8′ Stielbasis unbescheidet, Pilze meist an Holz wachsend: **Dachpilze *(Pluteus)* 61–62**

3′ Lamellen am Stiel irgendwie angewachsen

9 Lamellen, bisw. auch der ganze Hut bei der Reife zu tintenartigem Brei zerfließend, schwärzlich, angeheftet (selten undeutlich frei); oder Pilze sehr grazil, in rasigen Gruppen wachsend und Hüte radial gefaltet-gefurcht: **Tintlinge *(Coprinus)*, 146–150**

9′ Lamellen nicht zerfließend, andere Merkmale

10 Spp. weiß oder weißlich bis blaß rosa (Lamellen ± hell und so bleibend, seltener auch violettlich)

11 Typische Holzbewohner (manchmal scheinbar am Boden auf vergrabenem Holz)

12′ Stiel kurz und seitlich stehend, Pilzhüte oft in Büscheln muschelförmig übereinander wachsend: **Seitlinge *(Pleurotus)*, 85–86**

12′ Stiel ± zentralständig, Wuchsform anders

13 Nur in Wintermonaten wachsend (Ende Oktober bis März), gesellig bis büschelig, Stiel braunsamtig: **Winterrübling *(Flammulina velutipes)*, 80**

13′ Nicht (nur) in Wintermonaten wachsend

14 Frkp. ± kompakt und fleischig

15 Stiel mit Ring, meist dicht büschelig wachsend

16 Hut trocken, gelbbräunlich bis fleischbräunlich, flockig-schuppig bis faserig: **Hallimasch *(Armillariella)*, 136–137**

16′ Hut schmierig, kahl, weißlich: **Buchenschleimrübling *(Oudemansiella mucida)*, 82**

15′ Stiel ohne Ring (vgl. aber 18′)

17 Stiel tief wurzelnd, unterirdisch mit Baumwurzeln verbunden: **Wurzelnder Schleimrübling *(Oudemansiella radicata)*** (vgl. auch ***Lentinus lepideus*, 83**)

↓17′ Stielbasis mit auffallenden schnurartigen Myzelsträngen, Hut radialfaserig gestreift, Lamellen sehr breit: **Breitblättriger Rübling *(Megacollybia platyphylla)*, 81**

17″ Stiel nicht so beschaffen

18 Lamellen und Fleisch auffallend gelb bis orangegelb

19 Lamellen deutlich am Stiel herablaufend, büschelig:

Ölbaumtrichterling *(Omphalotus olearius)*, 87

19′ Lamellen nicht herablaufend, kaum büschelig, Hut oft purpurfilzig:

Purpurfilziger Holzritterling *(Tricholomopsis rutilans)*, 88

18′ Lamellen und Fleisch nicht auffallend gelb (Stiel bisw. mit Ringansatz)

20 Lamellen sehr breit und an der Schneide gesägt, Geruch auffällig:

Schuppiger Sägeblättling *(Lentinus lepideus)*, 83

20′ Lamellen gedrängt, Schneide fein schartig, Geruch nicht auffallend:

Getigerter Knäueling *(Panus tigrinus)*, 84

14′ Frkp. grazil, Hüte glockig, oft häutig dünn (viele Arten auch Bodenbewohner):

Helmlinge *(Mycena)*, 69–70

*Auf am Boden liegenden Fichten- oder Kiefernzapfen wachsend, knorpelig-zäh:

Zapfenrüblinge *(Strobilurus)*, 79

11′ Bodenbewohner (ausnahmsweise an Holzmulm),

*Stiel tief wurzelnd: vgl. ***Oudemansiella radicata***

21 Lamellen mehrfach gegabelt, Farben des Frkp. ± orangegelblich, Pilz weichlich, Geruch nicht auffallend:

Falscher Pfifferling *(Hygrophoropsis aurantiaca)*, 177

*Geruch ± mirabellenartig, Konsistenz nicht weichlich:

vgl. **Pfifferling *(Cantharellus cibarius)*, 178**

21′ Lamellen nicht gegabelt

22 Lamellen dicklich, entfernt stehend

*Pilz ± zäh, in allen Teilen blaß beige, in Ringen auf Wiesen wachsend: vgl. **Feldschwindling *(Marasmius oreades)*, 71**

23 Sporen glatt, Frkp. ± kompakt und fleischig oder schwärzend, in leuchtenden Farben und glasig-durchscheinend

24 Frkp. im Alter schwärzend, Lamellen nicht herablaufend: **Schwärzender Saftling *(Hygrocybe nigrescens)*, 64**

24′ Frkp. nicht schwärzend, Lamellen ± herablaufend, Hüte und oft auch Stiele schmierig (seltener trokken): **Schnecklinge *(Hygrophorus)*, 65–67**

23′ Sporen warzig, Frkp. dünnfleischig, nicht schwärzend, Farben violett oder fleischrosa:

Lacktrichterlinge *(Laccaria)*, 68

22′ Lamellen nicht entfernt und dicklich

25 Lamellen meist am Stiel herablaufend (manchmal undeutlich)

*Farben in allen Teilen auffallend orangegelb bis orangebräunlich: vgl. ***Omphalotus olearius,*** **87**

26 Sporen glatt, Spp. meist rein weiß: **Trichterlinge *(Clitocybe),* 89–93**

*Pilze weiß, büschelig, Geruch nach Lerchensporn und Fleisch mit Eisen-II-sulfat blau: **Lerchenspornritterling *(Lyophyllum connatum),* 105**

26′ Sporen rauh, selten glatt, Spp. meist cremerosa, selten weiß: **Rötelritterlinge und -trichterlinge *(Lepista),* 95–99**

*Pilze mit starkem Mehlgeruch, Spp. fleischfarben: vgl. **Mehlräsling *(Clitopilus prunulus),* 94**

25′ Lamellen nicht herablaufend, sondern ± ausgebuchtet angewachsen

27 Frkp. ± kompakt, fleischig

28 Pilze auffallend büschelig wachsend, Sporen glatt, rundlich: **Knäuelritterlinge, Raslinge *(Lyophyllum),* 104–105**

*Pilze weißlich, Lamellen herablaufend, Geruch nach Lerchensporn: vgl. ***Lyophyllum connatum,*** **105**

28′ Pilze nicht auffallend büschelig wachsend

29 Fleisch elastisch-rüblingsartig und Stiel berindet, Hüte ± hygrophan, Sporen rauh, Spp. weiß, cremefarbig oder blaßrosa

30 Spp. amyloid, Stiele berindet, Lamellen nie violett: **Weichritterlinge *(Melanoleuca),* 106**

30′ Spp. nicht amyloid, blaß rosa, Lamellen bisw. violett: **Rötelritterlinge *(Lepista),* 95–99**

29′ Fleisch nicht elastisch-rüblingsartig, Stiele nicht berindet, Hüte nicht hygrophan, Sporen glatt, Spp. rein weiß

31 Nur im Frühjahr wachsend (Ende April bis Anfang Juni), Geruch auffallend aufdringlich mehlartig: **Maipilz *(Calocybe gambosa),* 116**

31′ Im Herbst wachsend, Geruch mehlartig oder nicht: **Ritterlinge *(Tricholoma),* 107–115**

27′ Frkp. weniger kompakt bis häutig dünn, Fleisch elastisch-knorpelig oder zäh

32 Pilze nach dem Trocknen beim Anfeuchten wieder auflebend (die ursprüngliche Gestalt ± annehmend); Frkp. schmächtig, zäh:
Schwindlinge *(Marasmius)*, 71–73

32′ Pilze nicht wieder auflebend, Frkp. klein bis mittelgroß, knorpelig:
Rüblinge *(Collybia)*, 74–78

*Nur scheinbar am Boden auf vergrabenen Fichten- oder Kiefernzapfen wachsend:
Zapfenrüblinge *(Strobilurus)*, 79

↓10′ Spp. rosa-fleischfarben bis lachsrosa

33 Spp. blaß fleischrosa, Sporen fein warzig, oval bis rundlich:
Rötelritterlinge und -trichterlinge *(Lepista)*, 95–99

33′ Spp. deutlich lachsrosa, Sporen ausgesprochen eckig (Abb. S. 8) im Umriß, fleischige Arten mit ausgebuchtet angewachsenen Lamellen: **Rötlinge *(Entoloma)*, 100–103**

*Pilz fleischig, weiß, mit stark herablaufenden Lamellen, Sporen fast spindelig, mit 6–8 schwer sichtbaren Längsleisten:
Mehlräsling *(Clitopilus prunulus)*, 94

10″Spp. dunkel, rostbraun bis ± schwarz, mit verschiedenen Zwischentönen

34 Pilze typisch holzbewohnend

*Spp. ± schwarz oder schwarzbraun, Hüte längsgefaltet:
vgl. **Tintlinge *(Coprinus)*, 149–150**

35 Stiel meist deutlich beringt, viele Arten auffallend büschelig wachsend

36 Hut und Stiel auffallend sparrig-schuppig, große Art, in allen Teilen gelbbräunlich gefärbt, nirgends schmierig:
Sparriger Schüppling *(Pholiota squarrosa)*, 138

*Hut und Stiel nur faserig und Geschmack bitter:
vgl. **Beringter Flämmling *(Gymnopilus spectabilis)***

36′ Hut ± kahl, trocken oder schmierig

37 Hut trocken

38 Stiel unter dem Ring schuppig, weniger grazil, stark büschelig, ohne Mehlgeruch, an Laubholz:
Stockschwämmchen *(Kuehneromyces mutabilis)*, 134

38′ Stiel unter dem Ring kahl, grazil, gesellig, aber nicht büschelig, mit Mehlgeruch, an Nadelholz:
Nadelholzhäubling *(Galerina marginata)*, 135

37′ Hut feucht deutlich schmierig:
Üppiger Träuschling *(Stropharia hornemannii)*, 133

35′ Stiel ohne häutigen Ring, nur mit cortinaartiger Ringzone oder ohne diese, büschelig oder nicht

39 Hut feucht deutlich schmierig

40 Hut mit dunkleren oder helleren zerstreuten aufgeklebten oder im Schleim schwimmenden Schüppchen:
Schüpplinge *(Pholiota),* 138–139

40′ Hut kahl, an stark vermorschten Stümpfen (Ring oft auch vorhanden, vgl. 37′):
Üppiger Träuschling *(Stropharia hornemannii),* 133

39′ Hut trocken

41 Hut und Stiel auffallend braunsamtig, große derbere Art, nicht büschelig wachsend:
Samtfußkrempling *(Paxillus atrotomentosus),* 31

41′ Hut und Stiel nicht braunsamtig, kleinere büschelig wachsende Arten, Hutrand oft behangen

42 Arten mürbe und zerbrechlich, Hüte stark hygrophan (deshalb oft zweifarbig), Lamellen ohne Olivtöne, gelbe bis gelbgrüne Farben nicht vorherrschend:
Zärtlinge, Mürblinge, Faserlinge *(Psathyrella),* 143–145

42′ Arten weniger zerbrechlich, Hüte kaum hygrophan, Lamellen oft mit Olivtönen, gelbe bis gelbgrüne Farben vorherrschend, Geschmack oft bitter:
Schwefelköpfe *(Hypholoma),* 140–142

34′ Pilze bodenbewohnend, kaum büschelig wachsend

43 Stiel gewöhnlich beringt, oder Hut auffallend blaugrün und zugleich schmierig

44 Nur im Frühjahr wachsend (Mai, Juni), Geruch ranzig-mehlartig:
Voreilender Ackerling *(Agrocybe praecox)*

44′ Im Herbst wachsend, Geruch nicht mehlartig

45 Hut feucht schmierig, bisw. auffallend blaugrün, weder bereift noch glimmerig-körnig:
Träuschlinge *(Stropharia),* 130–133

45′ Hut trocken, glimmerig-körnig oder bereift

46 Hut und Stiel auffallend glimmerig-körnig, Farben überall leuchtend rostgelb, Ring aufsteigend, häutig:
Glimmerschüppling *(Phaeolepiota aurea),* 128

46′ Hut mit reifartigem Überzug (bes. jung), oft gerunzelt, Ring schmal, Stiel faserig, nicht körnig:
Reifpilz *(Rozites caperata),* 127

43′ Stiel unberingt (Hut nicht auffallend blaugrün und zugleich schmierig)

47 Lamellen auffallend dicklich, entfernt und weit am Stiel herablaufend, Spp. ± schwarz, Pilze fleischig und Hut oft stark schmierig, Stielbasis gelb

48 Farben in allen Teilen kupferrötlich, unter Kiefern wachsend:
Kupferroter Schmierling *(Chroogomphus rutilus),* 33

48′ Farben nicht kupferrötlich, unter Fichten wachsend:
Großer Gelbfuß ***(Gomphidius glutinosus),*** **32**

47′ Lamellen nicht auffallend dicklich und zugleich herablaufend, andere Merkmalskombinationen

49 Lamellen scheckig, Pilze sehr grazil oder größer (aber dann dünnfleischig und gebrechlich), oft auf Wiesen wachsend, Sporen mit Keimporus

50 Sehr graziler kleiner Pilz (∅ 1–2 cm), Lamellen nicht tränend: **Heudüngerling** ***(Panaeolina foenisecii),*** **151**
und Düngerlinge ***(Panaeolus)***

50′ Größerer, aber gebrechlicher Pilz (∅ 3–8 cm), mit jung tränenden Lamellen, Hut faserig-filzig:
Tränender Saumpilz ***(Psathyrella velutina),*** **145**

49′ Lamellen nicht scheckig, Pilze meist dickfleischiger, andere Standorte, Sporen ohne Keimporus

51 Lamellen am Stiel herablaufend, Frkp. auf Druck schnell braunfleckend, Stiel ohne Cortinazone, Hutrand lange eingekrempelt:
Kahler Krempling ***(Paxillus involutus),*** **30**

51′ Lamellen nicht herablaufend, Stiel meist mit Cortinazone, nicht braunfleckend

52 Im Mai bis Juli wachsend, Hüte radialfaserig und oft radial einreißend, Frkp. besonders bei trockenem Wetter ohne Verletzung rötend:
Ziegelroter Rißpilz ***(Inocybe patouillardii),*** **117**

52′ Im Herbst wachsend

*Hüte radial einreißend, Sporen glatt und oval oder rundhöckerig:
vgl. **andere Rißpilze** ***(Inocybe),*** **118**

53 Hut schmierig, Lamellen tränend oder nicht und zugleich Geschmack bitter:
Fälblinge ***(Hebeloma),*** **129**

53′ Nicht mit dieser Merkmalskombination

54 Lamellen auffällig gefärbt: blutrot, orange, leuchtend gelb usw.:
Hautköpfe ***(Dermocybe),*** **119**

54′ Lamellen bei der Reife rostbraun, jung oft violett, Hut schmierig oder trocken, Stiel manchmal gegürtelt durch Velumzonen, Cortina ± immer vorhanden, derbe bis zarte Arten:
Schleierlinge ***(Cortinarius),*** **120–126**

Schlüssel II
Bodenbewohnende Röhrlinge *(Boletales)*

Pilzhüte oft in Gruppen verwachsen, Stiele oft kurz und undeutlich, Röhren weit am Stiel herablaufend, schwer ablösbar: vgl. **Semmel- und Schafporling *(Albatrellus)***

Pilzhüte nicht in Gruppen verwachsen, Arten höchstens gesellig, Stiele zentral und gut ausgeprägt: **Röhrlinge *(Boletales)***

Wenn Röhren weit am Stiel herablaufend, schwer vom Hutfleisch abtrennbar, kurz und Pilz bei Erlen wachsend: vgl. **Erlengrübling *(Gyrodon lividus)***

1 Pilze in allen Teilen düster gefärbt, schwarzbraun, Hut grob dachziegelartig-schuppig, Fleisch im Schnitt erst rötend und dann schwärzend, Spp. dunkel: **Strubbelkopfröhrling *(Strobilomyces floccopus)*, 29**

*Hut glatt, porphyrbraun, Fleisch nicht oder nur schwach rötend: vgl. **Porphyrröhrling *(Porphyrellus pseudoscaber)***

1′ Pilze nicht in allen Teilen düster gefärbt, Merkmale anders

2 Hüte schleimig-schmierig, Stiele meist relativ schmächtig, beringt (auch nur mit schleimiger Ringzone) oder mit dunkel eintrocknenden Guttationstropfen besetzt: **Schmierröhrlinge *(Suillus)*, 21–25**

*Pilz schmächtig, Röhren rostrot, Stielfleisch gelb und Geschmack pfefferig-scharf: vgl. **Pfefferröhrling *(Chalciporus piperatus)***

2′ Hüte nicht schleimig, bei Regen höchstens leicht klebrig, matt oder filzig, Stiele dickbauchig, mit Schüppchen besetzt oder schmächtig und dann Hut trocken und matt-filzig

3 Stiel schon von Jugend an hohl, beringt, Hut filzig, bei Lärchen wachsend: **Hohlfußröhrling *(Boletinus cavipes)*, 26**

3′ Stiel zumindest jung voll und nicht beringt

4 Röhren blaß creme-weißlich und so bleibend, Spp. blaß ockergelblich (Blaßsporröhrlinge), Stiele im Alter gekammert-hohl, Stielfleisch brüchig, Oberfläche der Stiele glatt

*Stieloberfläche mit ± dunkleren Schüppchen besetzt, oft unter Birken wachsend: vgl. **Rauhfußröhrlinge *(Leccinum)*, 15–20**

5 Frkp. bei der geringsten Verletzung intensiv kornblumenblau anlaufend: **Kornblumenröhrling *(Gyroporus cyanescens)*, 28**

5′ Frkp. nicht blauend, Hut und Stiel gleichfarbig zimtbraun: **Hasenröhrling *(Gyroporus castaneus)*, 27**

↓4′ Röhren erst weißlich, dann fleischrosa verfärbend (Spp. rosa), Stiel mit dunklem grobem Netz, Geschmack bitter: **Gallenröhrling *(Tylopilus felleus)*, 1**

4″ Röhren leicht grau, gelbgrünlich, bei der Reife graubräunlich bis olivbräunlich (jung bisw. weißlich), mit oder ohne rote Röhrenmündungen, Stiele immer voll, Spp. ± olivbräunlich

6 Stiele meist dickbauchig, im Verhältnis zum Hut (besonders jung) kräftig ausgebildet, oft mit netzartiger Zeichnung, Röhrenmündungen weißlich, gelblich-oliv oder rot, Fleisch blauend oder nicht:
Dickröhrlinge *(Boletus)*, 2–10

*Stiel mit dunklem grobem Netz, Röhren bei der Reife rosa bis fleischbräunlich und Geschmack bitter:
vgl. **Gallenröhrling *(Tylopilus felleus)*, 1**

6′ Stiele im Verhältnis zum Hut meist schmächtiger, schlank, Röhrenmündungen nicht rot

7 Stiele auf ganzer Länge mit ± dunkleren flockigen Schüppchen besetzt, Hüte braun oder rot, Röhrenschicht am Stiel deutlich ausgebuchtet, Fleisch im Schnitt bisw. schwärzend oder blauend:
Birkenpilze und Rotkappen – Rauhfußröhrlinge *(Leccinum)*, 15–20

7′ Stiele ohne dunklere flockige Schüppchen auf ganzer Länge, eventuell nur an der Stielspitze (wenig auffallend), Röhrenschicht am Stiel nicht deutlich ausgebuchtet, sondern ± gerade angewachsen:
Filzröhrlinge *(Xerocomus)*, 11–14

*Hut fast trocken, besonders jung leicht körnig-flockig, Fleisch gelblich, leicht blauend: vgl. **Sandröhrling *(Suillus variegatus)*, 25**

*Stiel mit feinem weißem Netz bes. an der Stielspitze, Fleisch nicht blauend, Huthaut bei feuchtem Wetter leicht klebrig, braun:
vgl. **Steinpilz *(Boletus edulis)*, 2**

*Hut dunkelbraun, bei lang anhaltendem Regenwetter etwas schmierig, Fleisch blauend: vgl. **Maronenröhrling *(Xerocomus badius)*, 11**

Schlüssel III
Stachelpilze, Leistlinge und Kraterellen, Keulen- und Korallenpilze (Nichtblätterpilze – *Poriales* ohne röhrenförmiges Hymenophor)

1 Frkp. mit Hymenophor, d. h. Oberfläche der Fruchtschicht durch Stacheln oder Leisten (seltener Runzeln) vergrößert; deutliche Einteilung in Hut und Stiel oder Frkp. füllhorn-, trompeten- oder kreiselförmig

2 Frkp. mit Stacheln an Hutunterseite

*Konsistenz weichlich-gallertartig und an Holz wachsend:
vgl. **Zitterzahn *(Pseudohydnum gelatinosum)*, 210**

*Pilze in Büscheln an Holz, Einteilung in Hut und Stiel nicht deutlich, große Arten: vgl. **Stachelbärte *(Hericium, Creolophus)***

3 An vergrabenen Kiefernzapfen wachsend, schmächtig, zäh:
Ohrlöffelstacheling *(Auriscalpium vulgare)*

3′ Am Boden wachsend, fleischig, ± kompakt

*Pilze holzig-korkartig, Fleisch innen gezont, Geruch oft maggiartig:
vgl. **»Korkstachelinge«** ***(Hydnellum, Phellodon),*** **185**

4 Hut stark sparrig-schuppig, Farben braun:
Habichtspilz ***(Sarcodon imbricatum),*** **183**

4′ Hut nicht schuppig, Farben weißlich bis rötlich-gelblich:
Semmelstoppelpilz ***(Hydnum repandum)*** **und Verwandte, 184**

2′ Frkp. mit gegabelten Leisten an Hutunterseite oder Pilz füllhornartig, trompeten- bis kreiselförmig (bisw. mit geadert-gerunzeltem Hymenium)

5 Frkp. fleischig oder durchbohrt-hohl, mit deutlichen gegabelten Leisten an der Hutunterseite: **Leistlinge, Pfifferlinge** ***(Cantharellus),*** **178–180**

*Pilz mit gegabelten dünneren Lamellen, weichfleischig, geruchlos, erst spät im Herbst wachsend: vgl. **Falscher Pfifferling** ***(Hygrophoropsis aurantiaca),*** **177**

*Pilz weichlich, sehr fleischig, ± kreiselförmig, mit geadert-gerunzeltem violettem Hymenium: vgl. **Schweinsohr** ***(Gomphus clavatus),*** **181**

5′ Frkp. weniger fleischig, füllhornartig, trompetenförmig durchbohrt, Hymenium nur gerunzelt

6 Frkp. häutig dünn, ± füllhornartig bis trompetenförmig, gänzlich hohl, mit schwarzbraunen und grauen Farben:
Herbsttrompete ***(Craterellus cornucopioides),*** **182**

6′ Frkp. trompetenförmig durchbohrt, mit freudigen Farben (orangegelblich, gelbbräunlich), Geruch auffällig:
Duftender Leistling ***(Cantharellus xanthopus),*** **180**

1′ Frkp. ohne Hymenophor, Fruchtschicht nicht durch Stacheln oder Leisten vergrößert, Pilze keulen- bis korallenförmig oder badeschwammähnlich, mit krausen bandartigen Elementen

7 Frkp. ± keulenförmig, schlank oder dick, wenn gedrängt wachsend, dann nicht mit gemeinsamem Strunk, Farben nicht schwarz oder schwärzlich:
»Keulenpilze« ***(Clavariadelphus pistillaris, Clavaria, Macrotyphula),*** **186**

*Konsistenz weichlich-gummiartig, unzerbrechlich, ± orange-gelb, einzeln oder in gedrängten Büscheln wachsend, auf Holz:
vgl. **Klebriger Hörnling** ***(Calocera viscosa),*** **209**

*Pilze schwarz oder schwärzlich (keulenförmige Askomyzeten); an Holz, Oberfläche grob punktiert: vgl. **Holzkeulen** ***(Xylaria),*** **244–245**

*Am Erdboden, Oberfläche glatt: vgl. **Erdzungen** ***(Geoglossum)***

7′ Frkp. korallenartig oder badeschwammähnlich, Einzelelemente mit gemeinsamem Strunk

8 Frkp. korallenartig, mit im Querschnitt rundlichen Endästen

9 Kleine Arten (unter 10 cm breit), Farben grau oder weißlich, Sporen glatt: ***Clavulina,*** **187**

9′ Größere Arten (meist über 10 cm breit), Farben meist ockergelblich, gelb oder lachsfarben, seltener blaß, Sporen rauh:
Echte Korallen *(Ramaria),* 188–191

8′ Frkp. badeschwammähnlich, Elemente bandartig verbreitert, kraus, ohne rundliche Endäste, am Fuße von Kiefern wachsend:
Krause Glucke *(Sparassis crispa),* 192

Schlüssel IV
»Porlinge« im weiteren Sinne (*Poriales* und *Polyporales* mit röhrenförmigem Hymenophor)

Pilze bodenbewohnend, fleischig, Stiel immer ± zentralständig und gut ausgebildet, Röhrenschicht leicht vom Hutfleisch ablösbar, Hüte nicht miteinander verwachsen, störende Gegenstände werden nie umwachsen:
vgl. **Röhrlinge *(Boletales),*** Schlüssel II

Pilze meist holz-, seltener bodenbewohnend, wenn fleischig und am Boden, dann Hüte oft miteinander verwachsen, störende Gegenstände werden häufig umwachsen; meist aber Konsistenz zäh-elastisch bis holzartig, Röhrenschicht ± fest mit dem Hutfleisch verwachsen, Stiel oft nicht zentral oder fehlend:
Poriales* und *Polyporales

Pilz zungenförmig, an Holz wachsend, groß, weichlich, Unterseite mit feinen isoliert stehenden Röhrchen (wie hohle Stacheln), Fleisch rot und saftig:
Leberreischling *(Fistulina hepatica),* 198

1 Pilze bodenbewohnend

2 Konsistenz fleischig, Fleisch ± weißlich, Hüte oft zu mehreren verwachsen, große kompakte Arten, Poren sehr fein

3 Hutfarbe semmelgelblich, ocker, Fleisch nicht gilbend:
Semmelporling *(Albatrellus confluens)*

3′ Hutfarbe weißlich bis grauweißlich, Fleisch und Poren gilbend:
Schafporling *(Albatrellus ovinus)*

2′ Konsistenz korkartig, Fleisch rostbraun

4 Hut sehr dünnfleischig, Oberseite deutlich gebändert-gezont:
Dauerporling *(Coltricia perennis),* 196

4′ Hut dickfleischig, Oberseite nicht gezont, zottig-filzig, mit gelber Zuwachskante, Poren oft etwas labyrinthisch:
Kiefern-Braunporling *(Phaeolus schweinitzii),* 195

1′ Pilze holzbewohnend

5 Stiel ± zentralständig, Konsistenz meist zäh-elastisch, oft auf am Boden liegenden Ästen wachsend oder/und Stielbasis schwarz:
Porlinge *(Polyporus),* 193–194

5′ Stiel nicht zentral und wenig auffallend oder fehlend

6 Pilze aus mehreren Einzelhüten zusammengesetzt, Konsistenz zäh-elastisch oder Farbe in allen Teilen auffallend schwefelgelb bis gelborange, große einjährige Arten

7 Frkp. in allen Teilen auffallend schwefelgelb, Hutoberseite bisw. auch gelborange: **Schwefelporling *(Laetiporus sulphureus),* 200**

7′ Frkp. anders gefärbt, Pilze deutlich aus mehreren Einzelhüten bestehend

8 Röhren auf Druck schwärzend, Einzelhüte sehr groß (Breite bis 30 cm): **Riesenporling *(Meripilus giganteus),* 199**

8′ Röhren nicht schwärzend, Einzelhüte kleiner (Breite meist unter 10 cm) und nie zentral gestielt: **Laubporling *(Griphola frondosa)***

*Einzelhüte noch kleiner, jeder für sich ± zentral gestielt, Sammelfruchtkörper mit unterirdischem Sklerotium: **Eichhase *(Polyporus umbellatus)***

6′ Pilze mit mehr isoliert stehenden Hüten, oft fächerförmig oder konsolenförmig, Konsistenz sehr zäh bis holzartig, ein- oder mehrjährige Arten

9 »Röhren« lamellig-labyrinthartig weit, Pilz an Eichen wachsend, mehrjährig; aber Hymenophor nicht geschichtet: **Eichenwirrling *(Daedalea quercina),* 204**

*Hutunterseite ausnahmsweise mit »Lamellen« vgl. **Birkenblättling *(Lenzites betulina)***

9′ Hymenophor aus Röhren bestehend, Poren ± rundlich (Draufsicht)

10 Frkp. einjährig, Röhren nie geschichtet

11 Innensubstanz dunkelbraun: vgl. ungestielte an Holz direkt wachsende Exemplare vom **Kiefern-Braunporling *(Phaeolus schweinitzii),* 195**

11′ Innensubstanz nicht braun, sondern weißlich oder rot

12 Pilz groß, dickfleischig, nur an Birken wachsend: **Birkenporling *(Piptoporus betulinus),* 201**

12′ Pilz kleiner, dünnfleischiger, auffallend zinnoberrot oder an Hutoberseite bunt gezont

13 Pilz auffallend zinnoberrot: **Zinnoberrote Tramete *(Pycnoporus cinnabarinus),* 202**

13′ Nicht zinnoberrot, Hüte sehr dünn, Oberfläche bunt gezont: **Schmetterlings-Tramete *(Trametes versicolor),* 203**

10′ Frkp. mehrjährig, Röhren geschichtet (wenn nicht im ersten Jahr wachsend), große Arten

14 Innensubstanz holzfarben, blaß, Hutoberseite oft typisch rotbraun gerandet, meist an Nadelholz: **Fichtenporling *(Fomitopsis pinicola),* 207**

14′ Innensubstanz rostbraun, Hut nicht rotbraun gerandet, meist an Laubholz

15 Frkp. meist flach fächerförmig, zwischen den einzelnen Röhrenschichten (Schnitt) befindet sich eine dünne Tramalage, Spp. braun: **Flacher Lackporling *(Ganoderma applanatum),* 206**

15′ Frkp. meist dick konsolenförmig, Röhrenschichten ohne Tramazwischenlage, Spp. weiß: **Zunderschwamm *(Fomes fomentarius),* 205**

Schlüssel V
»Gallertpilze« im weiteren Sinne (*Dacrymycetales, Tremmellales* und *Auriculariales*)

Pilze mit relativ regelmäßiger Gestalt, kreiselförmig oder dick schüsselförmig, Sporen werden in Schläuchen gebildet, oft an Buchen- oder Eichenstämmen wachsend, Spp. farblos oder schwarz: vgl. **Schlauchpilze *(Ascomycetes)* mit gallertartiger Konsistenz (*Bulgaria, Neobulgaria* und *Ascocoryne*)**

Pilze keulen- bis korallenförmig, zungen-, spatel- oder trichterförmig, polster-, kreisel- oder pustelförmig, lappig oder ohrförmig; Sporen werden auf Basidien gebildet, Spp. farblos bis gelblich: ***Auriculariales, Dacrymycetales* und *Tremellales* (*Basidiomycetes*)**

1 Frkp. ohrförmig, dünnfleischig, sehr zäh, mehrere Zentimeter breit, ± rotbräunlich, meist an Holunder oder Eschenblättrigem Ahorn; Basidien quergeteilt *(Auriculariales):* **Judasohr *(Hirneola auricula-judae),* 208**

1′ Frkp. nicht ohrförmig, an anderen Standorten

2 Frkp. keulen- bis korallenförmig (an bemoosten Stümpfen) oder sehr klein (Breite ca. 1–3 mm) und pustelförmig (an Stämmen und Ästen), Farben ± orange-gelblich; Basidien gegabelt, zweisporig (Abb. S. 9, Dacrymycetales)

3 Frkp. keulen- bis korallenförmig, einige Zentimeter hoch: **Klebriger Hörnling *(Calocera viscosa),* 209**

3′ Frkp. pustelförmig, klein: vgl. **Gallerttränen *(Dacrymyces)***

2′ Frkp. relativ groß (meist über 1 cm) und nicht keulen- bis korallenförmig, Farben unterschiedlich; Basidien rundlich, längsgeteilt, viersporig *(Tremellales)*

4 Frkp. an Unterseite mit weichen Stacheln besetzt, zungen- bis muschelförmig, seitlich an Holz wachsend, weißlich bis graubraun: **Zitterzahn *(Pseudohydnum gelatinosum),* 210**

4′ Frkp. nirgends mit Stacheln besetzt

5 Frkp. halb trichterförmig, auffallend orange-rötlich, oft scheinbar am Boden wachsend (auf vergrabenem Holz), Höhe bis 8 cm: **Rötlicher Gallerttrichter *(Tremiscus helvelloides),* 211**

5′ Frkp. höckerig-krustenförmig oder unregelmäßig kreiselförmig oder gewunden-viellappig aufgebaut, Farben rotbraun, goldgelb oder schwarz

6 Farben ± rotbraun oder goldgelb, Hymenium glatt, nicht drüsig punktiert, Sporen rundlich (Zitterlinge, *Tremella*)

7 Farben ± rotbraun, Breite bis 10 cm:
Rotbrauner oder Blattartiger Zitterling *(Tremella foliacea),* 212

7′ Farbe goldgelb, Breite bis 5 cm:
vgl. **Goldgelber Zitterling *(Tremella mesenterica)***

(Farblose Formen mit gleichem Habitus = Albinos)

6′ Farbe ± schwarz, dick krustenförmig oder ± kreiselförmig, Hymenium drüsig punktiert, Sporen länglich (Drüslinge, *Exidia*)

8 Frkp. höckerig-krustenförmig, Ränder auf dem Substrat aufliegend: **Hexenbutter, Warziger Drüsling *(Exidia glandulosa)***

8′ Frkp. stielförmig-verschmälert angewachsen, dadurch ± kreiselförmig aussehend, an Eichenästen:
Stoppliger Drüsling *(Exidia truncata)*

*Hymenium nicht drüsig punktiert, Umgebung durch die Sporen schwarz bestäubt: vgl. alte Exemplare des **Schmutzbecherlings *(Bulgaria inquinans)***

Schlüssel VI
Bauchpilze *(Gasteromycetidae)*

Pilze unterirdisch wachsend, knollenförmig

a) Sporen werden in sackförmigen Schläuchen gebildet:
vgl. **unterirdische Schlauchpilze (Trüffeln, Tuber – Hirschtrüffeln, *Elaphomyces* u. a.)**

b) Sporen werden auf Basidien gebildet: vgl. **unterirdische Bauchpilze (Wurzeltrüffeln, *Rhizopogon* – Erdnüsse, *Hymenogaster* u. a.)**

Pilze oberirdisch wachsend, reife Frkp. immer über dem Erdboden oder Subtrat und für das Auge frei sichtbar (unreif bisw. halb unter dem Erdboden):
Oberirdische Bauchpilze

*Pilze ± kugel- oder eiförmig, mit gallertartiger Außenschicht:
vgl. **»Hexenei« der Stinkmorchel,** Abb. S. 27

1 Reife Pilze auf Druck stäubend (ausgeschleuderte Sporen), Frkp. knollenförmig, kugel- bis verkehrt birnenförmig oder bei der Reife sternförmig

2 Frkp. erst ± zwiebelförmig und halb unterirdisch, dann sich regelmäßig sternförmig öffnend und oberirdisch: **Erdsterne *(Geastrum),* 223**

2′ Frkp. von Anfang an ± oberirdisch und sich nicht sternförmig öffnend, knollen-, kugel- oder verkehrt birnenförmig

3 Konsistenz auffallend hart und schwer, Farben jung immer gelbbräunlich bis braun

4 Inneres (Gleba) schon im unreifen Zustand grau-schwärzlich, fein marmoriert: **Hartboviste, Kartoffelboviste *(Scleroderma),* 220–221**

4′ Gleba unreif auffallend grob körnig, kräftig gelb, reif rostbraun und die körnige Struktur verlierend: **Erbsenstreuling *(Pisolithus tinctorius),* 222**

3′ Konsistenz nicht auffallend hart und schwer, Gleba lange weißlich, erst kurz vor dem Ausstäuben über gelblich zu braun oder olivbräunlich verfärbend und nicht grob körnig, Farben meist weißlich, seltener bräunlich

5 Frkp. sehr groß, 25–50 cm breit, gern auf Fettwiesen und gedüngten Böden: **Riesenbovist *(Langermannia gigantea),* 219**

5′ Frkp. mittelgroß, Breite gewöhnlich nicht über 15 cm

6 Frkp. im Längsschnitt ohne sterilen Teil, Gleba füllt das ± gesamte Innere aus, Pilze ± kugelförmig, sich leicht vom Erdboden ablösend, Oberfläche ± glatt: **Boviste *(Bovista),* 213**

6′ Frkp. im Längsschnitt mit deutlich strukturell verschiedenem sterilem Teil (Subgleba), Pilze oft verkehrt birnenförmig, mit angedeutetem Stielteil, Oberfläche ± warzig bis stachelig

7 Peridie bei der Reife mit kleiner deutlich begrenzter Öffnung (am Scheitel des Frkp.), Farben weißlich bis bräunlich, kleinere Arten (meist unter 5 cm breit): **Stäublinge *(Lycoperdon)* 214–216**

*Auf Wiesen wachsend, 2–4 cm breit, sporentragender Teil mit deutlicher Zwischenhaut vom sterilen Teil getrennt, bei der Reife stark einfallend (reduzierte Gleba): vgl. **Wiesen- oder Münzenstäubling *(Vascellum pratense)***

7′ Peridie bei der Reife vom Scheitel her auflösend, Öffnung daher groß und unregelmäßig, schließlich bleibt ein steriles becherförmiges Gebilde übrig, größere Arten (meist über 5 cm breit): **Hasenstäubling und Verwandte *(Calvatia),* 217–218**

1′ Reife Pilze nicht stäubend, Frkp. becherförmig, klein, mit linsenförmigen Sporenbehältern (Peridiolen) im Innern oder finger- bzw. rutenförmig, meist mit auffallendem Aasgeruch

8 Frkp. klein (bis 1,5 cm hoch), reif ± becherförmig, mit linsenförmigen Sporenbehältern (Peridiolen) im Innern, ohne Aasgeruch, auf Holz oder anderen Pflanzenresten: **Teuerlinge und Nestlinge *(Cyathus, Crucibulum* und *Nidularia),* 224**

*Frkp. ca. 2–3 mm breit, reif sich sternförmig öffnend, mit nur einer kugelförmigen Peridiole, die im reifen Zustand aktiv abgeschleudert wird: vgl. **Kugelschneller *(Sphaerobolus stellatus)***

8′ Frkp. finger- bzw. rutenförmig, meist mit auffallendem Aasgeruch, sich aus einem »Hexenei« entwickelnd

9 Frkp. im entfalteten Zustand ca. 10–15 cm hoch, Stielteil (Rezeptakulum) ca. ∅ 1,5–2,5 cm, weißlich, »Hexenei« bis 5 cm hoch: **Stinkmorchel *(Phallus impudicus),* 225**

9′ Frkp. im entfalteten Zustand meist unter 10 cm hoch, ∅ des Rezeptakulums meist unter 1 cm, ± orange bis himbeerrot, »Hexenei« bis 2 cm hoch: vgl. **Hundsrute und Verwandte *(Mutinus),* 226**

*Pilze sich polypenartig entfaltend, rot: vgl. **Tintenfischpilz *(Anthurus archeri)***

*Pilze entfaltet wie eine weitmaschige scharlachrote Gitterkugel aussehend, häufig im Mittelmeergebiet: **Gitterling *(Clathrus ruber),* 227**

Schlüssel VII
Schlauchpilze *(Ascomycetes)*

Pilze unterirdisch wachsend, ± knollenförmig, bei der Reife etwa bis zu einem Drittel aus dem Erdreich ragend, Breite 5–10 cm, weißlich bis rotbräunlich, Inneres weißlich, fein marmoriert: **Mäandertrüffel *(Choiromyces maeandriformis)*, 228**

Pilze oberirdisch wachsend, auf Erde oder Holz: **Oberirdische Schlauchpilze**

1 Frkp. ± keulenförmig bis zungenförmig, ohne deutliche Einteilung in Hut und Stiel, Farben außen schwarz oder schwärzlich

*Farben nicht schwarz, Oberfläche punktiert, auf toten Insekten: vgl. **Kernkeulen *(Cordyceps)***

*Oberfläche glatt, andere Standorte: vgl. **»Keulenpilze« *(Clavariadelphus, Clavaria, Macrotyphula – Basidiomycetes)*,** Schlüssel III

2 Auf Holz wachsend, Frkp. ± keulenförmig (oft recht vielgestaltig), Oberfläche deutlich punktiert (durch die Mündungen an der Peripherie eingesenkter Kernbecher (Perithecien) in denen sich die Sporenschläuche befinden), innen weiß: **Holzkeulen *(Xylaria)*, 244–245**

*Auf unterirdischen Hirschtrüffeln parasitierend, scheinbar am Boden wachsend, Basis mit leuchtend gelben Myzelsträngen: vgl. **Zungenkernkeule *(Cordyceps ophioglossoides)***

2′ Am Boden wachsend, Frkp. zungenförmig, Oberfläche glatt: vgl. **Erdzungen *(Geoglossum)***

1′ Frkp. becher-, schalen- oder kelchförmig oder deutlich in Hut und Stiel eingeteilt oder Frkp. polsterförmig, rotbraun und auf Brandstellen wachsend; Pilze mittelgroß, meist Bodenbewohner; Schläuche sich mit Deckel öffnend: ***Pezizales***

*Pilze klein, nur bis ca. 5 mm, auf Holz oder anderen Pflanzenresten, behaart oder nicht, Schläuche sich nicht mit Deckel öffnend: **Kleinbecherlinge *(Helotiales)***

3 Frkp. polsterförmig, rotbraun, auf Brandstellen: **Wurzellorchel *(Rhizina undulata)*, 243**

3′ Frkp. becher-, schalen- oder kelchförmig oder deutlich in Hut und Stiel eingeteilt, Fleisch ± brüchig

*Konsistenz ± gallertartig: vgl. ***Bulgaria, Neobulgaria* und *Ascocoryne***

4 Frkp. ohne deutliche Einteilung in Hut und Stiel, höchstens mit stielartig verschmälerter Basis, becher-, schalen- oder kelchförmig

5 Farben auffallend orange oder ockergelblich

6 Frkp. einseitig eingeschnitten oder ohrförmig verlängert, ockergelblich, Paraphysen an der Spitze krückstockartig gekrümmt: **Eselsohr *(Otidea onotica)*, 241**

6′ Frkp. regelmäßig schalen- oder schüsselförmig, orange, Paraphysen gerade: **Orangebecherling *(Aleuria aurantia)*, 238**

5′ Farben bräunlich, graubraun, weißlich oder violettlich
*Frkp. einseitig eingeschnitten oder ± ohrförmig:
vgl. **Öhrlinge *(Otidea)*, 242**

7 Geruch auffallend chlorartig, am Boden an Morchelstandorten, Sporen ohne Anhängsel an den Polenden:
Morchelbecherling *(Disciotis venosa)*, 236

7′ Geruch nicht chlorartig
*Aussehen sehr ähnlich dem Morchelbecherling, meist in Verbindung mit Wurzeln oder Stümpfen von Nadelholz, Sporen mit Anhängseln an den Polenden: vgl. ***Discina perlata***

8 Frkp. erst blasenförmig geschlossen, dann sich grobzackig oder kronenförmig öffnend, Innenseite (Hymenium) ± violett:
Kronenbecherling *(Sarcosphaera crassa)*, 237

8′ Frkp. außen nicht kronenförmig öffnend, ± ganzrandig

9 Außenseite mit stark erhabenen Rippen, Frkp. gestielt-kelchförmig (Abb. S. 23): **Pokal-Rippenbecherling *(Paxina acetabulum)*, 235**
*Hut im Alter ± sattelförmig umschlagend, Stiel deutlicher ausgeprägt: vgl. ***Helvella queletii***

9′ Außenseite ohne erhabene Rippen, Frkp. mehr schüsselförmig oder besonders jung blasenförmig (Abb. S. 23):
Becherlinge *(Peziza)*, 239–240

4′ Frkp. deutlich in Hut und Stiel eingeteilt

10 Hut rotbraun, mit gehirnartigen Windungen (Abb. S. 24), im März bis April unter Kiefern wachsend: **Frühjahrslorchel *(Gyromitra esculenta)*, 232**
*Im Herbst wachsend, Hut meist mehrzipfelig:
Bischofsmütze *(Gyromitra infula)*

10′ Hut anders beschaffen, anderer Standort

11 Hut mit wabenartigen Vertiefungen oder stark ausgeprägten teilweise verbundenen Rippen oder Hut glockenförmig dem Stiel aufsitzend; Stiel nie auffallend längsgefurcht

12 Hut mit wabenartigen Vertiefungen oder ± parallel ausgerichteten, teilweise verbundenen Rippen

13 Hutkante mit dem Stiel verwachsen (Abb. S. 24):
Morcheln *(Morchella)*, 230–231

13′ Hutkante bis zu einem Drittel frei vom Stiel (Abb. S. 24):
Halbfreie Morchel *(Mitrophora semilibera)*, 229

12′ Hut nur gerunzelt, glockenförmig dem Stiel aufsitzend, nur mit der Stielspitze verbunden (Abb. S. 24):
Fingerhut-Verpel *(Verpa digitaliformis)*, 233

11′ Hut sattelförmig, viellappig oder ± schalenförmig-gestielt, Stiel oft auffallend längsgefurcht (Abb. S. 24):
Lorcheln *(Helvella)*, 234 und Verwandte

1 Gallenröhrling

ungenießbar

Tylopilus felleus (Bull. ex Fr.) Karsten

Geschmack: Stark bitter. **Hut:** Hell kartonbraun, rehbraun oder graubraun, matt, ∅ 5–15 cm. **Röhren:** Jung rein weiß, bald aber deutlich rosa, im Alter fast fleischbräunlich. **Stiel:** Olivgelblich bis olivocker, mit deutlich ausgeprägtem dunklerem erhabenem Netz, welches oft den ganzen Stiel überzieht. **Fleisch:** Weiß. **Sporenpulver:** Fleischrosa. **Vorkommen:** Im Nadelwald, gern unter Kiefern auf sauren Böden; Juni bis Oktober. **Verwechslung:** Der Gallenröhrling ist der klassische Doppelgänger des Steinpilzes, mit dem er vor allem im Jugendzustand verwechselt wird. Der ausgewachsene Gallenröhrling unterscheidet sich vom Steinpilz durch seine rosa gefärbten Röhren, die bei letzterem olivgrünlich sind. Ein weiteres wichtiges Kennzeichen des Gallenröhrlings ist das dunkle ausgeprägte Stielnetz. Der Steinpilz zeigt meist nur an der Stielspitze ein helles Netz, welches viel schwächer ausgebildet ist.

Bemerkungen: Bei jungen noch nicht ausgereiften Exemplaren genügt es, den frisch angeschnittenen Pilz anzulecken, um die Bitterkeit festzustellen. Man bedenke, daß es auch Menschen gibt, die die Bitterkeit aus physiologischen Gründen nicht spüren können. Des weiteren existiert noch eine milde var. *alutarius*. Der Gallenröhrling ist in Europa die einzige Art seiner Gattung.

2 Steinpilz, Fichtensteinpilz

eßbar **

Boletus edulis Bull. ex Fr.

Hut: Hell- oder dunkelbraun, feucht etwas klebrig, ∅ 8–25 cm. **Röhren:** Erst weiß, dann olivgrünlich, am Stiel ausgebuchtet. **Stiel:** Weißlich bis blaßbräunlich, im oberen Teil mit feinem weißlichem Netz. **Fleisch:** Weißlich, unter der Huthaut rötlichbräunlich durchgefarbt, bei Verletzung an keiner Stelle deutlich verfärbend. **Sporenpulver:** Olivbräunlich. **Vorkommen:** Meist im Nadelwald, häufig unter Fichten; aber auch unter Buchen; Juli bis Oktober. **Verwechslung:** Junge Exemplare können leicht mit dem Gallenröhrling verwechselt werden, da dann die Merkmale noch nicht deutlich ausgeprägt sind. Gallenröhrlinge schmecken schon beim Anlecken einer frischen Schnittstelle bitter!

Bemerkungen: Es gibt mehrere »Steinpilze«. Früher waren es Varietäten, heute werden sie als selbständige Arten betrachtet. Wir kennen den Kiefernsteinpilz *(B. pinicola)* mit rotbraunen Farben an Hut und Stiel; den Eichen- oder Sommersteinpilz *(B. aestivalis)* mit stärker ausgeprägtem Stielnetz und filzigem Hut; den wärmeliebenden Schwarzhütigen Steinpilz *(B. aereus)* mit auffallend dunklem Hut, sowie eine Birkenform *(B. betulicola)* und eine Hainbuchenform *(B. carpinaceus)*. Alle Arten sind gute Speisepilze, die das mehr oder weniger ausgeprägte Stielnetz und das nicht verfärbende Fleisch gemeinsam haben.

Gattungsmerkmale: siehe 3.

3 Eichen- oder Sommersteinpilz

eßbar **

Boletus aestivalis Paulet ex Fr.

Syn.: *Boletus reticulatus* (Schff.) Boud. non Rea

Hut: Heller braun, im Gegensatz zu dem gewöhnlichen Fichtensteinpilz trocken und fein samtig-filzig, Ø 8–15 cm. **Röhren:** Erst weißlich, dann gelbgrünlich. **Stiel:** Fast bis zur Basis mit deutlich ausgeprägtem weißlichem Netz überzogen. **Sporenpulver:** Heller als beim gewöhnlichen Steinpilz, olivocker. **Vorkommen:** Im Laubwald, unter Eichen; Mai bis August. **Verwechslung:** Der gewöhnliche Steinpilz besitzt nur im oberen Bereich ein helles Stielnetz, sein Hut ist bei feuchtem Wetter leicht schmierig-klebrig. Er wächst meist im Nadelwald. Das abgebildete Exemplar stammt aus dem Botanischen Garten Berlin-Dahlem und wuchs unter Eichen.

Gattungsmerkmale: 25 Arten, meist kompakt und dickstielig, Mykorrhizapilze, Stiele oft mit typischem Netzmuster überzogen, Sporenpulver olivbräunlich, Sporen spindelig, glatt. Bei der Bestimmung auf Blauverfärbungen achten, einige rotporige Sorten sind giftig.

4 Rothütiger Steinpilz, Kiefernsteinpilz

eßbar ★★

Boletus pinicola Vitt.

Vorkommen: Im Nadelwald, besonders unter Kiefern, aber auch unter Fichten; August bis Oktober.
Bemerkungen: Der Rothütige Steinpilz unterscheidet sich von seinen Verwandten durch den meist immer dunkel rotbraunen Hut, der fein samtig oder kahl sein kann. Bei einer Varietät (var. *fuscoruber*) ist auch der Stiel rotbraun gefärbt. Alle anderen Merkmale, auch die der Sporenmaße, entsprechen denen des gewöhnlichen Steinpilzes *(B. edulis)*. – Die abgebildeten Exemplare stammen von der dänischen Insel Bornholm und wuchsen unter Fichten. Kiefern waren mit Sicherheit nicht in unmittelbarer Nähe. Die wenigen dort stehenden Fruchtkörper hoben sich deutlich in ihrem äußeren Erscheinungsbild von den häufigeren »normalen« Steinpilzen ab.
Gattungsmerkmale: siehe 3.

5 Flockenstieliger Hexenröhrling, Schusterpilz

eßbar nach Abkochen

Boletus erythropus (Fr. ex Fr.) Pers.

Syn.: *Boletus miniatoporus* Secr.

Hut: Meist dunkelbraun, aber auch olivbraun bis schwarzbraun, matt, fein filzig, ∅ 8–20 cm. **Röhren:** Mit dunkelroten Mündungen, bei Verletzung blauend. **Stiel:** Auf gelblichem Grunde rotflockig-punktiert, ohne Netzzeichnung. **Fleisch:** Gelblich bis sattgelb, stark blauend bei Verletzung. **Vorkommen:** Im Laubwald, gern unter Eichen; im Gebirge auch unter Fichten; Juni bis November. **Verwechslung:** Der Netzstielige Hexenröhrling *(B. luridus)* besitzt ein auffälliges rötliches Stielnetz. Weitere Verwechslungsmöglichkeiten siehe dort.
Gattungsmerkmale: siehe 3.

6 Netzstieliger Hexenröhrling

Boletus luridus Schff. ex Fr.

eßbar nach Abkochen, ohne Alkohol

Hut: Gelbbraun, ockerbraun oder olivbräunlich, fein samtig, bei feuchtem Wetter leicht klebrig, ∅ 5–20 cm. **Röhren:** Gelb bis olivgrünlich, mit roten Röhrenmündungen (deshalb ist die Hutunterseite rötlich gefärbt), bei Verletzung blauend. **Stiel:** Mit auffallendem rötlichem bis rotbraunem Netz am ganzen Stiel, Grundfarbe ockerbräunlich bis ockerrötlich, im oberen Teil gelblich, Stielbasis ausspitzend. **Fleisch:** Weißlich-gelblich, bei Verletzung meist stark blauend (ebenso an Röhren und Huthaut). **Vorkommen:** Im Laubwald, unter Gebüsch in Parkanlagen; Juni bis Oktober. **Verwechslung:** Der sehr ähnliche Flockenstielige Hexenröhrling *(B. erythropus)* besitzt einen netzlosen rotflockigen Stiel. Der giftige Satansröhrling *(B. satanas)* unterscheidet sich durch nur schwach blauendes Fleisch und weißlichen Hut. Er ist ein außerordentlich seltener Pilz, der auf Kalkboden unter Buchen wächst, vor allem in Süddeutschland. Es gibt noch eine Reihe weiterer zumindest giftverdächtiger rotporiger Röhrlinge, deren Fleisch bei Verletzung blau wird. Vor Röhrlingen mit roten Röhrenmündungen ist generell zu warnen!
Gattungsmerkmale: siehe 3.

7 Satansröhrling

Boletus satanas Lenz

giftig

Geruch: Bei älteren Exemplaren widerlich aasartig; bei einigen Formen fehlt der unangenehme Geruch (so bei dem abgebildeten Pilz). **Hut:** Weißlich-grau, grauoliv, fast immer ziemlich hell, ∅ 10–25 cm. **Röhren:** Mit rötlichen Röhrenmündungen. **Stiel:** Mit gelblicher Grundfarbe, mit typisch karminroter Mittelzone, oder im ganzen unteren Teil rötlich, mit rötlichem Netz. **Fleisch:** Weißlich, stellenweise gelblich, beim Durchschneiden nur schwach blauend. **Vorkommen:** Im Laubwald unter Buchen auf Kalkboden; August bis September; selten, meist in Süddeutschland. **Verwechslung:** Die Hexenröhrlinge werden oft für den Satansröhrling gehalten. Sie besitzen aber dunklere Hüte, stärker blauendes Fleisch und keinen unangenehmen Geruch. Ähnlich ist auch der Wolfsröhrling *(B. lupinus),* er blaut stärker, hat gelbes Fleisch und kein Netz am Stiel. Der Rosahütige Röhrling *(B. rhodoxanthus)* unterscheidet sich durch rosa gefleckten Hut.
Bemerkungen: Der Satans-Röhrling verursacht lediglich Darmstörungen, ist also kein sehr gefährlicher Giftpilz. Er ist wegen seiner Seltenheit eine schützenswerte Pilzart. – Das Foto stammt aus der Umgebung von Kassel.
Gattungsmerkmale: siehe 3.

8 Wolfsröhrling

giftverdächtig

Boletus lupinus Krbh.

Hut: Relativ blaß grauweißlich bis grauocker, meist mit rosa-rötlichen Flecken, in der Jugend bereift, matt, ∅ 5–10 cm. **Röhren:** An den Mündungen blutrot gefärbt. **Stiel:** Ohne Netz, auf gelblichem Grunde leicht rötlich überhaucht. **Fleisch:** Bei Verletzung intensiv blauend. **Vorkommen:** Unter Buchen auf Kalkböden; August bis September; ein sehr seltener Pilz. **Verwechslung:** Der Wolfsröhrling unterscheidet sich von ähnlichen Arten durch das Fehlen eines Stielnetzes und die zugleich gelben Stielgrundfarben. Der Glattstielige Hexenröhrling *(B. queletii)* besitzt ebenfalls kein Stielnetz, blaut aber weniger stark und hat blassere orangerote Röhrenmündungen.

Bemerkungen: Der Wolfsröhrling scheint ähnliche Standorte wie der Satansröhrling *(B. satanas)* zu bevorzugen, ist aber noch seltener. Seine Giftigkeit ist deshalb nicht genau bekannt. In jedem Fall ist er ein wertvoller Mykorrhizapilz, der Schonung verdient. – Die abgebildeten Exemplare stammen aus der Umgebung von Freiburg.

Gattungsmerkmale: siehe 3.

9 Schönfußröhrling

ungenießbar, giftverdächtig

Boletus calopus Fr.

Syn.: *Boletus pachypus* Fr.

Geschmack: Deutlich bitter. **Hut:** Hell grau bis graubräunlich, fein samtig, ∅ 6–15 cm. **Röhren:** Erst hellgelb, dann schmutzig olivgelblich, auf Druck grünblau verfärbend. **Stiel:** Im oberen Teil gelblich, im unteren Bereich oft schön blutrot, mit dem jeweiligen Untergrund gleichfarbigem erhabenem Netz. **Vorkommen:** Im Laub- und Nadelwald, häufig im Gebirge; Juli bis Oktober. **Verwechslung:** Ähnlich ist der Wurzelnde Bitterröhrling *(B. radicans),* dem aber rötliche Töne am Stiel fehlen; sein Stiel wurzelt.

Gattungsmerkmale: siehe 3.

10 Wurzelnder Bitterröhrling

ungenießbar

Boletus radicans Pers. ex Fr.

Geschmack: Stark bitter. **Hut:** Meist blaß grau-weißlich, groß, ∅ 8–15 cm. **Röhren:** Gelb, bei Berührung stark blauend. **Stiel:** Oft mit gelblichen Farbtönen, gewöhnlich ohne Rot, ohne oder mit feinem wenig auffallendem Netz, unterer Teil meist keulig verdickt und an der Basis wurzelartig zusammengezogen und leicht in den Erdboden verlängert. **Fleisch:** Blaß gelblich bis weißlich-gelblich, bei Berührung deutlich blauend. **Vorkommen:** Im Laubwald unter Eichen und Buchen, seltener auch unter anderen Laubbäumen, gern auf Kalkboden; Juli bis Oktober. **Verwechslung:** Der Schönfußröhrling *(B. calopus)*, der ebenfalls bitter schmeckt, unterscheidet sich durch den rot gefärbten Stiel und das nur sehr schwache Blauen des Fleisches. Sein Stiel wurzelt gewöhnlich nicht. Die Hexenröhrlinge und der in der Hutfarbe ähnliche Satansröhrling besitzen rote Röhrenmündungen.
Bemerkungen: Der Wurzelnde Bitterröhrling ist nicht giftig, sondern lediglich durch seine Bitterkeit ungenießbar. – Die abgebildeten Pilze stammen aus der Umgebung von Freiburg und wuchsen auf einem kalkhaltigen Boden.
Gattungsmerkmale: siehe 3.

11 Maronenröhrling

eßbar **

Xerocomus badius (Fr.) Kühn. ex Gilb.

Hut: Dunkelbraun, kastanienbraun, matt, nur bei lang anhaltenden Regengüssen schmierig (Ausnahme), ∅ 5–10 cm. **Röhren:** Gelbgrünlich bis olivgrünlich, auf Druck blauend. **Stiel:** Gelblich-braun, oft typisch dunkler, eingewachsen längsstreifig, nie mit einer Netzzeichnung. **Fleisch:** Weißlich bis blaßgelblich, leicht blauend. **Vorkommen:** Im Nadelwald, gern unter Kiefern auf Sandboden, manchmal auf stark vermoderten Stümpfen; Juli bis November. **Verwechslung:** Der Maronenröhrling wird oft mit dem Steinpilz verwechselt, dem er im Speisewert nicht nachsteht. Steinpilze besitzen aber immer ein feines weißliches Netz an der Stielspitze und blauen nicht im Fleisch und an den Röhren.
Gattungsmerkmale: 10 Arten, teilweise Mykorrhizapilze, Hüte meist trocken und filzig, Stiele meist schlank, Sporenpulver olivbräunlich, Sporen elliptisch-spindelig, glatt.

12 Rotfußröhrling

eßbar

Xerocomus chrysenteron (Bull. ex St. Amans) Quélet

Geschmack: Leicht säuerlich. **Hut:** Gelbbräunlich, olivbräunlich oder ockergrau, manchmal auch rötlich, bei Trockenheit oft typisch felderig aufreißend, an Fraß- oder Rißstellen rötlich anlaufend, matt, ∅ 3–7 cm. **Röhren:** Mattgelblich, bald aber grünlichgelb bis olivgrünlich, auf Druck etwas blauend. **Stiel:** Gelbbräunlich, fast immer rötlich überlaufen, seltener ohne Rottöne, längsfaserig. **Fleisch:** Blaß gelblich, im Schnitt leicht blauend, an Fraßstellen rötlich, weichlich. **Vorkommen:** Im Laub- und Nadelwald, gern auf sauren Böden; Juli bis November. **Verwechslung:** Exemplare ohne deutliche Rottöne werden oft mit der Ziegenlippe *(X. subtomentosus)* verwechselt. Ihr Fleisch blaut nicht und die Röhren sind heller gelb gefärbt. Ähnlich ist auch der Braune Filzröhrling *(X. spadiceus)*, der ebenfalls an den Röhren auf Druck blau wird. Sein Hut verfärbt sich mit Ammoniak deutlich blaugrün, bei Rotfußröhrling und Ziegenlippe ist diese Reaktion negativ. Rothütige Formen können leicht mit dem Blutroten Röhrling *(X. rubellus)* verwechselt werden.

Bemerkungen: Der Rotfußröhrling ist ein nur mäßiger Speisepilz, der wegen seines säuerlichen Geschmacks von vielen nicht gern verwendet wird. Aufgrund seiner Häufigkeit ist er ein ergiebiger Mischpilz. Sein Fleisch wird sehr schnell schwammig.

Gattungsmerkmale: siehe 11.

13 Ziegenlippe

eßbar *

Xerocomus subtomentosus (L. ex Fr.) Quélet

Hut: Meist einfarbig oliv bis olivbräunlich, jung deutlich bereift, an Fraßstellen nicht rötend, ∅ 4–10 cm. **Röhren:** Jung leuchtend gelb, relativ weit, bald olivgelblich, auf Druck nicht deutlich blauend, höchstens nach einigen Minuten leicht schmutzigbläulich. **Stiel:** Blaß gelblich, manchmal einfarbig, oft aber leicht bräunlich flockig bis überfasert, im oberen Stielteil häufig mit angedeutet weitläufiger punktiert-netzartiger Zeichnung. **Fleisch:** Weißlich-gelblich, relativ fest bei jungen Exemplaren, ohne säuerlichen Geschmack, bei Verletzung nicht deutlich blauend. **Chemische Reaktionen:** Huthaut mit Ammoniak in frischem Zustand nicht deutlich blauend, oft gänzlich negativ, manchmal auch flüchtig blauschwärzlich. **Vorkommen:** Im Laub- und Nadelwald; August bis Oktober; weniger häufig als der Rotfußröhrling. **Verwechslung:** Der Rotfußröhrling *(X. chrysenteron)* unterscheidet sich durch meist rötliche Töne am Stiel und den säuerlichen Geschmack. Die Huthaut färbt sich in Rissen oder an Fraßstellen rötlich, das Fleisch blaut deutlich und die Röhren sind nicht so leuchtend gelb gefärbt. Der Braune Filzröhrling *(X. spadiceus)* besitzt ein deutlicheres Netzmuster am Stiel und einen braunen nie oliv gefärbten Hut. Die Huthaut reagiert mit Ammoniak deutlich und intensiv blau.

Gattungsmerkmale: siehe 11.

14 Schmarotzerröhrling

eßbar

Xerocomus parasiticus (Bull. ex Fr.) Quélet

Hut: Gelbbräunlich, fein filzig, ∅ 3–7 cm. **Röhren:** Jung gelblich, bei der Reife gelbbräunlich, am Stiel etwas herablaufend. **Stiel:** Gelbbräunlich, zur Basis verjüngt. **Sporenpulver:** Gelblich-olivbräunlich. **Vorkommen:** Nur auf Fruchtkörpern von Kartoffelbovisten, meist mit Erdkontakt an der Basis hervorsprießend, oft gesellig; August bis Oktober.

Bemerkungen: Der Kartoffelbovist wird durch den Befall stark geschädigt und kommt nicht zur Sporenreife, seine Gleba bleibt grau und wird ausgehöhlt. Obwohl der Wirt giftig ist, kann der Schmarotzerröhrling gegessen werden. Er ist aber wegen seiner Seltenheit zu schonen. – Die abgebildeten Exemplare stammen aus der Umgebung von Kärnten (Österreich).

Gattungsmerkmale: siehe 11.

15 Birkenpilz, Birkenröhrling

eßbar *

Leccinum scabrum (Bull. ex Fr.) S. F. Gray

Hut: Graubraun, hell kartonbraun bis dunkelbraun (selten auch fast weißlich, vor allem in Mooren), ∅ 5–10 cm. **Röhren:** Fast schmutzig weißlich, an Druckstellen leicht bräunend, bei reifen Pilzen deutlich unter dem Hut hervorschauend. **Stiel:** Weißlich, durch meist deutlich dunklere Schüppchen rauh (seltener sind die Schüppchen fast farblos, typisch für Moorformen). **Fleisch:** Weißlich, bei Anschnitt meist unveränderlich, selten sehr schwach rosa anlaufend. Das Fleisch ist im Gegensatz zu ähnlichen Arten bei aufgeschirmten Exemplaren ziemlich weichlich. **Vorkommen:** Unter Birken; Juni bis Oktober. **Verwechslung:** Der ebenfalls ähnliche Hainbuchenröhrling *(L. griseum)* wird im Anschnitt schwarz. *L. melaneum* ist eine dunkelbraune festfleischige kompakte Form mit auffallend dunkelbraunen Stielschuppen, die ebenfalls unter Birken wächst. Der Rötende Birkenpilz *(L. oxydabile)* könnte mit leicht rosa anlaufenden Formen des Birkenpilzes verwechselt werden, besitzt aber ebenfalls festeres Fleisch. Schließlich ähneln helle Formen dem Moorbirkenpilz *(L. holopus)*, von dem sie dann kaum zu trennen sind. Die Berechtigung der Artabgrenzungen in dieser Form erscheint noch nicht vollständig geklärt. Dies braucht den Speisepilzsammler jedoch nicht abzuschrecken, da alle Arten eßbar sind.

Gattungsmerkmale: siehe 16.

16 Schwärzlicher Birkenpilz

eßbar ⋆

Leccinum melaneum (Smotl.) Pilát & Dermek

Hut: Dunkelbraun bis schwarzbraun, matt, fein filzig, ∅ 5–12 cm. **Röhren:** Zuerst cremeweißlich, dann graulich. **Stiel:** Mit schwarzen oder schwarzbraunen, dichtstehenden Schuppen. **Fleisch:** Relativ kompakt (fester als beim gewöhnlichen Birkenpilz). Im Schnitt nicht verfärbend. **Vorkommen:** Unter Birken an feuchten Stellen; August bis Oktober. **Verwechslung:** Der Schwärzliche Birkenpilz kann als eine robustere hartfleischige Form des gewöhnlichen Birkenpilzes *(L. scabrum)* angesehen werden. Seine Hutfarben und Stielschuppen sind erheblich dunkler. Nach Engel sollen ausgewachsene Exemplare einen helleren Hutrand besitzen.

Gattungsmerkmale: 18 Arten, Mykorrhizapilze, Stiele rauhschuppig; braunhütig: Birkenpilze, rothütig: Rotkappen; Fleisch oft blauend, schwärzend oder rötend, Sporenpulver gelbbräunlich bis olivbräunlich, Sporen elliptisch-spindelig, glatt.

17 Hainbuchenröhrling

eßbar ⋆

Leccinum griseum (Quélet) Singer

Hut: Gelbbraun bis schwarzbraun, besonders jung typisch grubig-runzelig, bei trockenem Wetter oft felderig aufreißend, ∅ 4–10 cm. **Röhren:** Erst cremeweißlich, dann gelblich-grau, am Stiel tief ausgebuchtet. **Stiel:** Weißlich-grau, rauh durch reihig angeordnete dunklere Schüppchen. **Fleisch:** Weißlich, im Schnitt grauviolett bis violettschwärzlich anlaufend. **Vorkommen:** Unter Hainbuchen, aber auch unter anderen Laubbäumen; Juli bis Oktober. **Verwechslung:** Der Birkenröhrling *(L. scabrum)* ist sehr ähnlich, schwärzt aber nicht bei Verletzung. Er ist ein Birkenbegleiter. *L. oxydabile* und *L. variicolor* röten etwas, werden jedoch keinesfalls schwarz.

Gattungsmerkmale: siehe 16.

18 Vielverfärbender Birkenpilz

eßbar *

Leccinum variicolor Watling

Hut: Dunkelgrau bis graubraun, oft typisch ockerfleckig, ∅ 5–10 cm. **Röhren:** Lange fast rein weiß bleibend, auf Druck rötend. **Stiel:** Weißlich, mit grauschwärzlichen Schüppchen, im unteren Teil bei Berührung deutlich blaugrün verfärbend, im oberen Teil rötend. **Fleisch:** Weiß, im Schnitt rötend, in der Stielbasis blaugrün verfärbend. **Vorkommen:** Unter Birken, vor allem in Nordeuropa; Juli bis September. **Verwechslung:** Wegen ähnlicher Fleischverfärbungen und Hutfarben könnte eine Verwechslung mit dem Graugrünen Birkenröhrling *(L. thalassinum)* möglich sein. – Das Foto wurde auf Bornholm (Dänemark) aufgenommen, Standort unter Birken.

Gattungsmerkmale: siehe 16.

19 Birken-Rotkappe

eßbar **

Leccinum testaceoscabrum (Secr.) Singer

Hut: Ziegelorange, orangebräunlich bis gelbbraun, matt, aber kaum filzig, Huthaut am Rand leicht überhängend, ∅ 5–20 cm. **Röhren:** An den Mündungen jung mit Grauton. **Stiel:** Weißlich, mit schwärzlichen Schüppchen. **Fleisch:** Nicht rötend, im Stiel blaugrün verfärbend, schließlich schwärzend. **Vorkommen:** Unter Birken; Juni bis Oktober. **Verwechslung:** Sehr ähnlich ist die Espen-Rotkappe *(L. aurantiacum)* mit freudiger orange gefärbtem Hut und rötlichen Stielschüppchen. Weitere Doppelgänger siehe dort.

Bemerkungen: *L. testaceoscabrum* ist die am häufigsten vorkommende Rotkappe. Das bei der Zubereitung schwarz werdende Fleisch beeinträchtigt den Wohlgeschmack nicht.

Gattungsmerkmale: siehe 16.

20 Espen-Rotkappe

eßbar **

Leccinum aurantiacum (Bull. ex St. Amans) S.F. Gray

Hut: Meist freudig orangerot oder orangebraun, Huthaut am Rand leicht überhängend, matt bis feinfilzig, ∅ 6–15 cm. **Röhren:** An den Mündungen jung weißlich. **Stiel:** Weißlich, mit erst weißlichen, dann rötlichen Schuppen. **Fleisch:** Im Schnitt erst leicht rötend, dann schwärzend; Zwischentöne können lila sein. **Vorkommen:** Unter Zitterpappeln (Espen); Juli bis Oktober. **Verwechslung:** Sehr ähnlich ist die Birkenrotkappe, die jedoch am Stiel schwärzliche Schüppchen besitzt. Das Fleisch rötet nicht und verfärbt sich in der Stielbasis blaugrün. Auch die Röhrenmündungen sind schon in der Jugend leicht grau gefärbt. In der älteren Literatur wurden beide Arten häufig nicht unterschieden. Heute sind die Rotkappen weitgehend in verschiedene Arten aufgespalten, die mit unterschiedlichen Bäumen eine Lebensgemeinschaft eingehen. Unter Kiefern wächst der Fuchsröhrling *(L. vulpinum)*, unter Eichen der Eichen-Rauhfuß *(L. quercinum)*, und unter Weiden finden wir die kleinere *L. salicicola.* Alle Arten besitzen rötliche Hutfarben und sind eßbar.
Gattungsmerkmale: siehe 16.

21 Butterröhrling

bedingt eßbar
siehe Bemerkungen

Suillus luteus (L. ex Fr.) S. F. Gray

Hut: Meist dunkelbraun, glatt, oft eingewachsen marmoriert, feucht stark schmierig, ∅ 5–10 cm. **Röhren:** Erst hellgelb, dann olivgelb. **Stiel:** Weißgelblich, mit häutigem weißlich-violettlichem in der Jugend aufsteigendem Ring, darüber drüsig punktiert und gelb gefärbt. **Fleisch:** Hellgelblich, meist weichlich. **Vorkommen:** Unter Kiefern, gern bei Jungpflanzungen; Juni bis Oktober. **Verwechslung:** Der unter Lärchen wachsende Goldröhrling *(S. grevillei)* unterscheidet sich durch einen nicht häutigen, sondern schleimigen Ring und gelbe bis rotbraune Hutfarben.
Bemerkungen: Butterröhrlinge sollen bei einigen Personen, ähnlich wie beim Kahlen Krempling, allergieähnliche Erscheinungen hervorgerufen haben. Wer nach dem Genuß dieses Pilzes geringste Anzeichen von Beschwerden wahrnimmt, sollte künftig davon lassen (siehe S. 19).
Gattungsmerkmale: 20 Arten, Mykorrhizapilze mit Nadelbäumen, Hüte meist deutlich schmierig, Stiele mit Ring oder Guttationstropfen, seltener kahl, Sporenpulver olivbräunlich, Sporen elliptisch bis spindelig, glatt.

22 Goldröhrling

eßbar *

Suillus grevillei (Klotzsch) Singer

Syn.: *Boletus elegans* Schum. ex Fr.

Hut: Goldgelb oder rotbraun (es gibt zwei Farbvarianten), feucht stark schmierig, ∅ 5–10 cm. **Röhren:** Erst goldgelb, dann gelbbräunlich. **Stiel:** Gelb bis gelbbräunlich, mit schleimigem Ring, zuletzt nur noch als schwache Schleimzone erkennbar. **Fleisch:** Gelblich, in Stielbasis leicht bräunlich. **Vorkommen:** Immer unter Lärchen, auch wenn diese nur ganz versteckt mitten im Laubwald stehen, auf sauren und kalkhaltigen Böden; Juli bis Oktober. **Verwechslung:** Der Graue und Rostrote Lärchenröhrling (*S. aeruginascens* und *tridentinus*) sind auch beringt und wachsen ebenfalls nur unter Lärchen. Sie bevorzugen allerdings Kalkboden. Der Butterröhrling *(S. luteus)* ist dunkelbraun gefärbt und ist am Stiel mit einem aufsteigenden violettlichen häutigen Ring versehen. Er ist ein Mykorrhizapilz der Kiefer.
Gattungsmerkmale: siehe 21.

23 Körnchenröhrling

eßbar *

Suillus granulatus (L. ex Fr.) O. Kuntze

Geruch: Angenehm, schwach obstartig. **Hut:** Gelbbräunlich, feucht deutlich schmierig, kahl, ∅ 5–10 cm. **Röhren:** Hellgelb, im Alter olivgelb, jung milchigweiße Tropfen absondernd. **Stiel:** Weißlich-gelblich, an der Spitze Guttationstropfen ausscheidend, die durch das dunkel gefärbte Sporenpulver bräunlich eintrocknen und die Stielspitze körnig-punktiert erscheinen lassen. **Vorkommen:** Unter Kiefern auf Kalkboden; Juli bis Oktober. **Verwechslung:** Sehr ähnlich ist der Ringlose Butterpilz *(S. collinitus)*, der an der Stielbasis rosa gefärbtes Myzel besitzt. Bei *S. granulatus* ist dieses weiß. Der Elfenbeinröhrling *(S. placidus)* ist lange elfenbeinweißlich gefärbt und lebt in Symbiose mit Weymouthskiefern und Zirben. Im Mittelmeergebiet wächst unter Mittelmeerkiefern eine meist kurzstielige Form mit stärkerer Stielpunktierung und dunkleren Hutfarben: *S. leptopus.* Sie hat ebenfalls rosa gefärbtes Basismyzel und ist durch die lebhaft rote Farbreaktion des Fleisches mit Ammoniak von unserem Körnchenröhrling zu unterscheiden.

Gattungsmerkmale: siehe 21.

24 Kuhröhrling

eßbar

Suillus bovinus (L. ex Fr.) O. Kuntze

Hut: Leder- bis orangebräunlich, kuhrötlich, kahl, feucht deutlich schmierig, ohne Velum, ∅ 3–8 cm. **Röhren:** Graugelblich bis olivgelblich, manchmal etwas herablaufend, mittelweit, in der Tiefe abgestuft, etwas eckig. **Stiel:** Ähnlich wie der Hut gefärbt, ohne Guttationstropfen oder Ring, Basis oft zugespitzt. **Vorkommen:** Im Nadelwald unter Kiefern, gern auf sandigem Boden; August bis Oktober. **Verwechslung:** Der Kuhröhrling besitzt keine besonders augenfälligen Erkennungsmerkmale. Die eigenartig kuhbraunen Farben von Hut und Stiel lassen sich schwer beschreiben. Die abgestuften Röhren (sichtbar im erwachsenen Zustand) kommen jedoch nur bei wenigen Arten vor, die dann meist einen Ring besitzen. Der Erlengrübling *(Gyrodon lividus)* kann, wenn er reif ist, ähnlich aussehen. Er ist ein strenger Erlenbegleiter und hat keine abgestuften Röhren.

Bemerkungen: Der Kuhröhrling ist ein nur mäßiger Speisepilz, der höchstens im Mischgericht verwendet werden kann.

Gattungsmerkmale: siehe 21.

25 Sandröhrling

eßbar

Suillus variegatus (Swartz ex Fr.) O. Kuntze

Hut: Graugelblich bis braungelblich, gelbe Töne oft vorherrschend, zuerst fein filzig bis körnig, nur wenig schmierig bei feuchtem Wetter, oft trocken erscheinend, ∅ 5–10 cm. **Röhren:** Besonders jung ziemlich dunkel olivbräunlich, reif schmutzig olivgrün. **Stiel:** Dem Hut ähnlich gefärbt, kahl oder fein körnig-schuppig. **Fleisch:** Heller oder dunkler gelblich, schwach blauend. **Vorkommen:** Im Nadelwald unter Kiefern, häufig auch an feuchten Stellen; August bis Oktober. **Verwechslung:** Der Sandröhrling ist besonders im Jugendzustand gut erkennbar, wenn der Hut filzig-körnig (oft wie mit Sand bestreut) aussieht. Im Alter oder bei ausgeblaßten Stücken ist das Erkennen nicht immer einfach.
Gattungsmerkmale: siehe 21.

26 Hohlfußröhrling

eßbar

Boletinus cavipes (Opat.) Kalchbr.

Hut: Zimtgelblich bis rostbräunlich, filzig, jung am Rande mit häutigen Velumresten, ∅ 5–10 cm. **Röhren:** Gelb, dann grüngelblich, sehr weit und langgestreckt, Mündungen in der Tiefe abgestuft, am Stiel herablaufend. **Stiel:** Dem Hut heller gleichfarbig, leicht flockig, von Jugend an hohl, mit weißlichen Ringresten. **Sporenpulver:** Gelbgrünlich; Sporen spindelig. **Vorkommen:** Immer unter Lärchen, (Mykorrhiza), im Gebirge häufiger; August bis Oktober. **Verwechslung:** Der Hohlfußröhrling ist durch seinen filzigen Hut, die abgestuften Röhren, den Ring und vor allem durch den immer hohlen Stiel gut zu erkennen.
Bemerkungen: Die Gattung *Boletinus* besteht in Mitteleuropa nur aus einer einzigen Art.

27 Hasenröhrling, Zimtröhrling

eßbar ⋆

Gyroporus castaneus (Bull. ex Fr.) Quélet

Hut: Meist schön zimtbraun, im Alter auch blasser, fein samtig, ∅ 5–10 cm. **Röhren:** Im Gegensatz zu Hut und Stiel auffallend weißlich. **Stiel:** Dem Hut gleichfarbig. **Fleisch:** Weißlich bis cremefarbig, nicht blauend. **Sporenpulver:** Ockergelblich. **Vorkommen:** Im Laub- und Nadelwald, gern unter Eichen auf Sandboden; Juli bis Oktober.

Gattungsmerkmale: 2 Arten, Mykorrhizapilze, Röhren jung weißlich, hell bleibend, Stiele gekammert-hohl, Fleisch brüchig, Sporenpulver ockergelblich, Sporen elliptisch, glatt.

28 Kornblumenröhrling

eßbar ⋆

Gyroporus cyanescens (Bull. ex Fr.) Quélet

Hut: Weißlich bis strohgelblich, etwas haarig-filzig, ∅ 5–10 cm. **Röhren:** Weiß, dann ockerlich. **Stiel:** Dem Hut etwa gleichfarbig, mit leicht abgesetzter glatter Spitze, darunter fein flockig oder ebenfalls kahl. **Fleisch:** In allen Teilen bei der geringsten Verletzung schnell kornblumenblau bis tintenblau anlaufend, grünlich verblassend. **Vorkommen:** Im Laub- und Nadelwald auf sandigem Boden, gern unter Birken; Juli bis Oktober. **Verwechslung:** Der Pilz ist durch die gelblichen Farben und das stark blau verfärbende Fleisch gut gekennzeichnet. Eine Varietät (var. *lacteus*) bleibt bei Verletzung weißlich. Der Schwarzblauende Röhrling *(Boletus pulverulentus)* blaut auch sehr stark, hat aber äußerlich eine gewisse Ähnlichkeit mit dem Maronenröhrling. Er ist ebenfalls eßbar.

Gattungsmerkmale: siehe 27.

29 Strubbelkopfröhrling

ungenießbar

Strobilomyces floccopus (Vahl in Fl. Dan. ex Fr.) Karsten

Syn: *Strobilomyces strobilaceus* (Scop. ex Fr.) Berk.

Geruch: Unangenehm erdig. **Hut:** Graubraun bis schwarzbraun, mit groben dachziegelartigen Schuppen bedeckt, Hutrand oft mit flockigen Velumresten behangen, ∅ 5–10 cm. **Röhren:** Erst weißlich-grau, dann graubräunlich, weit. **Stiel:** Grau bis schwarzbraun, flockig-schuppig, mit vergänglicher Ringzone. **Fleisch:** In allen Teilen erst rötend, dann schwärzend, vor allem im Stiel wie Holzkohle, Stielfleisch brüchig. **Sporenpulver:** Dunkelbraun. **Vorkommen:** Im Laub- und Nadelwald, unter Fichten und Buchen, gern auf Kalkboden; Juli bis Oktober. **Verwechslung:** Der Strubbelkopfröhrling ist aufgrund seines äußeren Erscheinungsbildes unverwechselbar, er ist die einzige Art in der Gattung *Strobilomyces.*

30 Kahler Krempling

giftig,
vor allem roh

Paxillus involutus (Batsch) Fr.

Hut: Gelb- bis rostbräunlich, Mitte erst leicht gebuckelt, später vertieft, Rand lange eingerollt und leicht gekerbt, ∅ 4–12 (18) cm. **Lamellen:** Ockerbräunlich bis rostbraun, herablaufend, gedrängt, auf Druck braun fleckend. **Stiel:** Wie der Hut gefärbt, zylindrisch, kahl. **Fleisch:** Gelblich-weiß, bräunend wie die anderen Teile des Pilzes. **Vorkommen:** Im Laub- und Nadelwald, am Boden und seltener an Stümpfen; Juni bis November. **Verwechslung:** Sehr ähnlich ist der Erlenkrempling *(P. filamentosus)*, der heller gefärbt ist, einen eingewachsen-schuppigen Hut und auch in jungem Zustand einen kaum eingerollten Hutrand besitzt. Er ist dünnfleischiger und an Erlen gebunden. Der größere Samtfußkrempling *(P. atrotomentosus)* hat hellere cremegelbliche Lamellen und einen braunsamtigen Stiel. Er ist häufig in Nadelwäldern an Baumstümpfen zu finden.

Bemerkungen: Die Giftwirkung des Kahlen Kremplings ist nicht einfach zu definieren. Sie beruht auf allergischen Reaktionen des menschlichen Organismus auf Pilzeiweiß. Im rohen Zustand ist der Pilz stark giftig (siehe S. 19).

Gattungsmerkmale: siehe 31.

31 Samtfußkrempling

giftverdächtig

Paxillus atrotomentosus (Batsch) Fr.

Hut: Einfarbig heller oder dunkler braun, Oberfläche feinsamtig, matt, Mitte oft vertieft, ∅ 10–25 cm. **Lamellen:** Cremegelblich. **Stiel:** Wie der Hut gefärbt, deutlich samtig überzogen, kompakt, oft exzentrisch. **Vorkommen:** Im Nadelwald, auf Stümpfen; Juli bis November. **Verwechslung:** Der braunsamtige Hut weckt von weitem beim Speisepilzsammler einige Hoffnungen, er hätte eventuell einen Steinpilz vor sich. Ein leichtes Anheben der Hutkante, ohne den Pilz auszureißen, reicht völlig aus, sich durch einen Blick auf die Lamellen eines Besseren zu belehren!
Gattungsmerkmale: 4 Arten, boden- oder holzbewohnend, Mykorrhizabildner oder saprophytisch lebend, Hutrand oft lange eingekrempelt, Lamellen am Stiel herablaufend, bei Berührung braunfleckend, Sporenpulver rostbraun, Sporen elliptisch, glatt. Alle Arten giftverdächtig, 1 Art kann tödlich giftig sein.

32 Großer Gelbfuß, Kuhmaul

eßbar

Gomphidius glutinosus (Schff.) Fr.

Hut: Grau bis braun, mit dicker Schleimschicht überzogen, ∅ 5–10 cm. **Lamellen:** Erst grau-weißlich, bei der Reife schwärzlich, dicklich, entfernt, am Stiel herablaufend, jung durch ein schleimiges Velum geschützt. **Stiel:** Weiß, an Stielbasis chromgelb, zylindrisch, unter den Lamellen meist mit schleimiger Ringzone, die einen Absatz bildet. **Sporenpulver:** Schwärzlich. **Vorkommen:** Im Nadelwald, besonders unter Fichten; August bis Oktober. **Verwechslung:** Sehr ähnlich ist der Fleckende Schmierling *(Gomphidius maculatus)*, der ein Lärchenbegleiter ist. Sein Hut ist oft schwarzfleckig und die Stielbasis läuft bei Verletzung weinrot an.
Bemerkungen: Die Gattung *Gomphidius* umfaßt in Mitteleuropa 4 Arten, alle sind Mykorrhizapilze und eßbar. Hut und Velum sind schleimig; Lamellen dicklich, herablaufend; Sporen länglich-spindelig, glatt, Sporenpulver fast schwarz. Die sehr schleimige Huthaut des Pilzes, an der oft Schmutzteilchen haften, sollte möglichst schon im Walde abgezogen werden. Dies geschieht am besten von der Hutmitte aus. Mit dem Taschenmesser wird am Hutscheitel ein kleines Kreuz eingeschnitten. Die 4 entstehenden Hautsegmente können dann in einem Arbeitsgang abgezogen werden.

33 Kupferroter Gelbfuß

eßbar

Chroogomphus rutilus (Schff. ex Fr.) O. K. Miller
Syn.: *Gomphidius rutilus* (Schff. ex Fr.) Lundell
Gomphidius viscidus L. ex Fr.

Hut: Kupferrötlich, kupferbräunlich, braunorange, feucht schmierig, in der Mitte typisch spitz gebuckelt, ∅ 4–10 cm. **Lamellen:** Bei der Reife dunkelpurpurbraun, durch die Sporen schwärzlich, dicklich, deutlich herablaufend. **Stiel:** Bald kupferrötlich wie der Hut, an der Basis safrangelblich, nicht schmierig. **Fleisch:** In der Stielbasis deutlich gelb, sonst kupferorange. **Sporenpulver:** Schwärzlich. **Vorkommen:** Im Nadelwald unter Kiefern; Juli bis November. **Verwechslung:** Der Filzige Gelbfuß *(Ch. helveticus)* besitzt einen fein filzigen fast trockenen Hut und wächst im Gebirge unter Fichten.

34 Stadtchampignon, Scheidenegerling

eßbar *

Agaricus bitorquis (Quélet) Sacc.
Syn.: *Agaricus edulis* Vitt.

Hut: Weißlich, oft ockerfleckig, kahl, Scheitel meist abgeflacht, ∅ 5–10 cm. **Lamellen:** Jung rosa, reif schokoladenbraun. **Stiel:** Zylindrisch und oft gedrungen, mit aufsteigendem Ring, darunter mit zweitem meist deutlichem Ringansatz. **Fleisch:** Bei Verletzung nicht oder schwach rötend, festfleischig. **Vorkommen:** Gern an den Straßenrändern der Städte, jedenfalls nicht im Walde. Einzeln oder in kleinen Gruppen, sich meist tief im Erdreich entwickelnd, vor allem auf sandigen Böden; Mai bis September. **Verwechslung:** Die Art ist gut durch den aufsteigenden Ring und den zweiten Ringansatz sowie durch das feste Fleisch gekennzeichnet. Da der Zuchtchampignon auch einen aufsteigenden Ring besitzen kann, müssen in Zweifelsfällen die Basidien untersucht werden. Beim Stadtchampignon sind sie vier-, beim Zuchtchampignon zweisporig.
Bemerkungen: Dieser Pilz ist oft dafür verantwortlich, daß sich Betondecken und Pflastersteine hochheben, unter denen er wächst. Leider wird er sehr gern von Maden befallen, die sich schon entwickeln, wenn der junge Fruchtkörper noch im Erdboden steckt.
Gattungsmerkmale: siehe 39.

35 Wiesenchampignon, Feldegerling

eßbar *

Agaricus campester (L.) Fr.

Hut: Weißlich, glatt, faserig bis leicht angedrückt schuppig, recht veränderlich, ∅ 3–8 cm. **Lamellen:** Lange in jüngeren Stadien schön rosa aufblühend, im reifen Zustand schokoladenbraun. **Stiel:** Zylindrisch, häufig mit ausspitzender Basis, weißlich, mit schwachem vergänglichem Ring. Stielspitze oft etwas rosa. **Vorkommen:** Auf Wiesen, Feldern und an lichten Waldrändern, gern in Hexenringen und Reihen wachsend; Mai bis Oktober. **Verwechslung:** Mit anderen weißlichen Champignonarten, die auf Wiesen wachsen, möglich. Der zugespitzte Stiel und der schwach ausgebildete Ring sind gute Kennzeichen.
Bemerkungen: Der Wiesenchampignon gehört zu den Pilzarten, die nach einer längeren Trockenperiode nach einem Regenguß plötzlich in Massen auftreten können. Oft ist er die einzige Art, die während einer solchen Periode auf den Wiesen von bewässerten Privatgärten wachsen kann. Auf dem gewöhnlich weißen Hut des stehenden Exemplares hat sich braunes Sporenpulver abgelagert.
Gattungsmerkmale: siehe 39.

36 Schafchampignon, Weißer Anisegerling

eßbar *

Agaricus arvensis Schff. ex Fr.

Geruch: Beim Reiben anisartig. **Hut:** Weißlich, meist glatt und kahl, auf Druck gilbend, ∅ 8–15 cm. **Lamellen:** Jung nicht rosa aufblühend, sondern blaß graurosa, reif schokoladenbraun. **Stiel:** Zylindrisch, Basis oft leicht knollig, weißlich, gilbend, in Stielknolle nicht chromgelb verfärbend, Ring bei geschlossenem Hut sternförmig gezackt, später hängend. **Vorkommen:** In lichten Wäldern unter Gebüsch, meist aber auf Weiden und Wiesen, auf Äckern, einzeln und büschelig wachsend; Mai bis Oktober. **Verwechslung:** Mit dem ebenfalls weißen leicht giftigen Karbolegerling *(A. xanthoderma)*, der aber nicht nach Anis, sondern unangenehm nach Karbol oder Eisengallustinte riecht und an der Stielbasis beim Reiben intensiv chromgelb anläuft. Andere weißliche, gilbende Arten wie Dünnfleischiger und Schiefknolliger Anisegerling (*A. silvicola* und *A. abruptibulbus*) sind ähnlich und ebenfalls eßbar.
Gattungsmerkmale: siehe 39.

37 Großsporiger Champignon

eßbar *

Agaricus macrosporus (Moeller & Schff.) Pilát

Geruch: Leicht anisartig. **Hut:** Weißlich, meist glatt, höchstens etwas schuppig aufbrechend, sehr groß und kompakt, ∅ 15–25 cm. **Stiel:** Weiß, mit dauerhaftem Ring, der am Rande zahnradartig ausgebildet ist. **Fleisch:** Besonders im Stielbereich etwas safranfarben anlaufend, nicht eigentlich gilbend. **Vorkommen:** Auf Wiesen und Viehweiden, besonders in den Mittelgebirgen, in einigen Gegenden ortshäufig, nicht überall anzutreffen; August bis Oktober. **Verwechslung:** Der Pilz gehört in die Verwandtschaft des Schafchampignon *(A. arvensis)* und wurde früher als eine Varietät von diesem angesehen. Durch das nicht gilbende Fleisch und die konstante Größe ist er gut von ihm zu unterscheiden. – Die Abbildung stammt aus der Umgebung von Kassel.
Gattungsmerkmale: siehe 39.

38 Karbolegerling

giftig

Agaricus xanthoderma Gen.

Geruch: Besonders bei Verletzung und beim Reiben der Stielbasis nach Karbol oder Eisengallustinte (auch »nach Krankenhaus«). Spätestens macht sich der unangenehme Geruch im Kochtopf bemerkbar. **Hut:** Weißlich, glatt und kahl, gilbend, ∅ 4–12 cm. **Lamellen:** Im jugendlichen Zustand grau-fleischrosa, nicht schön lachsrosa aufblühend. Vgl. auch Schafchampignon! Reif schmutzig graubraun. **Stiel:** Weißlich, mit hängendem häutigem Ring, der am Rande oft flockig ist; aber nicht sternförmig gezähnt, wie beim Schafchampignon. Stielbasis meist knollig und beim Reiben intensiv chromgelb anlaufend! **Fleisch:** Oft nur leicht gilbend, in Stielbasis auffällig chromgelb verfärbend. **Vorkommen:** In lichten Wäldern, Wiesen, Gebüsch, gern in Parkanlagen und Gärten; Mai bis September.
Bemerkungen: Dieser Pilz kann üble Darmstörungen erzeugen; Alkohol soll die Wirkung noch verstärken. Von manchen Personen wird er auch ohne Schaden verzehrt. Der unangenehme Geruch, der beim Kochen noch stärker wird, lädt keinesfalls zum Essen ein.
Gattungsmerkmale: siehe 39.

39 Perlhuhnegerling

giftig

Agaricus placomyces Peck

Geruch: Ähnlich wie beim Karbolegerling, oft aber schwächer. **Hut:** Mit feinen braungrauen anliegenden Schüppchen bedeckt, die an ein Perlhuhngefieder erinnern.

Bemerkungen: Die Hutfarbe variiert von graubraun bis schwärzlich, so daß mehrere Unterarten unterschieden werden. Die übrigen Merkmale ähneln sehr denen des weißen Karbolegerlings. Das wichtigste Erkennungsmerkmal ist die bei Verletzung auffällige chromgelbe Verfärbung an der Stielknolle. Auch braunschuppige Formen sind bekannt, die dann sehr den eßbaren Waldchampignons ähneln.

Gattungsmerkmale: 65 Arten, Saprophyten, Lamellen erst rosa oder grau-rosa, dann schokoladenbraun, frei vom Stiel, Stiele mit hängendem oder aufsteigendem Ring, Basis oft knollig, doch immer ohne Hautreste; Sporenpulver schokoladenbraun, Sporen oval bis rundlich, glatt. Etwa 3 Arten sind leicht giftig und riechen unangenehm karbolartig.

Vorsicht wegen der Verwechslungsgefahr mit tödlich giftigen Knollenblätterpilzen, die immer weißliche Lamellen besitzen!

40 Kleiner Blutegerling, Waldegerling

eßbar *

Agaricus silvaticus Schff. ex Secr.

Hut: Auf weißlichem Grunde braun anliegend geschuppt, variierend von ocker bis dunkelbraun, am Hutrand oft heller, ∅ 3–8 cm. **Lamellen:** Reif schokoladenbraun. **Stiel:** Weißlich, seltener leicht schuppig-flockig, mit hängendem Ring. **Fleisch:** Bei Berührung oder Verletzung schnell blutrot verfärbend. **Vorkommen:** Im Nadelwald, gern unter Fichten, auf Kalkboden, auch in der Nähe von Buchen; Juli bis Oktober. **Verwechslung:** Ähnlich, jedoch meist größer sind die Großen Blutegerlinge *A. haemorrhoidarius* und *A. langei*, die aber ebenfalls eßbar sind. **Gattungsmerkmale:** siehe 39.

41 Breitschuppiger Egerling

eßbar *

Agaricus lanipes (Moeller & Schff.) Singer

Geruch: Normal wie viele Egerlinge, in der Stielbasis jedoch nach bitteren Mandeln. **Hut:** Braun, von breiten anliegenden Schuppen geziert, Scheitel oft niedergedrückt, Ø 5–10 cm. **Lamellen:** Erst rosa, dann schokoladenbraun. **Stiel:** An der Basis leicht knollig und dort mit kleinen Myzelrhizoiden oder einem wurzelförmigen Myzelstrang, mit häutigem hängendem Ring, darunter bräunlich flockigschuppig, Stielfarbe sonst weißlich. Der Ring ist an seiner Oberseite oft leicht längsgefaltet und wirkt dadurch etwas riefig. **Fleisch:** Im Schnitt leicht rötend, in der Stielbasis aber gilbend. **Vorkommen:** Meist in Laubwäldern, in sandigen Gegenden mit sauren Böden (Berlin und Umgebung) ersetzt er den stärker rötenden Waldchampignon; Juli bis Oktober. **Verwechslung:** Er kann mit anderen braunen Egerlingen, die im Walde wachsen, verwechselt werden, diese röten meist stärker und riechen in der Stielbasis nicht nach bitteren Mandeln. Dieses Merkmal unterscheidet den Breitschuppigen Egerling auch von dem leicht giftigen ähnlichen, zur Gruppe der Karbolegerlinge gehörenden *A. phaeolepidotus*, der dort nach Karbol riecht.

Gattungsmerkmale: siehe 39.

42 Spitzschuppiger Schirmling, Rauher Schirmling

leicht giftig

Lepiota aspera (Pers. in Hoffm. ex Fr.) Quél.

Syn.: *Lepiota acutesquamosa* var. *furcata* Kühn.

Geruch: Unangenehm stechend, ähnlich dem Kartoffelbovist. **Hut:** Fleisch- bis rostbräunlich, lehmbräunlich, unter der Huthaut weißlich, mit kegelwarzigen bis spitzkegeligen Schuppen, die abwischbar sind, Ø 5–12 cm. **Lamellen:** Weiß, sehr gedrängt, gegabelt. **Stiel:** Weißlich-fleischfarben, mit lappig-häutigem weißem Ring, darunter oft schuppig gebändert und dunkler bräunlich. **Zystiden:** An der Lamellenschneide rundlich-keulig, gestielt, Breite bis 21 μm. **Vorkommen:** Im Nadel- und Laubwald, in Parkanlagen unter Gebüsch; September bis Oktober. **Verwechslung:** Der Pilz wird oft mit dem viel selteneren *L. acutesquamosa* verwechselt, der keine gegabelten Lamellen besitzt und stärker unangenehm riecht. Seine Zystiden sind keulig-blasig und etwa nur halb so breit. Beide Arten können wegen ihrer Größe zu Doppelgängern der eßbaren Riesenschirmlinge werden. Diese besitzen aber einen verschiebbaren Ring und riechen angenehm. Der Stachelschuppige Schirmpilz *(L. hystrix)* und der Igel-Schirmling *(L. echinacea)* sind sehr ähnlich, aber meist kleiner.

Gattungsmerkmale: 50 Arten, Saprophyten, Pilze klein bis mittelgroß (nicht mit Riesenschirmlingen verwechseln), Lamellen frei, meist weißlich, Stiele oft beringt oder wollig überzogen, Sporenpulver weiß, dextrinoid, Sporen oval, spindelig oder mit seitlichem Sporn, glatt. Mehrere stark giftige Sorten!

43 Stinkschirmling, Kammschirmling

ungenießbar

Lepiota cristata (A. & S. ex Fr.) Kummer

Geruch: Stark unangenehm, fast stechend-leuchtgasartig, manchmal auch schwächer, ähnlich dem Kartoffelbovist oder Birnenstäubling. **Hut:** Vorwiegend weißlich, mit bräunlichen konzentrisch angeordneten Schüppchen, am Scheitel zusammenhängend rotbraun, ∅ 2–5 cm. **Lamellen:** Weiß, frei. **Stiel:** Mit meist trichterig aufsteigendem Ring, der manchmal etwas bräunt, Farbe sonst weißlich bis fleischfarben. **Vorkommen:** An lichten Laubwaldstellen, auf Wiesen, an Wegrändern, in Parkanlagen; Juni bis Oktober. **Verwechslung:** Der Wolliggestiefelte Schirmling *(L. clypeolaria)* und seine Verwandten besitzen keinen Ring und sind dafür am Stiel wollig-flockig überzogen, ihr Geruch ist anders oder weniger intensiv. Keine der Arten ist eßbar.

Bemerkungen: Die Huthaut des Stinkschirmlings ist eigentlich braun gefärbt. Sie ist aus länglichen senkrecht nebeneinander stehenden Zellen aufgebaut (hymeniform) und kann sich deshalb beim Aufschirmen des Hutes nicht mitstrecken. Der dadurch hervortretende helle Untergrund läßt den Pilz weiß erscheinen, während die Huthaut als Schüppchen zurückbleibt.

Gattungsmerkmale: siehe 42.

44 Fleischrötlicher Giftschirmling

tödlich giftig

Lepiota brunneoincarnata Chod. & Mart.

Geruch: Wenig auffällig, frisch bei Verletzung leicht säuerlich, alt etwas süßlich. **Hut:** Rosa- bis violettbräunlich, körnig-schuppig, unter der Huthaut weißlich, ∅ 2–5 cm. **Lamellen:** Weiß. **Stiel:** Weißlich bis blaß violettlich-rosa, ohne häutigen Ring; doch mit schuppigen Zonen, die dem Hut gleich gefärbt sind. **Fleisch:** Weißlich, nach einiger Zeit unter Huthaut und in der Stielrinde rötlich werdend. **Vorkommen:** An lichten parkähnlichen Stellen, auf Wiesen; Juli bis Oktober. **Verwechslung:** In der Gruppe der violettlichen bis fleischrötlichen kleinen Schirmlinge gibt es mehrere ähnliche Arten, die alle zu meiden sind. Der Fleischbräunliche Giftschirmling *(L. helveola)* rötet stärker im Fleisch und besitzt einen häutigen Ring. Er hat eine mehr südliche Verbreitung, ist aber auch in Deutschland gefunden worden.

Bemerkungen: Die Arten der oben beschriebenen Schirmlingsgruppe sind durchweg selten. Aufgrund des Verlaufs der teilweise tödlichen Vergiftungen kann angenommen werden, daß die Giftstoffe denen des Grünen Knollenblätterpilzes ähneln. – Die abgebildeten Pilze stammen aus einem Laubwald in Berlin, in der Nähe standen Zitterpappeln und Schwarzpappeln, ein für Berlin typischer Standort für interessante Schirmlingsarten.

Beide Aufnahmen stammen vom selben Exemplar. Das rechte Bild zeigt deutlich die für Schirmlinge typischen »freien« Lamellen, die den Stiel nicht erreichen.

Gattungsmerkmale: siehe 42.

45 Parasolpilz, Riesenschirmling

eßbar ★★

Macrolepiota procera (Scop. ex Fr.) Singer

Geruch: Angenehm nußartig. **Hut:** Hellbräunlich, ockerbräunlich, Huthaut schuppig aufbrechend, am Scheitel ganz bleibend, ∅ 10–25 cm. **Lamellen:** Erst weißlich, dann leicht ockerlich, Schneide fein schartig, sehr gedrängt stehend. **Stiel:** Ockerbräunlich wie der Hut, genattert, Basis knollig, hohl, Ring aufsteigend, am Rande doppelt, bis 30 cm hoch. **Fleisch:** Bei Verletzung nicht rötend. **Vorkommen:** An lichten Laubwaldstellen an Waldrändern; Juli bis Oktober. **Verwechslung:** Wer auf die mit Kollar freien Lamellen und den beweglichen Ring achtet, wird den Pilz kaum verwechseln. Der eßbare Rötende Schirmling *(M. rhacodes)* besitzt ein bei der geringsten Verletzung safranrötlich anlaufendes Fleisch. Eine gewisse Ähnlichkeit haben noch andere Pilze der gleichen Gattung. Sie sind aber meist viel seltener und ebenfalls eßbar. Bezeichnend ist die Form der jungen Riesenschirmlinge. Durch den schon ziemlich langen Stiel und den gleichzeitig noch geschlossenen Hut sehen die Fruchtkörper wie ein Paukenschlegel aus.
Gattungsmerkmale: 10 Arten, Saprophyten, Pilze groß, hoher stattlicher Wuchs, Stiele mit verschiebbarem Ring, Sporenpulver weiß. Sporen oval, mit großem Keimporus, glatt.

46 Safranschirmling, Rötender Schirmling

eßbar ★

Macrolepiota rhacodes (Vitt.) Singer

Hut: Stärker sparrig-schuppig als beim Riesenschirmling und mit weniger ausgeprägtem Buckel, ∅ 10–15 cm. **Lamellen:** Weißlich, manchmal mit dunkelbrauner Lamellenschneide. **Stiel:** Weißlich, alt ockerbräunlich, nicht genattert, Ring ähnlich wie beim Riesenschirmling. **Fleisch:** Bei der geringsten Verletzung nach einer halben Minute intensiv safranrötlich anlaufend, dann bräunend. **Vorkommen:** Im Laub- und Nadelwald, oft an lichten Stellen; August bis Oktober. **Verwechslung:** Durch das rötende Fleisch ist diese Art gut gekennzeichnet. In Gärten auf Komposterde oder ähnlichen Standorten wächst eine besonders üppige Form (var. *hortensis*), die schon zu Vergiftungen geführt haben soll. Sie unterscheidet sich äußerlich durch dunklere Farben und eine rundliche abgesetzte dunklere Knolle. Die Identität der Art scheint noch nicht eindeutig abgeklärt. *M. puellaris* ist kleiner und rötet fast nicht, die Farben sind in allen Teilen fast weißlich.
Gattungsmerkmale: siehe 45.

47 Ackerschirmpilz, Zerschundener Schirmpilz

eßbar

Macrolepiota excoriata (Schff. ex Fr.) Singer

Hut: Hell ockerbräunlich, gebuckelt, Huthaut besonders am Rande stark aufreißend, Hutfleisch darunter weißlich, ∅ 5–12 cm. **Lamellen:** Weißlich, eng stehend. **Stiel:** Weißlich, auf Druck leicht bräunend, Oberfläche nicht genattert, Ring hängend, schwach ausgebildet, Stielbasis knollig. **Fleisch:** Weißlich, bei Verletzung nicht rötend. **Vorkommen:** An offenen Stellen, meist auf Äckern; August bis Oktober. **Verwechslung:** Eine gewisse Ähnlichkeit besitzt der Zitzenschirmpilz *(M. mastoidea)*, dessen Stiel ebenfalls glatt ist. Er unterscheidet sich aber durch aufrechteren Wuchs und den aufsteigenden Ring. Der Parasolpilz *(M. procera)* zeichnet sich durch den deutlich genatterten Stiel aus. Kleinere Spätherbstformen mit ausnahmsweise glattem Stiel können durch den doppelt gerandeten Stielring unterschieden werden, der bei dem Ackerschirmpilz einfach ausgebildet ist. Der Safranschirmling *(M. rhacodes)* hat rötendes Fleisch.
Gattungsmerkmale: siehe 45.

48 Rotbrauner Scheidenstreifling

eßbar
nach Abbrühen

Amanita fulva Schff. ex Pers.

Hut: Rotbräunlich, zartfleischig, am Rande gerieft, ∅ 3–7 cm. **Lamellen:** Weiß. **Stiel:** Weißlich, glatt, ohne Ring, mit ausdauernder Volva an der Stielbasis, die außen weißlich, innen aber rotbräunlich gefärbt ist. **Chemische Reaktionen:** Stielfleisch mit Phenol schokoladenbraun. **Vorkommen:** Im Nadelwald, gern unter Kiefern auf saurem Boden, häufig in sumpfigen Gebieten; Juni bis Oktober. **Verwechslung:** Sehr ähnlich kann der Orangebräunliche Scheidenstreifling *(A. crocea)* sein. Er ist etwas stattlicher, heller orangebräunlich und besitzt einen genatterten, dem Hut ähnlich gefärbten Stiel. Das Stielfleisch färbt sich mit Phenol weinrot. Er wächst gern unter Eichen. *A. fulva* ist die einzige Art mit innen rotbraun gefärbter Volva.
Bemerkungen: Neben den oben beschriebenen existieren noch weitere Arten. Sie können weiß *(A. alba)*, grau *(A. vaginata)*, silbergrau *(A. argentea)* oder mehrfarbig gelb-oliv-graubraun *(A. umbrinolutea)* sein. Alle besitzen etwa den gleichen Habitus und wurden früher nur als Varietäten der Art *A. vaginata* betrachtet. Neben diesen relativ schmächtigen Formen kennen wir noch größere kräftigere Arten, die zum Formenkreis des Doppeltbescheideten Scheidenstreiflings *(A. inaurata)* gehören. Sie besitzen oft mehrere Volvazonen und auf dem Hut bleiben meist Velumreste zurück. Keine der Arten ist ernstlich giftig.
Links ist ein junges Exemplar abgebildet. Bei dem ausgewachsenen rechten Pilz ist der geriefte Hutrand besonders deutlich zu erkennen.
Gattungsmerkmale: siehe 54.

49 Grauer Scheidenstreifling

eßbar nach Abkochen

Amanita vaginata (Bull. ex Fr.) Quélet

Hut: Heller oder dunkler grau, am Rand deutlich gerieft, fast immer ohne Hüllreste, ⌀ 4–10 cm. **Lamellen:** Weiß. **Stiel:** Weißlich bis grauweißlich, etwas genattert, an der Basis mit weißlicher Scheide, ohne Ring. **Sporenpulver:** Nicht amyloid, weiß. **Vorkommen:** Im Laub- und Nadelwald; Juli bis Oktober. **Verwechslung:** Ähnlich ist der Silbergraue Scheidenstreifling *(A. argentea = A. mairei).* Der robustere Hut trägt oft weißliche Velumfetzen, die Sporen sind ellipsoidisch. **Gattungsmerkmale:** siehe 54.

50 Doppeltbescheideter Scheidenstreifling

eßbar

Amanita inaurata Secr.

Syn.: *Amanita strangulata* Fr.

Hut: Gelbbräunlich, ockerbräunlich, graubraun, Rand deutlich gerieft, gegen den Scheitel oft mit grauen Velumresten; ⌀ 8–15 cm. **Lamellen:** Weißlich. **Stiel:** Meist leicht graublaß, ebenso wie die Volva, darüber mit weiteren scheidenartigen Zonen, ohne Ring, Oberfläche fein flockig. **Vorkommen:** Im Laubwald auf Kalk- und Tonböden; Juli bis September. **Verwechslung:** Sehr ähnlich und ebenfalls auf Kalkboden wachsend ist *A. beckeri*, dessen Volva zuerst weiß ist und dann etwas bräunt. Kürzlich wurde eine weitere sehr ähnliche Art beschrieben, *A. submembranacea*. Diese Art soll auf sauren Böden in Bergnadelwäldern wachsen. Alle hier erwähnten Arten besitzen außer der normalen Scheide noch weitere scheidenartige Zonen.

Bemerkungen: Die Gruppe um *A. inaurata* ist dadurch gekennzeichnet, daß sich im Velum (Volva und Hutflocken) viele rundliche Zellen befinden (Sphaerocysten). Dadurch ist das Velum brüchig und Teile davon können auf dem Hut zurückbleiben. Bei den kleineren Scheidenstreiflingen fehlen die Sphaerocysten und die Volva ist elastisch. Deshalb bleiben auf dem Hut kaum Reste davon zurück.

Gattungsmerkmale: siehe 54.

51 Grüner Knollenblätterpilz

tödlich giftig

Amanita phalloides (Vaill. ex Fr.) Secr.

Geruch: Besonders bei reifen Exemplaren unangenehm süßlich honigartig. **Hut:** Heller oder dunkler grün, gelbgrün, dabei typisch eingewachsen radialstreifig (auch Albinos kommen vor); meist ohne Velumreste, selten mit weißen Hautfetzen; Ø 5–15 cm. **Lamellen:** Weiß. **Stiel:** Meist etwas grünlich gefärbt und genattert, seltener fast weiß (je nach Intensität der Hutfarbe); Ring weiß, oberseits etwas gerieft, manchmal bleibt die Manschette auch am Hutrand hängen, Basis mit häutiger weißlicher Volva. **Fleisch:** Weiß, unter der Huthaut etwas gelbgrünlich. **Vorkommen:** Unter Eichen und Rotbuchen (selten auch im Nadelwald); August bis Oktober, manchmal schon im Juli. **Verwechslung:** Im Jugendstadium, wenn der Pilz noch gänzlich von der weißen Schutzhülle umschlossen ist, könnte er von unachtsamen Sammlern für einen weißen Bovist gehalten werden. Im Längsschnitt werden aber sofort die Lamellenanlagen sichtbar. Im ausgewachsenen Zustand achte man besonders auf den Geruch, den Stielring und die häutige Scheide an der Stielbasis. Die weißen Lamellen sind nur undeutlich frei vom Stiel. Eine Verwechslung mit grünen Täublingen kommt auch wegen der untermischten Lamellen nicht in Frage. Champignons besitzen keine weißen Lamellen! (Verwechslung mit weißen Formen).

Bemerkungen: Schon die Menge eines einzigen mittelgroßen Exemplars reicht aus, um einen Menschen zu töten. Die wirksamen Gifte lassen sich durch Kochen oder Trocknen nicht zerstören (siehe S. 17).

Die beiden Fotos lassen erkennen, wie unterschiedlich der Grüne Knollenblätterpilz gefärbt sein kann. Bei den Exemplaren des unteren Bildes sind Hut und Stiel kräftig gelbgrün.

Gattungsmerkmale: siehe 54.

52 Kegelhütiger Knollenblätterpilz

tödlich giftig

Amanita virosa Lam. ex Secr.

Syn.: *Amanita verna* (Bull. ex Fr.) Pers. ex Vitt.

Hut: Weiß, jung meist typisch kegelig, feucht leicht schmierig, ohne Velumreste, ∅ 5–10 cm. **Lamellen:** Weiß und so bleibend. **Stiel:** Weiß, mit häutiger, meist eng anliegender Volva, Ring schwach ausgebildet, dafür ist der Stiel oft stark wollig-filzig, zumindest aber schuppig-faserig, besonders im Jugendstadium. **Vorkommen:** Im Nadelwald, selten auch im Laubwald; Juni bis September. **Verwechslung:** Es existiert noch eine weitere weiße Wulstlingsart, der tödlich giftige Frühlingsknollenblätterpilz (*A. phalloides* var. *verna*). Dieser unterscheidet sich durch einen mehr flachen Hut und einen ausgeprägten häutigen Ring. Alle übrigen Merkmale gleichen denen des Grünen Knollenblätterpilzes, so auch der süßliche Geruch und der genatterte Stiel. Der Frühlingsknollenblätterpilz scheint eine wärmeliebende Art zu sein und erscheint in klimatisch bevorzugten Gebieten manchmal schon im Frühling. Nach moderner Auffassung wird diesem Pilz der Rang einer selbständigen Art aberkannt. Der Grüne Knollenblätterpilz neigt oft auch im Herbst dazu, weißliche Albinoformen auszubilden. In mediterranen Gebieten existieren noch weitere sehr ähnliche Arten, die z. T. sogar eßbar sind. Der Kurzstielige Wulstling *(A. curtipes)* kann unseren giftigen Sorten sehr ähnlich sehen, besitzt aber keine rundlichen, sondern zylindrische Sporen. Sein Fleisch verfärbt sich leicht rotbräunlich, bleibt aber manchmal auch weiß.
Gattungsmerkmale: siehe 54.

53 Gelblicher Knollenblätterpilz

leicht giftig

Amanita citrina (Schff.) S. F. Gray

Syn.: *Amanita mappa* (Batsch ex Fr.) Quélet

Geruch: Auffällig nach Kartoffelkeimen oder Kartoffelkeller. **Hut:** Blaß zitronengelblich, meist mit relativ großflächigen gelblichen Velumfetzen, die etwas bräunen (sie können auch fehlen), Rand ungerieft, ∅ 4–10 cm. **Lamellen:** Weißlich. **Stiel:** Wie der Hut gefärbt, an der Basis oft typisch rundknollig. Knolle mit abgesetzter ringförmiger Kante, meist ohne Volvareste, da diese schon im Boden abfallen. Manschette ausdauernd, ungerieft. **Vorkommen:** Gern unter Kiefern, seltener unter Laubbäumen, häufig auf saurem, sandigen Boden; August bis November. **Verwechslung:** Dieser Pilz wird oft für die tödlich giftigen Arten wie Grüner und Weißer Knollenblätterpilz gehalten. Vor allem rein weiße Albinoformen werden oft verkannt. Das sicherste Erkennungsmerkmal ist der Geruch nach Kartoffelkeimen. Der Grüne Knollenblätterpilz und seine weißen Varietäten riechen unangenehm süßlich, ähnlich Kunsthonig.
Bemerkungen: Der Gelbliche Knollenblätterpilz ist deshalb nicht so gefährlich, weil seine Giftstoffe durch starkes Erhitzen (Kochen, Braten) zerstört werden. Er enthält Bufotenin, welches den Herzschlag beschleunigt und Blutgefäße verengt.
Gattungsmerkmale: siehe 54.

54 Porphyrbrauner Wulstling

giftig

Amanita porphyria (A. & S. ex Fr.) Secr.

Geruch: Dumpf kartoffelartig, ähnlich *Amanita citrina.* **Hut:** Porphyrbraun bis grauviolett, meist mit häutigen grauen Velumresten, ∅ 3–8 cm. **Lamellen:** Weißlich. **Stiel:** Weißlich oder dem Hut ähnlich gefärbt, oft etwas genattert, mit hängendem Ring, Knolle wie bei *A. citrina* meist ohne Hüllreste und mit scharfer umlaufender Kante. **Sporenpulver:** Weiß, amyloid. **Vorkommen:** Im Nadelwald auf saurem Boden; August bis Oktober. **Bemerkungen:** Der Porphyrbraune Wulstling stimmt in vielen Merkmalen mit dem Gelblichen Knollenblätterpilz *(A. citrina)* überein. Er enthält, wie dieser, das Gift Bufotenin, welches durch Kochen weitgehend zerstört wird.

Gattungsmerkmale: 35 Arten, Mykorrhizapilze, Fruchtkörper durch Gesamt- und Teilhüllen geschützt (Hutflocken, Stielscheide und Stielring), Scheidenstreiflinge ohne Ring, Lamellen deutlich oder undeutlich frei, meist weiß und so bleibend, Sporenpulver weiß, amyloid oder nicht, Sporen rundlich bis oval, selten fast zylindrisch, glatt. Einige Arten tödlich giftig!

55 Narzissengelber Wulstling

giftverdächtig

Amanita gemmata (Fr.) Gillet

Syn.: *Amanita junquillea* Quélet

Hut: Zitronengelb bis ockergelblich, oft mit scholligen, eng anliegenden weißlichen Velumresten, Hutrand kurz gerieft, ∅ 3–10 cm. **Lamellen:** Weißlich, mit flokkiger Schneide. **Stiel:** Weißlich, fein flockig-schuppig, mit schwachem vergänglichem Ring (dieser oft fehlend); Knolle leicht verdickt, ohne häutige Velumreste, nur mit eng anliegendem abgesetztem Ring (ähnlich wie beim Pantherpilz). **Sporenpulver:** Nicht amyloid. **Vorkommen:** Im Laub- und Nadelwald, gern unter Kiefern auf Sandboden, eine wärmeliebende Art; Juni bis Oktober. **Verwechslung:** Durch das häufige Fehlen des Stielringes kann der Narzissengelbe Wulstling leicht für einen Scheidenstreifling gehalten werden. Wegen der fast gleichen Beschaffenheit der Stielbasis (stulpenförmiger Rand) kann auch eine Verwechslung mit dem Pantherpilz *(A. pantherina)* vorkommen.

Bemerkungen: Die Giftigkeit des Narzissengelben Wulstlings ist umstritten. Eventuelle Vergiftungen könnten auf die Verwechslung mit Pantherpilzen zurückzuführen sein.

Gattungsmerkmale: siehe 54.

56 Fliegenpilz

giftig

Amanita muscaria (L. ex Fr.) Hooker

Hut: Meist schön leuchtend rot; aber auch orange oder gelb (wenn einige Farbkomponenten fehlen). Oberfläche, wenn nicht vom Regen abgewaschen, mit feinen, regelmäßig verteilten weißen Warzen (Velum universale) bedeckt; Hutrand gerieft; ∅ 6–15 cm. **Lamellen:** Weiß. **Stiel:** Rein weiß, mit ausdauerndem Ring; Knolle nur mit weißen Warzenkränzen. **Fleisch:** Im Längsschnitt unter der Huthaut deutlich gelb (!), sonst weiß. **Vorkommen:** Häufig unter Birken auf sauren Böden, seltener auch im reinen Nadelwald unter Fichten; August bis Oktober (November). **Verwechslung:** Der Fliegenpilz ist durch seine auffallend rote Hutfarbe gut gekennzeichnet. Er könnte mit dem ebenfalls rothütigen Kaiserling *(A. caesarea)* verwechselt werden, der als einer der besten Speisepilze gilt. Dieser besitzt aber deutlich gelbe Farben an Stiel und Lamellen und eine gelbliche häutige Volva an der Stielbasis. Weiße Hutflocken fehlen. Der Kaiserling ist in Deutschland eine große Seltenheit und kommt nur in klimatisch bevorzugten Gebieten vor (z. B. Oberrheingebiet). Viel häufiger ist er im Mittelmeerraum anzutreffen. Der braunhütige Königsfliegenpilz *(A. regalis)* zeigt ebenfalls das typische Fliegenpilzmerkmal: die gelbe Linie unter der Huthaut im Längsschnitt.
Bemerkungen: Der auf das menschliche Nervensystem wirkende Giftstoff des Fliegenpilzes ist vor allem die Ibotensäure (neben anderen Stoffen). In entsprechender Menge genossen, wäre eine tödliche Vergiftung nicht ausgeschlossen. Muskarin ist nur in fast unwirksamer Menge vorhanden. Durch Abziehen der Huthaut kann der Pilz nicht entgiftet werden.
Gattungsmerkmale: siehe 54.

57 Pantherpilz

giftig

Amanita pantherina (D. C. ex Fr.) Secr.

Geruch: Wie Rettich oder Rüben. **Hut:** Variierend von ockerbräunlich bis graubraun, seltener auch weißlich (Albino), mit weißen feinen Velumflöckchen bedeckt (falls nicht vom Regen abgewaschen); Rand bei aufgeschirmtem Hut deutlich gerieft; ∅ 4–10 cm. **Lamellen:** Weiß. **Stiel:** Weiß, mit nicht sehr breiter hängender Manschette, die oberseits nicht gerieft ist. Der Stiel erscheint in die oft tief im Boden eingesenkte Knolle wie eingepfropft, am Übergang entsteht ein Ringwulst, der wie ein heruntergerolltes Bergsteigersöckchen wirkt. Im unteren Stielteil befinden sich manchmal noch weitere Ringzonen. **Fleisch:** Weiß. **Chemische Reaktionen:** Fleisch mit Phenol weinrot. **Vorkommen:** Im Laubwald; Juli bis Oktober. **Verwechslung:** In den Nadelwäldern der höheren Berglagen existiert eine kompakte Varietät (*A. pantherina* var. *abietinum*), dessen Hutrand nicht gerieft ist. Die typische Stielknolle ist aber auch hier vorhanden.
Bemerkungen: Der Pantherpilz hat in einigen Fällen schon tödliche Vergiftungen hervorgerufen. Die Wirkung ist ähnlich, aber viel stärker als beim Fliegenpilz. Aus dem Pantherpilz konnte ein »Pantherin« genannter Stoff isoliert werden. Da seine Struktur noch nicht aufgeklärt ist, kann nicht gesagt werden, ob eine Identität mit der Ibotensäure (Hauptgift des Fliegenpilzes) besteht.
Rechtes Foto: Die typische Form der Stielknolle.
Gattungsmerkmale: siehe 54.

58 Grauer Wulstling, Gedrungener Wulstling

eßbar, gut erhitzen

Amanita spissa (Fr.) Kummer

Geruch: Leicht rübenartig. **Hut:** Hellgrau bis dunkel grau-braun, mit meist großflächigen mehligen grauen, seltener weißlichen Velumresten, Rand ungerieft, ∅ 5–15 cm. **Lamellen:** Weiß. **Stiel:** Weißlich, manchmal graulich im unteren Teil überzogen; Ring breit, anliegend und deutlich längsriefig (wie beim Perlpilz); Stielknolle ohne Velumreste, allmählich in den Stielschaft übergehend. **Fleisch:** Weiß, nicht rötend, wie beim Perlpilz; bei einigen Formen aber etwas bräunend. **Vorkommen:** Im Nadelwald, gerne unter Fichten; Juli bis Oktober. **Verwechslung:** Der Graue Wulstling ist dem Pantherpilz noch ähnlicher als der Perlpilz. Die grauen nicht so regelmäßig angeordneten Hutschuppen (beim Pantherpilz rein weiß und klein), der ungeriefte Hutrand (beim Pantherpilz gerieft), die breite geriefte Manschette (beim Pantherpilz ungerieft) und die glatte Stielknolle unterscheiden ihn.

Bemerkungen: Der Graue oder Gedrungene Wulstling hat seinen Namen von seiner gedrungenen kompakten Gestalt erhalten. Schwieriger wird das Erkennen bei einigen schlanken Formen. Die var. *excelsa* hat einen schlanken wurzelnden Stiel und die var. *valida* neigt mehr zum Bräunen, während ihr Hutrand sogar gerieft ist. Hier sind die Verwechslungsgefahren zum Pantherpilz noch größer. Das abgebildete Exemplar stellt wegen des mehligen Hutvelums und nicht wurzelnden Stieles eine Zwischenform der var. *excelsa* und der typisch gedrungenen *A. spissa* dar.

Gattungsmerkmale: siehe 54.

59 Perlpilz, Rötender Wulstling

eßbar, gut erhitzen

Amanita rubescens (Pers. ex Fr.) S. F. Gray

Hut: Fleischbräunlich, rotbraun; Hutschuppen nie rein weiß, sondern fleischfarben, rosabräunlich oder gelblich-fleischfarben, meist in größeren Stücken zusammenhängend, beim Abziehen der Huthaut ist das darunterliegende Fleisch rosa durchgefärbt. ∅ 6–15 cm. **Lamellen:** Weißlich, alt mit rosa Flecken. **Stiel:** Erst weißlich, bald aber rosa bis rosabräunlich verfärbend, mit großer, anliegender, oberseits geriefter Manschette. Stielbasis knollig, glatt ohne Absatz in den Stielschaft übergehend. **Fleisch:** Weißlich, bald etwas rötend, vor allem in den Madengängen der Stielbasis! **Vorkommen:** Im Nadel- und Laubwald; manchmal schon ab Juni bis Oktober. Der Perlpilz ist eine häufige Art, die in kaum einer Gegend fehlt. **Verwechslung:** Der Neuling, der sich nicht ganz genau mit den Merkmalen aller wichtigen Wulstlinge auskennt, sollte den Perlpilz für Speisezwecke meiden. Seine wichtigsten Erkennungszeichen sind das rötende Fleisch und die ohne Absatz in den Stiel übergehende Knolle. Vor allem kann eine Verwechslung mit dem giftigen Pantherpilz erfolgen, der nicht rötet und eine ungeriefte Manschette besitzt. Stielknolle dort mit »Bergsteigersöckchen«.

Gattungsmerkmale: siehe 54.

60 Fransenwulstling, Einsiedlerwulstling

eßbar *

Amanita strobiliformis (Vitt.) Quélet

Geruch: Angenehm nußartig. **Hut:** Rein weiß bis blaß grauweißlich, mit meist dikken flockigen Velumresten, die auch am Hutrand hängen, ∅ 10–25 cm. **Lamellen:** Rein weiß, mit fein schartiger Schneide, deutlich frei, sehr gedrängt stehend. **Stiel:** Weiß, kompakt, mit knolliger und rübenartig wurzelnder Basis, Ring anliegend, oberseits gerieft, mehr mehlig-flockig, Stiel unter dem Ring flockig-faserig bis wollig, gegen die Basis mit oft mehreren Gürtellinien, ohne häutige Hüllreste. **Sporenpulver:** Amyloid, weiß. **Vorkommen:** Im Laubwald, gern unter Eichen, wärmeliebende Art, die im Mittelmeergebiet häufiger vorkommt. In Deutschland ist der Pilz öfter im Kaiserstuhlgebiet zu finden. Im Sommer 1977 vom Autor in Berlin-Spandau gefunden! Juli bis September. **Verwechslung:** Der Fransenwulstling besitzt einprägsame Merkmale. Er kann jedoch von Neulingen mit anderen giftigen Wulstlingen verwechselt werden. Wegen seiner Seltenheit sollte man ihn unbedingt schonen.

Gattungsmerkmale: siehe 54.

61 Rehbrauner Dachpilz

eßbar

Pluteus atricapillus (Secr.) Singer

Syn.: *Pluteus cervinus* (Schff. ex Fr.) Kummer

Geruch: Frisch leicht rettichartig, beim Eintrocknen kumarinartig. **Hut:** Dunkler oder heller braun, leicht eingewachsen radialfaserig, kahl, oft seidig glänzend, ∅ 5–12 cm. **Lamellen:** Erst cremeweißlich, bei Reife lachsrosa, frei vom Stiel. **Stiel:** Weißlich, etwas dunkler netzfaserig gezeichnet. **Fleisch:** Weichlich und weiß. **Sporenpulver:** Lachsrosa. **Zystiden:** An den Lamellen typisch hakenförmig an der Spitze, im Mikroskop sehr auffällig (Abb. S. 28). **Vorkommen:** An totem Laubholz; Mai bis November. **Verwechslung:** Schädliche Folgen könnte eine Verwechslung mit den bodenbewohnenden Rötlingen haben. Sie weisen im reifen Stadium die gleiche Lamellenfarbe auf, haben aber buchtig angewachsene Blätter. Dem Rehbraunen Dachpilz sieht der ungefährliche Schwarzschneidige Dachpilz *(P. atromarginatus)* sehr ähnlich. Er ist an seiner schwärzlichen Lamellenschneide zu erkennen.

Gattungsmerkmale: Die Gattung der Dachpilze *(Pluteus)* besteht in Mitteleuropa aus 47 Arten, die teilweise schwer auseinanderzuhalten sind. Der Rehbraune Dachpilz ist einer der größten und häufigsten Sorten. Wie er leben fast alle saprophytisch an Holz. Eine Gruppeneinteilung erfolgt durch den unterschiedlichen Aufbau der Huthaut, die aus liegenden Hyphen oder aus rundlichen Zellen bestehen kann. Sporen oval bis elliptisch, glatt.

62 Seidiger Dachpilz

eßbar

Pluteus patricius (Schulzer) Boud.

Syn.: *Pluteus curtisii* (Bk. & Br.) Sacc.

Geruch: Bei älteren Pilzen süßlich, mit Anklang an den Geruch des Grünen Knollenblätterpilzes. **Hut:** Weißlich, am Scheitel häufig fein bräunlich faserschuppig, ⌀ 4–10 cm, manchmal auch größer und stärker schuppig. **Lamellen:** Erst weißlich, dann rosa, frei. **Stiel:** Weißlich, an der Basis (nicht immer) braunsamtig, oft etwas längsfaserig. **Zystiden:** An den Lamellen mit 2–3 Haken (Abb. S. 28). **Vorkommen:** An totem Laubholz, gern auf Birken; Juni bis August. **Verwechslung:** Der Seidige Dachpilz könnte für einen Albino des Rehbraunen Dachpilzes gehalten werden, von dem er sich durch den süßlichen Geruch unterscheidet. Ebenfalls weißlich ist der viel seltenere *P. pellitus* gefärbt. Er ist mikroskopisch durch die vorhandenen Schnallen in der Huthaut (die bei *P. patricius* fehlen) zu trennen. Sein Hut wirkt etwas faseriger, wie bei einigen weißlichen *Volvariella*-Arten (Scheidlinge). Eine größere stärker schuppige Form stellt *P. petasatus* dar.
Gattungsmerkmale: siehe 61.

63 Großer Scheidling

eßbar

Volvariella speciosa (Fr.) Singer

Geruch und Geschmack: Rettichartig, im Alter süßlich. **Hut:** Elfenbeinweißlich oder grau-bräunlich, feucht klebrig, glatt und kahl, ⌀ 5–12 cm. **Lamellen:** Erst weißlich, bald durch die reifenden Sporen lachsrosa, frei vom Stiel. **Stiel:** Weißlich, an der Basis mit weißer häutiger Volva, ohne Ring. **Fleisch:** Weiß, weichlich. **Sporenpulver:** Lachsrosa. **Vorkommen:** Auf Äckern, Friedhöfen und Parkanlagen, gern auf gedüngtem Boden; Juni bis Oktober. **Verwechslung:** In jüngeren Stadien kann dieser Pilz weißen Knollenblätterpilzen ähneln, vor allem, wenn die Lamellen noch nicht rosa gefärbt sind. Dem Großen Scheidling fehlt aber immer ein Stielring. Der Wollige Scheidling *(V. bombycina)* besitzt einen filzigen Hut.
Bemerkungen: Die Scheidlinge (Gattung *Volvariella*), bestehend aus ca. 13 Arten, sind mit den Dachpilzen *(Pluteus)* eng verwandt. Wie bei diesen ist auch hier das Sporenpulver rosa, die Lamellen sind frei. Die saprophytisch lebenden Scheidlinge unterscheiden sich lediglich durch die namengebende Scheide (Volva) an der Stielbasis. Keine der Arten ist nachweislich giftig. In asiatischen Ländern werden Scheidlinge auf Reisstroh gezüchtet und kommen auf den Markt.

64 Schwärzender Saftling

giftig

Hygrocybe nigrescens (Quélet) Kühner

Hut: Rot bis orangegelb, im Alter schwärzend, stumpf-kegelig, Oberfläche matt, fast fein filzig-faserig, ∅ 4–8 cm. **Lamellen:** Lebhaft gelb oder blaßgelb, aufsteigend angeheftet. **Stiel:** Gelb, an der Basis weißlich, schwärzend. **Fleisch:** Glasig durchscheinend (daher auch der Name »Glasköpfe«), gebrechlich, im Alter oder bei Berührung in allen Teilen schwärzend. **Sporenpulver:** Weiß, nicht amyloid. **Vorkommen:** Meist an grasigen Waldrändern oder auf Wiesen; Juli bis Oktober. **Verwechslung:** Der Kegelige Saftling *(H. conica)* ist sehr ähnlich, unterscheidet sich aber durch seine geringere Größe, den spitzkegeligen glatten Hut und das schwächere Schwärzen. Seine Basidien sind oft zweisporig, die von *H. nigrescens* immer viersporig.

Bemerkungen: Der Schwärzende und Kegelige Saftling haben, in größeren Mengen genossen, leichte Vergiftungen hervorgerufen und sind deshalb zu meiden. Die Gattung *Hygrocybe* beinhaltet in etwa 55 saprophytisch lebende Arten, die sich durch meist leuchtende Farben auszeichnen. Das Fleisch ist glasig-durchscheinend und gebrechlich. Hut und Stiel können schmierig oder trocken sein. Das Sporenpulver ist weiß, die Sporen sind elliptisch, glatt und besitzen keinen Keimporus. Nur 1 Art hat amyloides Sporenpulver.

65 Verfärbender Schneckling

eßbar

Hygrophorus cossus (Sow. ex Fr.) Fr.

Geruch: Stark nach der Raupe des Weidenbohrers *(Cossus cossus)*. **Hut:** Weiß, feucht schmierig, im Alter rostgelb bis rost-bräunlich verfärbend, ∅ 2–5 cm. **Lamellen:** Weiß, entfernt, dicklich, herablaufend, wie Hut verfärbend. **Stiel:** Weiß, verfärbend, Basis zugespitzt, feucht schmierig. **Fleisch:** Weiß, vor allem beim Trocknen stark verfärbend und dann braun. **Chemische Reaktionen:** Das Fleisch färbt sich mit Kalilauge gelb. **Vorkommen:** Besonders unter Buchen auf Kalkboden; August bis Oktober. **Verwechslung:** Eine Verwechslung ist mit anderen weißlichen Schnecklingen möglich. *H. melizeus* wächst unter Birken und verfärbt sich nicht so stark. *H. eburneus,* der Elfenbeinschneckling, wächst ebenfalls im Buchenwald, bleibt aber auch beim Trocknen farblos. Alle 3 Arten riechen nach Weidenbohrer.

Gattungsmerkmale: siehe 67.

66 Orangeschneckling

ungenießbar

Hygrophorus pudorinus (Fr.) Fr.

Geruch: Auffallend süßlich, ähnlich wie beim Grünen Knollenblätterpilz. **Geschmack:** Unangenehm terpentinartig und zugleich bitterlich. **Hut:** Blaß oder kräftig rosa-orange, am Rand leicht gekerbt, feucht leicht schmierig, bald fast trocken, Ø 4–8 cm. **Lamellen:** Weißlich-lachsfarben. **Stiel:** Ähnlich wie der Hut gefärbt, klebrig-schmierig. **Fleisch:** Im Hut lachsorange, im Stiel weißlich, in der Basis gelblich. **Vorkommen:** Auf Kalkböden, im Fichten-Tannen-Buchen-Mischwald; August bis Oktober. **Verwechslung:** Der Orangeschneckling ist durch seine kräftige Gestalt in Verbindung mit dem süßlichen Geruch unverkennbar. Der ähnliche *H. poetarum* riecht angenehm obstartig.
Gattungsmerkmale: siehe 67.

67 Frostschneckling

eßbar

Hygrophorus hypothejus (Fr. ex Fr.) Fr.

Geruch: Manchmal leicht obstartig. **Hut:** Olivbräunlich bis olivgelblich, oft mit kleiner Papille, feucht schleimig, Ø 2–6 cm. **Lamellen:** Erst weißlich, dann gelblich, herablaufend. **Stiel:** Dem Hut ähnlich gefärbt, von einer aufreißenden Schleimschicht manchmal gebändert oder einfarbig, Basis zugespitzt. **Fleisch:** Leicht gelblich. **Vorkommen:** Im Nadelwald, meist unter Kiefern, oft erst nach den ersten Nachtfrösten erscheinend; von Oktober bis Dezember. **Verwechslung:** Durch die späte Erscheinungszeit kaum möglich, wenn der Sammler die Merkmale der Schnecklinge kennt.
Gattungsmerkmale: 47 Arten, Mykorrhizapilze, viele Arten stark schleimig, Lamellen dicklich und entfernt, am Stiel angewachsen bis herablaufend, Sporenpulver weiß, nicht amyloid, Sporen elliptisch, glatt.

68 Amethystblauer Lacktrichterling

eßbar

Laccaria amethystina (Bolt. ex Hooker) Murrill

Hut: Violett, hygrophan, beim Trocknen ausblassend, feucht durchscheinend gerieft, ∅ 2–5 cm. **Lamellen:** Violett, entfernt, dicklich, ausgebuchtet angewachsen. **Stiel:** Wie der Hut gefärbt, an der Basis mit blaßviolettem Myzel, längsfaserig. **Sporenpulver:** Weiß, nicht amyloid. **Vorkommen:** Meist im Laubwald, gern an moorigen Stellen zwischen Moosen, häufig unter Buchen; August bis Oktober. **Verwechslung:** Der Amethystblaue Lacktrichterling ist aufgrund seiner violetten Farben der am leichtesten erkennbare Lacktrichterling. Die meisten Arten der Gattung sind rosa-fleischfarben. Stark ausgeblaßte Exemplare sind oft nur mit etwas Erfahrung sofort zu erkennen.

Bemerkungen: Die Gattung *Laccaria* setzt sich aus 11 ungiftigen Arten zusammen, die teilweise früher als Varietäten zu dem häufigen Rötlichen Lacktrichterling *(L. laccata)* gehörten. Es handelt sich um zarte hygrophane Pilze, die farblose, rundliche bis leicht elliptische stachelige (selten glatte) Sporen ausbilden, die keinen Keimporus besitzen. Das Sporenpulver kann bei einigen Arten auch blaß lila gefärbt sein, meist ist es weiß.

69 Rosablättriger Helmling

eßbar

Mycena galericulata (Scop. ex Fr.) S. F. Gray

Geruch: Unbedeutend, manchmal leicht mehlartig. **Hut:** Hell graubräunlich bis fast weißlich, auch mit rosa Schein, am Rande etwas radialrunzelig, ∅ 2–6 cm. **Lamellen:** Weißlich, im Alter meist deutlich rosa, dicklich, entfernt, am Grunde queraderig verbunden, ausgebuchtet angewachsen. **Stiel:** Etwas heller als der Hut, im oberen Teil fast weißlich, zur Basis dunkler, glatt und kahl, wurzelnd, zähelastisch. **Sporenpulver:** Weiß, amyloid. **Basidien:** Zweisporig. **Zystiden:** Mit vielen fingerartigen Auswüchsen. **Vorkommen:** An Laub- und Nadelholz, meist dicht gesellig, seltener einzeln; Mai bis November. **Verwechslung:** Andere Helmlingsarten, die totes Holz bewohnen, sehen oft sehr ähnlich aus. Die oben beschriebene Art ist die weitaus häufigste und kann leicht an den im Alter rosa werdenden Lamellen erkannt werden.

Gattungsmerkmale: Die Helmlinge *(Mycena)* sind mit etwa 125 Arten eine der größten Lamellenpilzgattungen. Es handelt sich hier um durchweg zarte häutige Pilze mit dünnen glockenförmigen bis kegeligen Hüten. Es sind Saprophyten, von denen eine große Zahl an totem Holz, andere am Erdboden wachsen. Die genaue Bestimmung muß mit dem Mikroskop erfolgen. Sporen oval bis elliptisch, ohne Keimporus. Die Lamellen sind auf verschiedene Weise am Stiel angewachsen, sie können ausgebuchtet, aufsteigend angeheftet oder herablaufend angeordnet sein. Einige sondern bei Verletzung einen weißen oder roten Saft ab. Bestimmte Arten riechen auffällig ammoniakalisch (nitrös). Bei einer kleinen Gruppe der nach Rettich riechenden Sorten ist Vorsicht geboten, da in dem Rettichhelmling *(M. pura)* Muskarin entdeckt worden ist.

70 Rettichhelmling

giftig

Mycena pura (Pers. ex Fr.) Kummer

Geruch: Stark rettichartig. **Hut:** Violettlich oder rosa-fleischfarben, hygrophan, feucht durchscheinend gerieft, trocken blasser, ungerieft und matt, ∅ 2–4 cm. **Lamellen:** Wie der Hut gefärbt, dicklich, entfernt und queraderig. **Stiel:** Wie der Hut gefärbt, hohl, gebrechlich, Basis filzig. **Vorkommen:** Im Laub- und Nadelwald, am Boden; Juli bis Oktober. **Verwechslung:** Der sehr veränderliche Rettichhelmling ist immer an seinem Geruch zu erkennen. *M. pelianthina* gehört in die gleiche Gruppe, riecht aber süßlich-blütenartig, mit Anklang an den Geruch von *Lepista nuda.* Seine Lamellenschneide ist auffallend purpur-bräunlich gezähnelt durch entsprechend gefärbte Zystiden.
Bemerkungen: Der Rettichhelmling soll Vergiftungen verursachen, die an eine Muskarinvergiftung erinnern: Schweißausbruch, Speichelfluß und Übelkeit.
Gattungsmerkmale: siehe 69.

71 Feldschwindling, Nelkenschwindling

eßbar

Marasmius oreades (Bolt. ex Fr.) Fr.

Geruch: Schwach nach Blausäure (bittermandelartige Komponente), auch wie frisch gesägtes Holz. **Hut:** Blaß lederocker, feucht am Rande kurz durchscheinend gerieft und zusätzlich oft gekerbt, ∅ 2–5 cm. **Lamellen:** Wie der Hut gefärbt, trocken fast weißlich, dicklich, entfernt. **Stiel:** Lederocker, dünn, zylindrisch, Basis weißzottig, voll. **Fleisch:** Zäh und elastisch, vor allem im Stiel. **Vorkommen:** Meist auf Wiesen in Kreisen und Reihen, seltener an lichten Laubwaldstellen; Mai bis November. **Verwechslung:** Der Feldschwindling wurde schon mehrmals mit giftigen weißlichen Trichterlingen verwechselt, die aber nie so dickliche entfernte Lamellen besitzen. Ein untrügliches Kennzeichen des Feldschwindlings ist auch das elastische Fleisch und vor allem der sehr zähe Stiel. Der Ledergelbe Schwindling *(M. lupuletorum)* sieht aus wie eine kleine Ausgabe von *M. oreades;* der Violettliche Schwindling *(M. wynnei)* kann in seiner weißlichen Form ebenfalls ähnlich sein. Beide Arten wachsen jedoch kaum auf Wiesen und nicht in Hexenringen. Eine Verwechslung wäre ohnehin ungefährlich.
Gattungsmerkmale: siehe 73.

72 Knoblauchschwindling, Mousseron

eßbar

Marasmius scorodonius (Fr.) Fr.

Geruch und Geschmack: Nach Knoblauch. **Hut:** Fleischbräunlich bis fast weißlich, runzelig, häutig dünn, ∅ 1–2 cm. **Lamellen:** Weißlich, etwas entfernt und dicklich. **Stiel:** Dunkel rotbraun bis schwarzbraun, zur Basis dunkler werdend, kahl und glänzend, hornartig, dünn. **Vorkommen:** Im Nadelwald, den Nadeln aufsitzend, auch an anderen Pflanzenresten; Juni bis Oktober. **Verwechslung:** Durch den auffallenden Knoblauchgeruch ist der Pilz gut gekennzeichnet. Der Saitenstielige Knoblauchschwindling *(M. alliaceus)* mit schwarzem hornartigem Stiel ist größer und kräftiger. Er wächst meist auf Holz und ist ein Bewohner des Laubwaldes auf Kalkböden. Der Große Knoblauchschwindling *(M. prasiosmus)* wächst im Spätherbst auf toten Blättern und hat einen helleren nicht so deutlich hornartigen Stiel, der an der Basis filzig ist. Die beiden anderen nach Knoblauch riechenden Arten sollten nicht für die Küche verwendet werden, da ihre Verträglichkeit nicht eindeutig nachgewiesen ist. Andere Pilzarten, die *M. scorodonius* ähneln, sind der Nadelschwindling *(Micromphale perforans)*, der unangenehm nach faulendem Kohl riecht, und der geruchlose Roßhaar-Schwindling *(Marasmius androsaceus)*.
Bemerkungen: Der Knoblauchschwindling ist vor allem ein Gewürzpilz, der in getrocknetem Zustand lange aufbewahrt werden kann und beim Aufweichen seinen Knoblauchgeschmack wieder entfaltet.
Gattungsmerkmale: siehe 73.

73 Halsbandschwindling

ungenießbar

Marasmius rotula (Scop. ex Fr.) Fr.

Hut: Weißlich, häutig dünn, am Rande wellig-gerieft, ∅ 0,5–1 cm. **Lamellen:** Weißlich, sehr entfernt, den Stiel nicht erreichend, da sie durch einen halsbandartigen Ring (Kollar) von diesem getrennt sind. **Stiel:** Schwarzbraun, glänzend, roßhaarähnlich, ∅ ca. 1,5 mm. **Vorkommen:** Meist an vergrabenen Holzstückchen oder anderen Pflanzenresten; Mai bis Oktober. **Verwechslung:** Der Halsbandschwindling ist der häufigste und größte Vertreter von Schwindlingen, die einen Kollar besitzen. Er ist weiterhin durch die immer weißlichen Hutfarben gekennzeichnet.
Gattungsmerkmale: 30 Arten, Saprophyten, Holz- oder Bodenbewohner mit zäher Konsistenz, nach dem Trocknen bei Regenwetter wieder auflebend, einige mit auffallendem Knoblauchgeruch, Lamellen oft entfernt und dicklich, Sporenpulver weiß, nicht amyloid, Sporen elliptisch, oval oder kommaförmig, glatt.

74 Waldfreund-Rübling

eßbar

Collybia dryophila (Bull. ex Fr.) Kummer

Hut: Meist hell gelbbräunlich, jedoch sehr variierend, von fast weißlich bis dunkelbraun, etwas hygrophan; nicht gerieft, ∅ 2–5 cm. **Lamellen:** Weißlich, tonblaß oder gelblich. **Stiel:** Dem Hut ähnlich gefärbt, kahl, nur im unteren Teil etwas striegelig oder ganz kahl und an der Basis mit feinen Myzelsträngen, hohl. **Sporenpulver:** Weiß. **Vorkommen:** In verschiedenen Wäldern und Parkanlagen, besonders häufig auch auf feuchten Torfböden, gesellig aber nicht büschelig; Mai bis Oktober. **Verwechslung:** Eine Abart besitzt einen dünneren durchscheinend gerieften Hutrand: var. *aquosa,* sie ist seltener als die Hauptform. Eine Verwechslung ist mit dem unangenehm nach faulendem Kohl riechenden Striegeligen Rübling *(C. hariolorum)* möglich, der erhebliche Magenbeschwerden hervorrufen kann.

Gattungsmerkmale: siehe 77.

75 Striegeliger Rübling

giftig

Collybia hariolorum (DC. ex Fr.) Quélet sensu Favre

Geruch: Unangenehm nach verfaulendem Kohl. **Hut:** Blaß ockergelblich bis fast weißlich, feucht leicht durchscheinend gerieft, ∅ 2–5 cm. **Lamellen:** Weißlich bis blaß gelblich-ocker. **Stiel:** Dem Hut gleichfarben, im unteren Teil deutlich striegelig-zottig durch Myzelfilz. **Sporenpulver:** Weiß. **Vorkommen:** Im Laub unter Buchen; Juni bis September. **Verwechslung:** Der Striegelige Rübling hat eine ziemliche Ähnlichkeit mit dem Waldfreundrübling *(C. dryophila)*, der jedoch nicht unangenehm riecht und einen ± kahlen Stiel besitzt. Der ebenfalls geruchlose Knopfstielige Rübling *(C. confluens)* wächst auffallend büschelig, seine Stiele sind über die gesamte Länge flockig.

Bemerkungen: Der Genuß des Striegeligen Rüblings soll unangenehme Verdauungsstörungen hervorgerufen haben.

Gattungsmerkmale: siehe 77.

76 Knopfstieliger Rübling

eßbar

Collybia confluens (Pers. ex Fr.) Kummer

Hut: Fleischbräunlich bis blaß beige, sehr dünnfleischig, ausblassend; ∅ 2–4 cm. **Lamellen:** Erst weißlich, dann blaß fleischfarben, sehr gedrängt, Schneide durch Zystiden fein bewimpert (Lupe), etwas frei vom Stiel. **Stiel:** Dem Hut ähnlich gefärbt, oft lang und steif, über die ganze Länge flockig (besonders trocken gut zu sehen), hohl. **Sporenpulver:** Weiß. **Vorkommen:** Im Laub- und Nadelwald, in auffallenden Büscheln, meist am Boden zwischen Laub; August bis Oktober. **Verwechslung:** Der Rotbraunstielige Büschelrübling *(C. acervata)* wächst ebenfalls stark büschelig. Sein rotbrauner Stiel ist zumindest im oberen Teil kahl. Er kommt im Nadelwald vor.

Bemerkungen: Wenn man beim Knopfstieligen Rübling den Hut mit einem Ruck nach oben abzieht, so bleibt am Stiel eine knopfförmige Verdickung zurück, daher der Name!

Gattungsmerkmale: siehe 77.

77 Butterrübling

eßbar

Collybia butyracea (Bull. ex Fr.) Quélet

Hut: Rotbraun, dunkelbraun, hygrophan, beim Trocknen ausblassend, Huthaut glatt und kahl, feucht glänzend (Butterrübling); ∅ 3–8 cm. **Lamellen:** Rein weiß, Schneide leicht schartig. **Stiel:** Dem Hut meist fast gleichfarbig, an der Basis typisch aufgeblasen, im unteren Teil längsstreifig, Basis vom Myzel weiß-striegelig. **Sporenpulver:** Cremefarbig. **Vorkommen:** In Laub- und Nadelstreu; Juli bis November.

Bemerkungen: Vom Butterrübling existiert eine schon im feuchten Zustand horngrau gefärbte Varietät (var. *asema*), die von einigen Autoren auch als eigene Art betrachtet wird. Die Abbildung entspricht eher dieser Varietät.

Gattungsmerkmale: 30 Arten, Saprophyten, Boden- und Holzbewohner, kleine bis mittelgroße kahlhütige Arten, Stiele knorpelig und biegsam, Sporenpulver weiß bis cremefarbig, nicht amyloid, Sporen oval, rundlich oder kommaförmig, glatt.

78 Spindeliger Rübling

Collybia fusipes (Bull. ex Fr.) Quélet

ungenießbar, leicht unbekömmlich

Geruch: Etwas unangenehm, aufdringlich. **Hut:** Fleischbraun bis dunkel rotbraun, verblassend, ungerieft; ∅ 3–8 cm. **Lamellen:** Leicht fleischfarben, oft fleckig, dicklich und entfernt. **Stiel:** Wie der Hut gefärbt, alt nachdunkelnd, spindelig wurzelnd, verdreht. **Vorkommen:** Am Fuße von lebenden und abgestorbenen Eichen- und Buchenstämmen; Juli bis Oktober. **Verwechslung:** Der Pilz unterscheidet sich von ähnlichen Arten durch den auffallend spindelig-wurzelnden verdrehten Stiel und die entfernten nicht weißen Lamellen.
Gattungsmerkmale: siehe 77.

79 Bitterer Kiefernzapfenrübling

Strobilurus tenacellus (Pers. ex Fr.) Singer

eßbar, wenn mild

Geschmack: Bitter oder mild. **Hut:** In der Farbe recht veränderlich, weißlich, graubräunlich oder rotbraun, ∅ 1–2 cm. **Lamellen:** Weiß, ausgebuchtet angewachsen. **Stiel:** Meist gelbbräunlich, an der Spitze heller, tief wurzelnd, sehr zäh und elastisch, kahl, an der Basis mit Myzelfilz. **Fleisch:** Zäh-elastisch, knorpelig. **Sporenpulver:** Weiß, nicht amyloid; Sporen glatt, an einer Seite häufig zugespitzt. **Zystiden:** An den Lamellen deutlich hervorragend und zugespitzt, teilweise mit Kristallen besetzt. **Vorkommen:** Auf halb oder gänzlich vergrabenen Kiefernzapfen; April bis Juni. **Verwechslung:** Der Milde Kiefernzapfenrübling *(St. stephanocystis)* ist äußerlich nicht zu unterscheiden und wächst auf dem gleichen Substrat. Er besitzt jedoch an der Spitze deutlich abgerundete Zystiden. Seine Erscheinungszeit liegt etwas früher, etwa von März bis April. Auf Fichtenzapfen wächst der ebenfalls sehr ähnliche Fichtenzapfenrübling *(St. esculentus)*.
Bemerkungen: Die Gattung *Strobilurus* besteht in Mitteleuropa nur aus den 3 erwähnten Arten, die alle im Frühjahr wachsen.

80 Samtfußrübling, Winterpilz

eßbar

Flammulina velutipes (Curt. ex Fr.) Singer

Hut: Gelblich bis gelbbräunlich, feucht etwas schmierig-klebrig, glatt und kahl, Rand leicht durchscheinend gerieft; ∅ 1–6 cm. **Lamellen:** Weißlich-gelblich, etwas entfernt. **Stiel:** Zylindrisch, dünn, gebogen, an der Basis oder gänzlich braunsamtig. **Fleisch:** Weißlich bis gelblich, zäh und elastisch in allen Teilen. **Sporenpulver:** Creme-weißlich, nicht amyloid, Sporen ohne Keimporus. **Vorkommen:** Büschelig auf Laubholz; in den Wintermonaten von Ende August bis April; nur selten verirren sich einige Fruchtkörper in einen anderen Monat. **Verwechslung:** Wächst der Pilz im Winter, wenn teilweise noch Schnee liegt, ist er kaum mit anderen zu verwechseln. Vor allem nach Frösten zeigt er als einziger Pilz mit diesem Habitus keine Frostschäden. In den Winteranschlußmonaten im Spätherbst oder Frühjahr können die ebenfalls büschelig an Holz wachsenden Schwefelköpfe ähnlich sein. Man achte auf das sicherste Kennzeichen: den braunsamtigen Stiel.

Bemerkungen: Die Gattung *Flammulina* ist den echten Rüblingen *(Collybia)* sehr ähnlich. Sie unterscheidet sich von diesen durch das Wachstum an Holz und die hymeniform aufgebaute Huthaut. Bei Rüblingen besteht sie aus liegenden Hyphen. Die Gattung *Flammulina* umfaßt außer einer einzigen Art noch eine kleinere an Wurzeln von Hauhechel wachsende Varietät (var. *pratensis*).

Auf der Holzoberfläche sind sehr schön die Rhizomorphen des Hallimasch zu sehen!

81 Breitblättriger Rübling

eßbar

Megacollybia platyphylla (Pers. ex Fr.) Kotl. & Pouzar

Syn.: *Oudemansiella platyphylla* (Pers. ex Fr.) Moser

Hut: Graubraun, variierend von schwarzbraun bis fast weißlich, faserig gestreift, dünnfleischig, ∅ 5–15 cm. **Lamellen:** Schmutzig weißlich, sehr breit, queraderig. **Stiel:** Erst weißlich, dann zunehmend graubräunlich, meist jedoch heller als der Hut, längsgestreift, an der Basis mit auffallenden schnurartigen Myzelsträngen. **Sporenpulver:** Weiß, nicht amyloid. **Zystiden:** An der Lamellenschneide blasig-flaschenförmig. **Vorkommen:** An stark vermorschtem Laubholz, seltener an Nadelholz, auch in der Nähe von Stümpfen oder auf vergrabenem Holz; Mai bis Oktober, auch in trockenen Zeiten. **Verwechslung:** In Gebirgsfichtenwäldern wächst an Stümpfen der ähnliche kleinere Gestreifte Rübling *(Clitocybula lacerata)*, der keine Zystiden, aber amyloides Sporenpulver besitzt.

Bemerkungen: Beim Breitblättrigen Rübling wußten die Mykologen nie, in welche Gattung er wirklich gehört. Singer stellte ihn zu den Holzritterlingen *(Tricholomopsis)*, Moser ist derzeit der Meinung, daß der Pilz ein Samtrübling *(Oudemansiella)* ist. In all diesen Gruppen ist er jedoch ein Außenseiter, weshalb eigens für ihn die neue Gattung *Megacollybia* aufgestellt wurde.

82 Buchen-Schleimrübling, Beringter Schleimrübling

eßbar

Oudemansiella mucida (Schrad. ex Fr.) v. Hoehnel

Hut: Elfenbeinweiß, stark schleimig bei feuchtem Wetter, ∅ 3–10 cm. **Lamellen:** Wie der Hut gefärbt, entfernt, dicklich. **Stiel:** Weißlich, im unteren Teil oft olivgrau überhaucht, dort auch schleimig, mit häutigem oberseits gestreiftem Ring. **Sporenpulver:** Weiß, nicht amyloid, Sporen rundlich. **Vorkommen:** An totem oder absterbendem Laubholz, meist an Buchen oder Eichen, meist in großen Gruppen; August bis November.

Bemerkungen: Die Gattung *Oudemansiella* ist recht heterogen. Sie besteht aus ungefähr 12 noch nicht vollends geklärten Arten, die sich nach ihrer Hutbeschaffenheit in Schleim- oder Samtrüblinge aufteilen. Der Buchenschleimrübling ist die einzige beringte Art. Mehrere samtige oder schleimhütige Sorten zeichnen sich durch einen stark wurzelartig verlängerten Stiel aus. Ein Beispiel dafür ist der häufige Grubige Schleimrübling *(O. radicata)*, dessen Stiel eine unterirdische Verbindung zu Buchenwurzeln hat. Für die Samtrüblinge wird von einigen Mykologen die Gattung *Xerula* anerkannt.

83 Schuppiger Sägeblättling, Anis-Sägeblättling

ungenießbar

Lentinus lepideus (Fr. ex Fr.) Fr.

Syn.: *Lentinus squamosus* Schff.

Geruch: Eigentlich nicht nach Anis, sondern eher wie Perubalsam, manchmal auch obstig oder lerchenspornartig. **Hut:** Erst weißlich, dann gelblich-weißlich, oft groß abstehend-schuppig, ∅ 5–12 cm. **Lamellen:** Weiß, später etwas gilbend, breit, entfernt, an der Schneide grob gesägt. **Stiel:** Weißlich, zur Basis bräunend, schuppig oder kahl, wurzelnd. **Fleisch:** Sehr zäh und elastisch. **Sporenpulver:** Weiß, nicht amyloid; Sporen länglich, glatt. **Vorkommen:** Meist auf totem Nadelholz, aber auch an Laubholz; Mai bis Oktober.

Bemerkungen: Die Gattung *Lentinus* besteht aus 4 saprophytisch an Holz lebenden Arten. Der Schuppige Sägeblättling ist hier der weitaus häufigste Vertreter. Die moderne Mykologie bezweifelt eine echte Zugehörigkeit von *L. lepideus* zur Gattung *Lentinus,* da dieser im Holz eine Braunfäule erregt. Alle anderen Arten erzeugen Weißfäule.

84 Getigerter Knäueling

ungenießbar

Panus tigrinus (Bull. ex Fr.) Singer

Syn.: *Lentinus tigrinus* (Bull. ex Fr.) Fr.

Hut: Auf weißem Untergrund mit feinen schwärzlichen haarigen Schüppchen, Mitte oft leicht genabelt, ∅ 3–8 cm. **Lamellen:** Weißlich, gilbend, gedrängt, am Stiel herablaufend, Lamellenschneide fein schartig. **Stiel:** Weiß, mit schwärzlichen Faserschüppchen. **Fleisch:** Zäh und elastisch, weißlich, manchmal gilbend. **Sporenpulver:** Weiß, nicht amyloid. **Vorkommen:** Auf Laubholz, gern auf Weidenstrünken oder -stämmen in der Nähe von Gewässern, meist büschelig; April bis Oktober.

Bemerkungen: Die Knäuelinge (Gattung *Panus*) sind saprophytische Holzbewohner, 4 Arten sind bekannt. Der Getigerte Knäueling gehört nach Meinung einiger Mykologen in die nah verwandte Gattung *Lentinus*.

85 Austernseitling

eßbar *

Pleurotus ostreatus (Jacq. ex Fr.) Kummer

Hut: Grau, graulila oder graubraun, spatel- bis halbkreisförmig, Oberseite glatt und kahl, Breite 5–15 cm. **Lamellen:** Weißlich, am Stiel kurz herablaufend, in Stielnähe anastomosierend. **Stiel:** Weißlich, kurz, oft exzentrisch sitzend, Basis stark striegelig-filzig. **Vorkommen:** Meist an Laubholz, in gedrängten Büscheln, muschelförmig übereinanderwachsend (wie Austernbänke); im Spätherbst von Oktober bis Dezember, fruktifiziert erst nach den ersten Nachtfrösten, erscheint manchmal im Frühjahr noch einmal. **Verwechslung:** Die Hutfarben dieses leicht erkennbaren Pilzes variieren sehr. Eine schön taubenblaue Form wird als eigene Art, *P. columbinus,* betrachtet. Der weißliche bis blaß graue Eichenseitling *(P. dryinus)* unterscheidet sich durch seinen leicht filzigen Hut, der in der Jugend durch ein häutiges Velum mit dem Stiel verbunden ist. Das Fleisch gilbt im Alter. Der hell gefärbte Rillstielige Seitling *(P. cornucopiae)* besitzt einen mit weitem Netz gezeichneten Stiel.

Bemerkungen: Die Gattung *Pleurotus* besteht in Mitteleuropa aus 8 Arten. Sie leben saprophytisch, können aber auch als Schwächeparasiten auftreten. 2 Arten besitzen ein Velum, bei den anderen fehlt es. Sporenpulver weiß, cremefarbig bis weißlich-lilagrau, nicht amyloid; Sporen zylindrisch, glatt.

86 Eichenseitling, Berindeter Seitling

ungenießbar

Pleurotus dryinus (Pers. ex Fr.) Kummer

Syn.: *Lentodiopsis dryina* (Pers. ex Fr.) Kreisel

Hut: Weiß oder blaß grau, Oberfläche filzig-faserig bis schuppig, Rand besonders jung mit häutigen Velumresten behangen, ∅ 6–10 cm. **Lamellen:** Weißlich, später gilbend, am Stiel herablaufend. **Stiel:** Weißlich, meist exzentrisch, jung mit häutigen Velumresten. **Fleisch:** Weißlich, gilbend. **Vorkommen:** An verschiedenen Laubhölzern, besonders an Eichen und Buchen; August bis November. **Verwechslung:** Der Eichenseitling unterscheidet sich vom Austernseitling durch das Vorhandensein des Velums und das gilbende Fleisch. *P. calyptratus* besitzt einen glatten Hut, der ebenfalls ein Velum aufweist. Das Fleisch gilbt wie bei *P. dryinus*.
Gattungsmerkmale: siehe 85.

87 Ölbaumtrichterling

giftig

Omphalotus olearius (DC. ex Fr.) Singer

Syn.: *Clitocybe olearia* (Fr.) R. Maire

Hut: Lebhaft orangegelb bis orangebraun, in der Mitte meist etwas trichterig vertieft, Rand lange eingerollt, seidig, ∅ 3–10 cm. **Lamellen:** Goldgelb, am Stiel herablaufend, eng stehend. **Stiel:** Orangegelb bis gelbbraun, meist an der Basis zugespitzt. **Fleisch:** Gelb bis orangegelblich. **Sporenpulver:** Blaß gelblich; Sporen rundlich-oval, ohne Keimporus, glatt. **Vorkommen:** Der Pilz ist wärmeliebend und hat südliche Verbreitung. In Deutschland ist er seltener anzutreffen und dann nur in klimatisch bevorzugten Gebieten wie z. B. dem Oberrheingebiet oder den Südalpen. Im Mittelmeerraum gehört er zu den häufigen Pilzen und wächst dort meist an Ölbäumen. In Deutschland findet man ihn gern an Eichen und anderen Laubbäumen. Er wächst büschelig, aber auch vereinzelt; Juli bis September. **Verwechslung:** Der Ölbaumtrichterling wird in der Literatur oft als mit dem Pfifferling verwechselbar angegeben, der aber kein Holzbewohner ist und an der Hutunterseite entferntere dickliche Leisten besitzt. Eine verblüffende Ähnlichkeit bemerkte ich bei dunklen einzeln am Boden stehenden Exemplaren, die ich auf Sardinien sah, mit dem Fuchsigen Trichterling *(Lepista inversa).*
Bemerkungen: Der Ölbaumtrichterling erzeugt keine tödlichen Vergiftungen, er enthält Giftstoffe, die eine ähnliche Wirkung wie das Muskarin zeigen (Atromentin, Atromentinsäure und Gyroporin). *O. olearius* leuchtet im Dunkeln etwas. Die Gattung *Omphalotus* besteht in Europa aus nur 1 Art. – Die abgebildeten Exemplare stammen von der italienischen Insel Sardinien und wurden im September aufgenommen.

88 Rötlicher (Purpurfilziger) Holzritterling

eßbar
in kleinen Mengen

Tricholomopsis rutilans (Schff. ex Fr.) Singer

Syn.: *Tricholoma rutilans* Quélet

Geruch und Geschmack: Dumpf, nicht sehr angenehm. **Hut:** Auf gelbem Grund purpurfarben bis lilarötlich, filzig, ∅ 5–15 cm. **Lamellen:** Leuchtend gelb, Schneide auffallend flockig, leicht ausgebuchtet angewachsen. **Stiel:** Purpurfilzig wie der Hut oder blasser, besonders im oberen Teil, oder nur gelb, zylindrisch. **Fleisch:** Überall deutlich gelb. **Sporenpulver:** Weiß, nicht amyloid; Sporen elliptisch, glatt, ohne Keimporus. **Vorkommen:** Auf Nadelholzstümpfen; Juli bis November. **Verwechslung:** Obwohl der Rötliche Holzritterling in den Farben sehr veränderlich ist, teilweise auch in fast rein gelblichen Exemplaren vorkommen kann, ist er doch gut an seinem Wachstum an Nadelholz und der flockigen Lamellenschneide zu erkennen.

Bemerkungen: Der Pilz sollte nur in kleineren Mengen im Mischgericht verwendet werden, da er, abgesehen von seinem nicht sehr angenehmen Geschmack, auch leichte Verdauungsstörungen erzeugen kann. Die Gattung *Tricholomopsis* besteht aus 4 Arten, die im Aussehen den Ritterlingen ähneln, sich von ihnen aber durch das saprophytische Wachstum auf Holz und die immer gelben Grundfarben unterscheiden. Der Olivgelbliche Holzritterling *(T. decora)* ist in allen Teilen olivgelblich gefärbt und besitzt auf dem Hut dunklere weniger auffallende Schüppchen. Er ist viel seltener als *T. rutilans.*

89 Rinnigbereifter Trichterling

giftig

Clitocybe rivulosa (Pers. ex Fr.) Kummer

Geruch: Leicht säuerlich. **Hut:** Weißlich, firnisartig bereift, Reif oft konzentrischrinnig vergehend, so daß der blaß fleischfarbene Untergrund sichtbar wird. Hutmitte etwas trichterig vertieft. ∅ 2–4 cm. **Lamellen:** Weiß, gedrängt, kaum am Stiel herablaufend. **Stiel:** Weißlich, dünn, bald hohl. **Vorkommen:** Auf Wiesen und grasigen lichten Waldstellen; August bis Oktober. **Verwechslung:** Dieser und ähnliche Trichterlinge sind klassische Doppelgänger des ebenfalls auf Wiesen wachsenden Nelkenschwindlings *(Marasmius oreades).* Dabei sehen sie diesem kaum ähnlich. Nelkenschwindlinge besitzen viel dickere entferntere Lamellen, die nicht weiß sind. Der Anfänger, der sich der Vielfalt der Pilze nicht bewußt ist, kann beide Arten anscheinend doch verwechseln. Der eßbare Mehlräsling ist viel ähnlicher, hat aber bei der Reife rötliche Lamellen und riecht auffällig nach Mehl.

Bemerkungen: Der Rinnigbereifte Trichterling und sehr ähnliche weiße Arten der gleichen Gattung *(C. dealbata, C. phyllophila* u. a.) enthalten erhebliche Mengen Muskarin. Weißliche Trichterlinge sind daher alle für Speisezwecke zu meiden.

Gattungsmerkmale: siehe 93.

90 Ranziger Trichterling

giftig

Clitocybe hydrogramma (Bull. ex Fr.) Kummer

Syn.: *Clitocybe gallinacea* sensu Ricken

Geruch: Unangenehm süßlich-ranzig (ähnlich wie alte Exemplare vom Grünen Knollenblätterpilz). **Geschmack:** Bitter. **Hut:** In feuchtem Zustand blaß fleischgrau, leicht durchscheinend gerieft, hygrophan, bei trockenerem Wetter schnell weißlich, ∅ 3–6 cm. **Lamellen:** Weißlich, entfernt, deutlich herablaufend. **Stiel:** Weißlich, an der Basis meist gekrümmt und weißfilzig. **Vorkommen:** Im Laubwald, auf liegenden Blättern; August bis Oktober. **Verwechslung:** Der Ranzige Trichterling ist durch Geruch und Geschmack gut gekennzeichnet. Er kann rein äußerlich mit anderen weißlichen Trichterlingen verwechselt werden, die alle für Speisezwecke zu meiden sind. *C. hydrogramma* kann leicht mit dem Mikroskop bestimmt werden. Sie besitzt auf der Huthaut (in der Gattung einmalig) sog. Dermatochrysozystiden. Es sind Anschwellungen in den Hyphen der Huthaut, die einen lichtbrechenden Inhalt aufweisen.
Gattungsmerkmale: siehe 93.

91 Ockerbräunlicher Trichterling

eßbar

Clitocybe gibba (Pers. ex Fr.) Kummer

Syn.: *Clitocybe infundibuliformis* (Schff. ex Fr.) Quélet

Geruch: Angenehm nach Kuchengewürz, mit Anklang an bittere Mandeln. **Hut:** Hell ocker bis ockerbräunlich, matt, am Rande etwas feinfilzig und leicht gerippt, oft stark trichterig vertieft, am Grunde aber mit kleinem charakteristischem Buckel, nicht hygrophan; ∅ 3–8 cm. **Lamellen:** Weißlich, gedrängt, deutlich herablaufend. **Stiel:** Zylindrisch bis leicht keulig, heller als der Hut. **Fleisch:** Weißlich, zäh. **Vorkommen:** Im Laub- und Nadelwald; August bis November, manchmal jedoch schon im Juni. **Verwechslung:** Der kleine Buckel (Papille) inmitten der Hutvertiefung ist ein gutes Merkmal, welches aber auch fehlen kann. Die Abgrenzung gegenüber mehreren ähnlichen Arten ist dann schwierig. *C. squamulosa* ist ähnlich, riecht aber mehlartig. *Lepista gilva* hat einen glatten wasserfleckigen Hut und rauhe Sporen.
Gattungsmerkmale: siehe 93.

92 Mönchskopf, Riesentrichterling

eßbar

Clitocybe geotropa (Bull. ex Fr.) Quélet

Geruch: Süßlich-aromatisch, mit leichter Bittermandelkomponente. **Hut:** Weißgelblich, ledergelblich, matt, leicht trichterig, in der Mitte mit brustwarzenförmigem Buckel (der auch fehlen kann), ∅ 5–25 cm. **Lamellen:** Weißlich bis lederfarben, deutlich herablaufend. **Stiel:** Dem Hut ähnlich gefärbt, zylindrisch-keulig, in typischer Weise recht lang und derb. Bei jungen Exemplaren fällt ein regelrechtes Mißverhältnis des langen Stieles zu dem erst kleinen Hut auf. **Vorkommen:** Im Laub- und Nadelwald an lichten Stellen, auf Kalkboden, gern in Ringen und Reihen wachsend; September bis November. **Verwechslung:** Der Mönchskopf fällt durch seine Größe und das Wachstum in Kreisen auf. Der brustwarzenförmige Buckel ist artcharakteristisch. Wenn dieser fehlt, kann der oft noch größere Riesenkrempentrichterling *(Leucopaxillus giganteus)* ähnlich sein. Er ist sicher durch sein amyloides Sporenpulver zu unterscheiden.
Gattungsmerkmale: siehe 93.

93 Keulenfußtrichterling

eßbar
ohne Alkohol

Clitocybe clavipes (Pers. ex Fr.) Kummer

Geruch: Etwas süßlich. **Hut:** Heller oder dunkler graubräunlich, gebuckelt oder flach, kahl, nicht hygrophan, Hutrand oft leicht gerippt, ∅ 4–5 cm. **Lamellen:** Weißlich, gedrängt, deutlich am Stiel herablaufend. **Stiel:** Schwach ähnlich dem Hut gefärbt, zur Basis keulenförmig erweitert. **Fleisch:** Weißlich, weich. **Vorkommen:** Im Nadel- oder Mischwald; August bis November. **Verwechslung:** Der Pilz ist durch seinen keulenförmigen Stiel und den gebuckelten fleischigen Hut gut gekennzeichnet, ebenso durch den fehlenden Mehlgeruch, der ihn von dem vielleicht manchmal ähnelnden Nebelgrauen Trichterling *(Lepista nebularis)* unterscheidet.
Gattungsmerkmale: 90 Arten, Saprophyten, Bodenbewohner, Lamellen oft am Stiel herablaufend, seltener fast gerade angewachsen. Sporenpulver weiß oder selten cremefarbig, nicht amyloid, Sporen elliptisch, glatt. Einige Arten, vor allem die kleineren weißlichen Sorten, giftig.

94 Mehlräsling

eßbar

Clitopilus prunulus (Scop. ex Fr.) Kummer

Geruch und Geschmack: Angenehm mehlartig, mild. **Hut:** Weiß, fleischig, flach, konvex oder leicht gebuckelt, kahl, matt; ∅ 3–10 cm. **Lamellen:** Erst weißlich, dann rosa-fleischfarben, gedrängt, am Stiel herablaufend. **Stiel:** Weiß, meist recht kurz, an der Basis zugespitzt und oft leicht gebogen. **Sporenpulver:** Rosa; Sporen länglich, glatt, ohne Keimporus. **Vorkommen:** Meist an grasigen Stellen im Laub-und Nadelwald; Juni bis Oktober. **Verwechslung:** Der Mehlräsling ist durch seine herablaufenden Lamellen den oft giftigen weißen Trichterlingen ähnlich. Die Rosafärbung tritt erst in reifem Zustand auf.

Bemerkungen: Die Gattung *Clitopilus* besteht bei uns aus ca. 9 Arten, die außer *C. prunulus* wegen ihrer Kleinheit nicht für Speisezwecke in Frage kommen. Vom Mehlräsling existiert noch eine schmächtigere bitter schmeckende var. *amarus*, die sonst gleiche Merkmale aufweist. Deshalb empfiehlt sich vorher eine kleine Kostprobe.

95 Violetter Rötelritterling

eßbar,
blutdrucksenkend

Lepista nuda (Bull. ex Fr.) Cke.

Geruch: Süßlich-aromatisch. **Hut:** Violett bis bräunlich, kahl, ∅ 5–10 cm. **Lamellen:** Violettlich, oft verblassend, ausgebuchtet angewachsen. **Stiel:** Violettlich, oft verblassend, nicht bräunlich wie der Hut, zylindrisch-keulig, im unteren Teil mit violettlichem Myzel bedeckt. **Fleisch:** Blaß violettlich, wässerig durchzogen. **Sporenpulver:** Rosa-fleischfarben. **Vorkommen:** Im Laub- und Nadelwald; September bis November, manchmal schon im Mai (in der Zwischenzeit ausbleibend). **Verwechslung:** Sehr ähnlich ist der Lilastiel-Rötelritterling *(L. personata)*, der nicht in allen Teilen, sondern nur am Stiel violett gefärbt ist. Der Schmutzige Rötelritterling *(L. sordida)* ist dünnfleischiger und blasser und riecht nicht so aromatisch, sondern dumpf. Eine Verwechslung ist auch mit violetten Schleierlingen möglich (z. B. mit dem Lila Dickfuß *[Cortinarius traganus])*, die aber braunes Sporenpulver und ein schleierartiges Velum besitzen. *L. glaucocana* ist in allen Teilen meist blaß violettlich und deshalb auch leicht verwechselbar, riecht aber mehlartig. Er ist ein Gebirgspilz.

Gattungsmerkmale: siehe 96.

96 Lilastiel-Rötelritterling, Maskierter Rötelritterling

eßbar *

Lepista personata (Fr. ex Fr.) Cke.

Geruch: Angenehm, nicht so würzig wie beim Violetten Rötelritterling. **Hut:** Fast weißlich, blaßgrau, blaß beige, eventuell mit schwachem lila Schein (jung), fleischig, ∅ 5–12 cm. **Lamellen:** Weißlich bis blaßgrau, kaum lila, ausgebuchtet angewachsen. **Stiel:** Meist deutlich, seltener undeutlich lila, zylindrisch-keulig. **Fleisch:** Weißlich. **Sporenpulver:** Rosa-fleischfarben. **Vorkommen:** Gern auf Wiesen oder grasigen Waldstellen, später als der Violette Rötelritterling; Oktober bis November. **Verwechslung:** Blasse Exemplare von *Lepista nuda* sind an ihrem süßlich-aromatischen Geruch zu erkennen.

Gattungsmerkmale: 18 Arten, Saprophyten, Pilze mit Trichterlings- oder Ritterlingshabitus, Lamellen ausgebuchtet angewachsen bis herablaufend, Sporenpulver meist blaß rosa-fleischfarben, seltener cremefarbig oder weißlich, nicht amyloid, Sporen leicht rauh, selten glatt.

97 Veilchen-Rötelritterling

eßbar

Lepista irina (Fr.) Bigelow

Syn.: *Tricholoma irinum* (Fr.) Kummer

Geruch: Süßlich-aromatisch, wie getrocknete Veilchenwurzel *(Iris florentina)*. **Hut:** Feucht blaß fleischfarben, hygrophan, beim Trocknen schnell weißlich, ∅ 3 bis 10 cm. **Lamellen:** Schmutzig-weißlich bis isabellfarben, gedrängt. **Stiel:** Weißlich bis schmutzig gelbbräunlich, Oberfläche deutlich längsfaserig und oft netzfaserig. **Sporenpulver:** Blaß creme-fleischfarben. **Vorkommen:** In Laub- und Mischwäldern, im späteren Herbst; September bis Oktober. **Verwechslung:** Der Veilchenritterling ähnelt sehr dem Maipilz *(Calocybe gambosa)*, der jedoch immer zu einer ganz anderen Zeit wächst, nämlich im Frühjahr. Auch riecht der Maipilz aufdringlich mehlartig. Der Würzige Tellerling *(Rhodocybe truncata)* besitzt einen nicht hygrophanen und matten Hut und stärker warzige rundliche Sporen. Er ist viel seltener als der Veilchenritterling.

Bemerkungen: Der häufige »Veilchenritterling« stand bislang in der Gattung *Tricholoma* und nahm dort wegen seines fleischfarbenen Sporenpulvers eine Sonderstellung ein. Auch die leichten Sporenrauheiten, die manchmal schwer sichtbar sind, lassen eine Überführung in die Gattung *Lepista* gerechtfertigt erscheinen. Nun taucht aber zur allgemeinen Verwirrung noch ein anderer »Veilchenritterling« im Sinne Singers auf, der glatte, kleinere Sporen besitzen soll. Die Existenz und Nomenklatur dieser Art muß in Zukunft noch überprüft werden. An dieser Stelle sei aber klar gesagt, daß der altbekannte häufig auftretende „Veilchenritterling" *L. irina* ist.

Gattungsmerkmale: siehe 96.

98 Fuchsiger Röteltrichterling

eßbar

Lepista inversa (Scop. ex Fr.) Pat.

Syn.: *Clitocybe inversa* (Scop. ex Fr.) Quélet

Hut: Blaß ocker-orange bis fuchsig, in der Mitte trichterig vertieft, glatt und kahl, ∅ 3–8 cm. **Lamellen:** Erst blaß weißlich, dann ocker-orange oder noch dunkler, gedrängt, am Stiel herablaufend. **Stiel:** Dem Hut etwa gleichfarbig, meist kurz, zylindrisch. **Sporenpulver:** Weiß. **Vorkommen:** Im Laub- und Nadelwald; August bis Oktober. **Verwechslung:** *Clitocybe flaccida* ist eine dünnfleischige Laubwaldform von *L. inversa,* die von einigen Autoren als eigene Art angesehen wird. Ähnlich ist auch *L. gilva,* die auf dem Hut auffallende Wasserflecken besitzt. Verblüffend ähnlich können einzeln stehende Exemplare vom giftigen Leuchtenden Ölbaumtrichterling *(Omphalotus olearius)* sein, der gewöhnlich auf Holz wächst. Solche Formen wurden auf Sardinien gefunden.
Bemerkungen: Der Fuchsige Röteltrichterling sollte scharf gebraten zubereitet werden, da er sonst zäh wird.
Gattungsmerkmale: siehe 96.

99 Nebelgrauer (Rötel-)Trichterling

eßbar
nach Abkochen

Lepista nebularis (Fr.) Harmaja

Syn.: *Clitocybe nebularis* (Batsch ex Fr.) Quélet

Geruch und Geschmack: Aufdringlich süßlich-mehlartig, für einige Personen sehr unangenehm. **Hut:** Heller oder dunkler grau, selten weißlich, fleischig, gebuckelt, jung deutlich bereift, ∅ 5–15 cm. **Lamellen:** Blaß weißgelblich, leicht herablaufend, gedrängt. **Stiel:** Weißlich bis hellgrau, kräftig, etwas keulig, außen längsfaserig. **Sporenpulver:** Cremeweißlich. **Vorkommen:** Meist im Laubwald zwischen Fallaub; September bis November. **Verwechslung:** Der eigenartige Geruch und die späte Erscheinungszeit lassen diesen Massenpilz leicht erkennen. Der Veilchen-Rötelritterling *(L. irina)* hat eine gewisse Ähnlichkeit, ist aber kleiner und riecht angenehmer nach Veilchenwurzel ohne mehlige Komponente, er ist eßbar. Unangenehme Folgen kann eine Verwechslung mit dem giftigen Riesenrötling *(Entoloma sinuatum)* haben. Der Habitus beider Arten kann täuschend ähnlich sein, zumal sich auch die Erscheinungszeit überschneidet. Der Riesenrötling riecht angenehmer nach Mehl und zeigt an der Hutunterseite entferntere Lamellen, die ausgebuchtet angewachsen sind und in der Jugend einen gelblichen Schein (!) aufweisen. Später wechselt die Farbe zu lachsrosa wegen der rosa Sporen.
Bemerkungen: Durch Kochen und Wegschütten des Kochwassers wird der unangenehme Geruch gemildert, aber nicht gänzlich beseitigt. Unabgekocht kann der Nebelgraue Trichterling Darmstörungen verursachen.
Gattungsmerkmale: siehe 96.

100 Riesenrötling

giftig

Entoloma sinuatum (Bull. ex Fr.) Kummer

Syn.: *Entoloma lividum* (Bull. ex St. Amans) Quélet
Rhodophyllus sinuatus (Bull. ex Fr.) Singer

Geruch: Angenehm mehlartig. **Hut:** Elfenbeinweißlich bis hellocker, seidig, kompakt, ∅ 5–15 cm. **Lamellen:** Erst blaß, mit gelblichem Schein, reif lachsrosa, ausgebuchtet angewachsen. **Stiel:** Weiß, etwas längsfaserig, kompakt. **Vorkommen:** Im Laubwald auf Lehm- und Kalkboden; Juli bis September, ausnahmsweise auch früher oder später. Der Riesenrötling ist eine wärmeliebende Art. In der Schweiz und in Frankreich ist der Pilz häufiger als in Deutschland, weswegen dort auch öfter schwere Vergiftungen bekannt wurden. **Verwechslung:** Der Riesenrötling ist der giftige Doppelgänger des Nebelgrauen Trichterlings *(Lepista nebularis)*, der ebenfalls mehlartig riecht, allerdings mit aufdringlich süßlicher Komponente. Seine Lamellen laufen etwas am Stiel herab und sind bei der Reife nie rosa gefärbt. Der gelbliche Schein auf den unreifen Lamellen des Riesenrötlings ist ein gutes Kennzeichen. Im Frühjahr wächst bei uns eine dem Riesenrötling täuschend ähnliche Art unter Rosaceengebüsch, die eßbar ist: *E. sepium,* Schlehenrötling. Helle Exemplare dieser Art sind äußerlich eine kleine Ausgabe des Riesenrötlings und besitzen auch den Mehlgeruch. Es fehlt aber der gelbliche Schein auf den jungen Lamellen. Das Fleisch rötet etwas in den Madengängen. – Das Foto entstand im September in der Nähe von Emmendingen im Schwarzwald.
Gattungsmerkmale: siehe 103.

101 Schlehenrötling

eßbar

Entoloma sepium (Noullet & Dassier) Richon & Roze

Syn.: *Rhodophyllus sepium* (Noullet & Dassier) Romagn.

Geruch: Verletzt mehlartig, frisch und unverletzt in den Lamellen manchmal obstartig. **Hut:** Schmutzig weißlich, grau-weißlich, feucht schwach durchscheinend gerieft, trocken ungerieft, ∅ 3–10 cm. **Lamellen:** Erst weißlich, dann rosa; jung nicht mit gelblichem Ton (vgl. Riesenrötling), ausgebuchtet angewachsen. **Stiel:** Weißlich, außen faserig; die Fasern färben sich bei trockenem Wetter etwas rotbräunlich. **Fleisch:** Weißlich, in Madengängen leicht rötend, festfleischig. **Chemische Reaktionen:** Fleisch mit Guaiak-Tinktur fast sofort blau, mit Phenol intensiv rotbraun. **Vorkommen:** Unter Schlehengebüsch und anderen Rosengewächsen *(Rosaceae)*, oft in Gärten und Parkanlagen; Mai bis Juni. **Verwechslung:** Der Schlehenrötling gleicht einem kleinen Riesenrötling, wächst aber im Frühjahr und ist nicht an Kalkboden gebunden. Gute Kennzeichen sind die fehlenden Gelbtöne auf den jungen Lamellen und das Röten der Madengänge. Der Schildrötling *(E. clypeatum)* und der Silbergraue Rötling *(E. saundersii)* wachsen ebenfalls im Frühjahr und sind eßbar. Beide besitzen dunklere Farben. Der häufige Schildrötling ist dünnfleischiger und weicher. Im Herbst fruchtet der sehr ähnliche Mehl-Rötling *(E. prunuloides)*, der einen sehr starken Mehlgeruch aufweist. Alle erwähnten Arten sind zwar eßbar, dürfen aber wegen der großen Verwechslungsgefahr mit dem giftigen Riesenrötling nur von Kennern gesammelt werden.
Gattungsmerkmale: siehe 103.

102 Schildrötling

eßbar

Entoloma clypeatum (L. ex Fr.) Kummer

Syn.: *Rhodophyllus clypeatus* (L. ex Fr.) Quélet

Geruch: Mehlartig. **Hut:** Heller oder dunkler grau-bräunlich, etwas kahl, meist mit breitem Buckel (Schild), hygrophan, streifig ausblassend, seidig, trocken, ∅ 4–10 cm. **Lamellen:** Erst weißlich, bald rosa, ausgebuchtet angewachsen, breit. **Stiel:** Weißlich, etwas längsstreifig und manchmal verdreht. **Vorkommen:** Unter Rosaceen in lichten Wäldern und Parkanlagen, nur im Frühjahr; April bis Juni. **Verwechslung:** Der Schildrötling ist vor allem durch seine frühe Erscheinungszeit gekennzeichnet. Sehr ähnlich aussehende im Herbst wachsende Arten, unter denen es Giftpilze gibt, dürfen nicht mit ihm verwechselt werden. Schon im Juni sollte man diesen Pilz nicht für Speisezwecke verwenden, der ohnehin nur von guten Kennern gesammelt werden darf. Der deutlich kleinere Frühlingsgiftrötling *(E. vernum)* wächst ebenfalls schon im April, riecht nicht nach Mehl und hat auf dem Hut meist eine kleine Papille.
Gattungsmerkmale: siehe 103.

103 Frühlings-Giftrötling

giftig

Entoloma vernum Lundell

Syn.: *Rhodophyllus vernus* (Lundell) Romagn.

Geruch: Nicht nach Mehl, unbedeutend. **Hut:** Blaß bräunlich, seidig, ausblassend, feucht leicht durchscheinend gerieft, oft mit kleiner Papille, ∅ 2–5 cm. **Lamellen:** Reif rosa, aufsteigend angeheftet. **Stiel:** Dem Hut ähnlich gefärbt, oft flachgedrückt, kahl. **Vorkommen:** In lichten Laubwäldern; März bis Mai. **Verwechslung:** Kräftigere Exemplare könnten mit kleinen Individuen des eßbaren Schildrötlings verwechselt werden, der zur gleichen Jahreszeit wächst, aber nach Mehl riecht. Mehrere im Herbst vorkommende Rötlingsarten sehen *E. vernum* sehr ähnlich. Sie alle sind für Speisezwecke unbrauchbar.
Gattungsmerkmale: 150 Arten, Saprophyten, meist bodenbewohnend, selten an Holz, Pilze grazil bis fleischig (und dann mit Ritterlingshabitus), Lamellen erst blaß (seltener bräunlich oder violettlich), bald aber rosa werdend, am Stiel ausgebuchtet angewachsen, aufsteigend angeheftet oder herablaufend, Sporenpulver lachsrötlich, Sporen typisch eckig im Umriß (Abb. S. 8); viele Arten giftig.

104 Brauner Rasling

eßbar *

Lyophyllum decastes (Fr.) Singer

Syn.: *Lyophyllum aggregatum* (Schff. ex Fr.) Kühner

Hut: Heller oder dunkler bräunlich, ocker bräunlich, elastisch, glatt, kahl, ∅ 4–12 cm. **Lamellen:** Weißlich bis creme-ockerlich, ausgebuchtet angewachsen. **Stiel:** Blaß, weißlich, heller als der Hut, zylindrisch, elastisch-zäh. **Sporenpulver:** Weiß, nicht amyloid. **Vorkommen:** In Parkanlagen und im Laubwald, in dichten Büscheln wachsend; September bis November, manchmal auch schon im April/Mai. **Verwechslung:** Der Braune Rasling, der an seinem büscheligen Wachstum, der Ritterlingsgestalt und dem elastisch-zähen Fleisch zu erkennen ist, hat einige sehr ähnliche ebenfalls eßbare Verwandte. *L. fumosum* soll mehlartig riechen *(L. decastes* nicht) und *L. loricatum* besitzt eine dick gepanzerte Oberhaut und ist sehr dunkel gefärbt. Der weiße *L. connatum* riecht auffallend nach Lerchensporn. **Gattungsmerkmale:** Die Gattung *Lyophyllum* ist recht heterogen. Außer den einprägsamen büschelig wachsenden Arten besteht sie noch aus einer größeren Anzahl nicht büscheliger schwärzender Pilze, die teilweise recht selten zu finden sind. Sporen rundlich bis elliptisch. Insgesamt gibt es 19 Arten in dieser Gattung.

105 Weißer Rasling, Lerchenspornritterling

eßbar

Lyophyllum connatum (Schum. ex Fr.) Singer

Geruch: Auffallend nach Lerchensporn-Blüten. **Hut:** Weiß, matt im trockenen Zustand, bereift, ∅ 3–8 cm. **Lamellen:** Weiß; später cremeweißlich, gedrängt, am Stiel herablaufend. **Stiel:** Weiß, später oft rahmgelblich. **Fleisch:** Weiß, etwas elastisch. **Chemische Reaktionen:** Fleisch mit Eisen-II-sulfat auffallend blau bis violettblau. **Vorkommen:** Im Laub- und Nadelwald, gern an feuchten Stellen und dann auch in trockenen Zeiten wachsend, an Bachufern, meist büschelig; August bis Oktober, nicht überall häufig. **Verwechslung:** Der Lerchenspornritterling macht ganz den Eindruck eines weißlichen Trichterlings, zumal die Lamellen herablaufen und der Hut bereift ist. Der Geruch und die chemische Reaktion lassen ihn gut unterscheiden. Anfängern ist jedoch wegen dieser Ähnlichkeiten vom Genuß dieser Art abzuraten, die sonst ein recht guter Speisepilz ist.
Gattungsmerkmale: siehe 104.

106 Kurzstieliger Weichritterling

eßbar

Melanoleuca brevipes (Bull. ex Fr.) Pat.

Hut: Graubräunlich, matt, etwas hygrophan, beim Trocknen heller ockerbräunlich werdend, oft längere Zeit mit dunklerem Buckel, ∅ 4–10 cm. **Lamellen:** Schmutzig weißlich, mit leichtem Grauton, ausgebuchtet angewachsen, wie bei den Ritterlingen. **Stiel:** Dem Hut ähnlich gefärbt, leicht längsfaserig, im Querschnitt dunkler berindet, fast immer kürzer als die Hutbreite! **Fleisch:** Weißlich, in der Stielbasis deutlich bräunlich, besonders in der Stielrinde leicht knorpelig. **Sporenpulver:** Weißlich, amyloid. **Zystiden:** An der Lamellenschneide fein nadelförmig hervorschauend, im unteren Teil nicht bauchig, an der Spitze meist mit kleinen Kristallen besetzt (brennhaarförmig). **Vorkommen:** An Wegrändern, in Parkanlagen, auf Wiesen; April bis Mai, dann erst wieder im Spätherbst von November bis Dezember. **Verwechslung:** Der Kurzstielige Weichritterling hat mehrere sehr ähnliche Verwandte, die nur mit dem Mikroskop sicher zu unterscheiden sind. Keiner der Weichritterlinge ist aber ernstlich giftig.

Bemerkungen: Die Gattung *Melanoleuca* besteht aus rund 30 schwer bestimmbaren Arten, die aber als Weichritterling leicht zu erkennen sind. Sie sind den Ritterlingen ähnlich, besitzen aber elastisches fast knorpeliges Fleisch und zeigen so Anklänge an die Rüblinge (anderer Name: Rüblingsritterlinge). Das Sporenpulver ist weiß oder cremegelblich und immer amyloid. Die Sporen sind warzig. Die Hyphen im Fruchtkörper sind schnallenlos, im Gegensatz zu den ähnlichen Krempenritterlingen *(Leucopaxillus)*.

107 Grünling

eßbar ⋆

Tricholoma auratum (Paul. ex Fr.) Gillet

Syn.: *Tricholoma equestre* p. p.

Geruch und Geschmack: Mehlartig. **Hut:** Gelbgrünlich, Scheitel oft mit leicht bräunlichen Beitönen, bei feuchtem Wetter schmierig, ∅ 5–10 cm. **Lamellen:** Hell schwefelgelb bis grünlichgelb, gedrängt stehend. **Stiel:** Grünlichgelb, an der Spitze heller, kahl. **Fleisch:** Weiß, nur in den Randzonen (Längsschnitt) gelblich. **Vorkommen:** In sandigen Kiefernwäldern; September bis Oktober. **Verwechslung:** Der leicht giftige Schwefelritterling *(Tricholoma sulphureum)* gilt als klassischer Doppelgänger. Er riecht aber stark unangenehm nach Leuchtgas (oder Skatol), seine Lamellen stehen entfernter als beim Grünling. *T. sulphureum* wächst im Laub- und Nadelwald. Der im Nadelwald wachsende giftige Gelbgrüne Ritterling *(T. sejunctum)* schmeckt meist bitter und hat weiße Lamellen.

Bemerkungen: Es werden jetzt zwei »Grünlinge« unterschieden, die gleichermaßen eßbar sind. Beide waren bisher unter dem Sammelnamen *T. equestre* zusammengefaßt. Man hat erkannt, daß es zwei Sippen gibt, die unterschiedliche Standortansprüche haben: *T. auratum* auf sandigem Boden unter Kiefern und *T. flavovirens* auf schwereren Untergründen (z. B. Kalkböden) im Nadel- und Laubwald, gern z. B. unter Fichten. Äußerlich korrelieren einige Merkmale mit diesen Standortunterschieden. Das Fleisch von *T. flavovirens* ist durchweg deutlicher gelb getönt (bei *T. auratum* weißlich). Hut und Stiel sind leicht eingewachsen schuppig (bei *T. auratum* fast kahl und Hut stärker schmierig). Es wird schwerfallen, die Arten in Zukunft auseinanderzuhalten.

Gattungsmerkmale: siehe 108.

108 Schwefelritterling

giftig

Tricholoma sulphureum (Bull. ex Fr.) Kummer

Geruch: Widerlich nach Leuchtgas oder Skatol. **Hut:** Schwefelgelb bis olivgelb, matt, trocken, ∅ 3–7 cm. **Lamellen:** Schwefelgelb, dicklich und etwas entfernt. **Stiel:** Schwefelgelb, manchmal schwach bräunlich überfasert, oft schlank. **Fleisch:** Schwefelgelb. **Vorkommen:** Im Laub- und Nadelwald; Juli bis Oktober. **Verwechslung:** Doppelgänger des eßbaren nach Mehl riechenden Grünlings. Vom Schwefelritterling existiert noch eine braunhütige Varietät, die heute auch als eigene Art angesehen wird: *T. bufonium.* Sie unterscheidet sich lediglich dadurch, daß der Hut purpurbraun bis violettbraun gefärbt ist. Der auffällige Geruch ist derselbe.

Gattungsmerkmale: 65 Arten, Mykorrhizapilze, Stiele meist ohne, seltener mit Ring oder Cortina, Lamellen ausgebuchtet angewachsen, Sporenpulver weiß, nicht amyloid, Sporen oval, glatt; mehrere Giftpilze, vor allem bei braun- und grauhütigen Sorten.

109 Seifenritterling

giftig

Tricholoma saponaceum (Fr.) Kummer

Geruch: Nach dem Antrocknen wie Seifenlauge. **Geschmack:** Manchmal mehlartig-bitterlich. **Hut:** In den Farben sehr veränderlich, variierend von reinweiß bis zu schwarzbraun, meist jedoch grau-grünlich, dunklere Exemplare besitzen einen deutlich helleren Hutrand, ∅ 4–10 cm. **Lamellen:** Weißlich bis blaß grüngelblich. **Stiel:** Meist heller als der Hut, aber ähnlich gefärbt, schuppig oder glatt. **Fleisch:** Nach einiger Zeit in allen Teilen mehr oder weniger stark rötend. **Vorkommen:** Im Laub- und Nadelwald, auf allen Böden; September bis November. **Verwechslung:** Der Seifenritterling ist einer der veränderlichsten Pilze überhaupt. Er kann immer an seinem typischen Seifenlaugengeruch und dem rötenden Fleisch erkannt werden. Beide Merkmale treten aber oft erst nach einigen Stunden auf!

Bemerkungen: Der Seifenritterling ist nur schwach giftig. In geringer Menge wird er manchmal für ein Mischgericht empfohlen. In größeren Mengen oder schlecht erhitzt erzeugt er Übelkeit und Erbrechen.

Gattungsmerkmale: siehe 108.

110 Erdritterling

eßbar

Tricholoma terreum (Schff. ex Fr.) Kummer

Geruch: Unbedeutend, nicht nach Mehl. **Hut:** Grau, trocken, fein filzig, ∅ 3–8 cm. **Lamellen:** Grauweißlich, mit gekerbter Schneide. **Stiel:** Weißlich, später etwas graulich, ohne Velumreste. **Vorkommen:** Im Nadelwald, gerne unter Kiefern; Oktober bis Dezember. **Verwechslung:** Vorsicht bei grauen Ritterlingen! Der stark giftige Tigerritterling ist ebenfalls grau, riecht nach Mehl und hat einen schuppigen Hut. Er wächst auf Kalkböden im Laubwald. Der unbekömmliche Brennende Ritterling *(T. virgatum)* unterscheidet sich durch glatten spitz gebukkelten Hut und brennend scharfen Geschmack. Sehr häufig ist auch der nach Mehl riechende Gilbende Erdritterling *(T. scalpturatum)*, dessen Lamellen nach einiger Zeit gelblich werden. Der Rötende Ritterling *(T. orirubens)*, der auf Kalkboden wächst, besitzt rötlich verfärbende Lamellen. Der Behangene Ritterling *(T. triste)* sieht dem Erdritterling am ähnlichsten, zumal er, genau wie dieser, nicht nach Mehl riecht. Er unterscheidet sich durch die feine faserige Cortina, die am Stiel zurückbleibt. Eine Verwechslung mit den 3 zuletzt genannten Arten wäre ungefährlich.
Gattungsmerkmale: siehe 108.

111 Tigerritterling

giftig

Tricholoma pardinum Quélet

Syn.: *Tricholoma tigrinum* Schff.

Geruch: Mehlartig. **Hut:** Grau bis graubraun, mit anliegenden deutlich ausgeprägten Schuppen, kompakt, ∅ 5–12 cm. **Lamellen:** Weißlich, etwas schmutzig, Schneide oft tränend. **Stiel:** Weißlich, an der Spitze oft durchsichtige Tröpfchen ausscheidend (tränend). **Vorkommen:** Im Laub- und Mischwald auf Kalkböden, im südlicheren Teil Deutschlands teilweise stärker verbreitet, im Norden fast fehlend; August bis Oktober. **Verwechslung:** Der Tigerritterling kann mit anderen grauhütigen Arten verwechselt werden, die aber durchweg keine guten Speisepilze darstellen, oder unbekömmlich sind. Der eßbare Erdritterling riecht nicht nach Mehl und ist zierlicher gebaut. Weitere Verwechslungsmöglichkeiten siehe dort.
Bemerkungen: Der Tigerritterling erzeugt sehr heftige Darmstörungen, die lange anhalten können. Er ist der am stärksten giftige Ritterling. Das abgebildete Exemplar ist leider von einem Schimmelpilz befallen. Der typische kräftige Habitus und der geschuppte Hut sind dennoch gut zu erkennen.
Gattungsmerkmale: siehe 108.

112 Orangeroter Ritterling

ungenießbar

Tricholoma aurantium (Schff. ex Fr.) Ricken

Geruch: Angenehm mehlartig. **Geschmack:** Bitter. **Hut:** Lebhaft orangerot oder orangebräunlich, feucht klebrig-schmierig, ∅ 5–10 cm. **Lamellen:** Rein weiß, sehr gedrängt, später rotbraun fleckig. **Stiel:** Orangerot wie der Hut, oft etwas genattert-schuppig, mit scharf abgesetzter weißer Spitze, unterhalb dieser oft mit orangeroten Tröpfchen. **Vorkommen:** Im Nadelwald, gern unter Fichten, auch im Mischwald; bevorzugt Kalkboden; August bis November. **Verwechslung:** Der Orangerote Ritterling ist wegen seiner auffallenden Farben kaum zu verwechseln. Eine ähnliche Färbung besitzt der Zinnoberrote Körnchenschirmling *(Cystoderma cinnabarinum)*. Der Hut ist aber körnig-bestäubt und der Mehlgeruch fehlt. Sein Fleisch ist dünner und weicher. Außerdem zeigen sich im Mikroskop bei *C. cinnabarinum* an der Lamellenschneide auffällige Zystiden, die dem Orangeroten Ritterling fehlen.
Gattungsmerkmale: siehe 108.

113 Pappelritterling

eßbar

Tricholoma populinum Lange

Geruch: Angenehm mehlartig. **Geschmack:** Mild bis leicht bitter (bei der Zubereitung vergehend). **Hut:** Rotbräunlich, feucht schmierig, ∅ 6–12 cm. **Lamellen:** Weißlich, im Alter leicht bräunlich werdend. **Stiel:** Erst weißlich, dann bräunlich, vor allem im unteren Teil. **Vorkommen:** Außerhalb des Waldes unter Pappeln, oft büschelig, spät im Jahr; Oktober bis November. **Verwechslung:** Die rotbraunen Ritterlinge sind kritisch, da es unter ihnen einige unbekömmliche Arten gibt. Der Weißbraune Ritterling *(T. albobrunneum)* und der Getropfte Ritterling *(T. pessundatum)* gelten als giftig und erzeugen unangenehme Darmstörungen. Sie wachsen im Nadelwald. Andere rotbraune Arten wie der Brandige Ritterling *(T. ustale)* und andere sind deutlicher bitter und deshalb ungenießbar. Beim Pappelritterling, der nur von guten Kennern gesammelt werden darf, ist darauf zu achten, daß auch wirklich Pappeln in unmittelbarer Nähe stehen!
Gattungsmerkmale: siehe 108.

114 Fastberingter Ritterling

ungenießbar

Tricholoma batschii Gulden

Syn.: *Tricholoma subannulatum* (Batsch) Bres. non Peck

Geruch: Mehlartig. **Geschmack:** Bitter und mehlartig. **Hut:** Rotbraun, feucht schmierig, am Rande manchmal gerippt, ∅ 5–10 cm. **Lamellen:** Weißlich, bald rotbraun fleckig. **Stiel:** Rotbräunlich wie der Hut, an der Spitze scharf weißlich abgesetzt, am Absatz mit schleimiger Ringzone. **Vorkommen:** Im Nadelwald, besonders unter Kiefern auf Kalkboden; September bis Oktober. Der Pilz ist um die Weihnachtszeit auf Mallorca unter Aleppokiefern manchmal ein Massenpilz. **Verwechslung:** Das beste Kennzeichen des Fastberingten Ritterlings ist die im Jugendstadium besonders deutliche schleimige Ringzone und die helle Stielspitze. Bei trockenen Exemplaren ist die Schleimzone am Stiel oft eingetrocknet, so daß eine Ähnlichkeit mit dem giftigen Weißbraunen Ritterling *(T. albobrunneum)* vorhanden ist. Braune Ritterlinge sind von Neulingen generell für Speisezwecke zu meiden.

Gattungsmerkmale: siehe 108.

115 Bärtiger Ritterling, Wolliger Ritterling

ungenießbar

Tricholoma vaccinum (Pers. ex Fr.) Kummer

Geruch: Dumpf-erdartig, nicht mehlig. **Geschmack:** Bitterlich. **Hut:** Fleischbräunlich bis rotbraun, Oberfläche trocken, meist stark faserig-schuppig, besonders am Rande jung fransig-zottig behangen, ∅ 3–8 cm. **Lamellen:** Erst weißlich, bald fleischbräunlich. **Stiel:** Blaß rotbräunlich, schon jung hohl, Oberfläche glatt bis faserig-schuppig. **Fleisch:** Weißlich, braunrötlich anlaufend. **Vorkommen:** Im Nadelwald, unter Fichten und Kiefern; in Süddeutschland stärker verbreitet; August bis Oktober. **Verwechslung:** Eine gewisse Ähnlichkeit hat der Feinschuppige Ritterling *(T. imbricatum)*, der in milden Exemplaren eßbar ist. Er ist ein Kiefernbegleiter mit kräftigerem Wuchs und nur fein schuppigem Hut.

Gattungsmerkmale: siehe 108.

116 Maipilz, Georgsritterling

eßbar

Calocybe gambosa (Fr.) Donk

Syn.: *Tricholoma georgii* (Clus. ex Fr.) Quélet

Geruch und Geschmack: Stark mehlartig, etwas aufdringlich. **Hut:** Creme-weißlich, seltener ocker-gelblich, fleischig, matt und kahl, Ø 3–10 cm. **Lamellen:** Weißlich, sehr gedrängt, ausgebuchtet angewachsen. **Stiel:** Weißlich, zylindrisch, kompakt, oft recht kurz. **Sporenpulver:** Nicht amyloid, weiß. **Vorkommen:** An grasigen Waldstellen, unter Gebüsch, gern in Parkanlagen, in Auwäldern. Auffallend ist seine frühe Erscheinungszeit, die von Ende April bis Mitte Juni reicht. Nicht im Herbst. **Verwechslung:** Durch die frühe Erscheinungszeit ist die Verwechslungsgefahr gering. Sehr ähnlich kann der im Herbst wachsende Veilchenritterling *(Lepista irina)* sein, dem aber der strenge Mehlgeruch fehlt. Schwerwiegende Folgen könnte ein Verwechseln mit dem ebenfalls im Mai–Juni wachsenden Ziegelroten Rißpilz *(Inocybe patouillardii)* haben. Im Jugendzustand ist er auch wie der Maipilz weißlich gefärbt, riecht aber eher obstartig und später unangenehm spermatisch und rötet vor allem bei trockenem Wetter. Der Hut ist dünnfleischiger und radialfaserig. Auch werden die Lamellen im reifen Zustand schmutzig bräunlich (durch die bräunlichen Sporen). Dennoch sind bei leichtsinnigen Sammlern schon Vergiftungsfälle vorgekommen.

Bemerkungen: Der Maipilz ist in seinen Farben sehr veränderlich. Außer den beiden beschriebenen Hauptfarben weiß und ockergelblich kommen auch nußbraune und lila Farbtöne vor. Die Schönköpfe (Gattung *Calocybe*) bestehen in Mitteleuropa aus 13 Arten. Die meisten von ihnen zeichnen sich durch leuchtende Farben wie violett, goldgelb oder rosa aus und sind zierlicher als der Maipilz und meist selten. Der Beringte Schönkopf *(Calocybe constricta)* hat warzige Sporen und einen Stielring.

Das obere Bild zeigt die typische weiße Form, während unten eine seltenere in allen Teilen gelbliche Abart dargestellt ist.

117 Ziegelroter Rißpilz, Mairißpilz

giftig

Inocybe patouillardii Bres.

Geruch: Erst fast angenehm obstartig, bald widerlich spirituös bis spermatisch. **Hut:** Anfangs weißlich, dann ockerbräunlich, besonders bei trockenem Wetter rötend, Huthaut radialfaserig und beim Aufschirmen einreißend, ∅ 3–8 cm. **Lamellen:** Bald graugelblich bis olivbräunlich, rötend, ausgebuchtet angewachsen. **Stiel:** Weißlich, weißlichrosa, blaß ocker, alt stärker rötend, leicht faserig-flockig; aber nirgends durch Zystiden bereift. **Zystiden:** Nur an der Lamellenschneide vorhanden, dünnwandig, keulig und nicht mit Kristallen besetzt. **Vorkommen:** Gern in Parkanlagen, unter Gebüsch; Ende Mai bis Anfang Juli, kaum später. **Verwechslung:** Der Ziegelrote Rißpilz wächst zu der selben Zeit wie die eßbaren Maipilze *(Calocybe gambosa)*. Er wurde schon mit ihnen verwechselt und erzeugte tödliche Vergiftungen. Der Sammler kann sich nicht irren, wenn er auf den starken Mehlgeruch des Maipilzes achtet. Junge noch weiße Rißpilze können auch für Champignons gehalten werden, die aber freie Lamellen besitzen. Die sichere Abgrenzung des Ziegelroten Rißpilzes gegen andere Arten der gleichen Gattung ist nur mit dem Mikroskop möglich.

Die beiden Fotos vermitteln einen Eindruck von der Vielgestaltigkeit des Pilzes. Im unteren Bild sind die Hüte schon typisch radial eingerissen.

Gattungsmerkmale: 150 Arten, Mykorrhizapilze (?), viele sicher Saprophyten, Hüte oft typisch radial eingerissen und faserig, Geruch meist unangenehm, Stiel oder Hutrand oft mit Cortina, Sporenpulver schmutzig braun bis zimtbraun, Sporen glatt und oval bis eiförmig oder typisch rundhöckerig; viele Arten giftig.

118 Bittermandelrißpilz

giftig

Inocybe hirtella Bres.

Geruch: Nach bitteren Mandeln, nicht immer deutlich. **Hut:** Stroh- oder ockergelb bis gelbbräunlich, Oberfläche faserig-rissig bis feinschuppig, ∅ 2–4 cm. **Lamellen:** Erst grauweißlich, dann olivbräunlich. **Stiel:** Weißlich, über die ganze Länge bereift (Lupe). **Zystiden:** Dickwandig, an der Spitze durch Kristalle beschopft. **Vorkommen:** Im Laub- und Nadelwald; Juni bis Oktober.
Bemerkungen: Der Bittermandelrißpilz ist an seinem typischen Geruch zu erkennen. Dieser kommt deutlicher zum Vorschein, wenn der Pilz einige Zeit in eine geschlossene Schachtel gelegt wurde. Sein Aussehen ist für viele Rißpilze typisch, für die er hier als Beispiel gelten soll.
Gattungsmerkmale: siehe 117.

119 Purpurroter Hautkopf

giftverdächtig

Dermocybe phoenicea (Bull. ex Maire) Moser

Hut: Braun, besonders am Rande mit rötlichem Stich durch das rote Velum, ∅ 3–6 cm, selten auch größer. **Lamellen:** Blutrot. **Stiel:** Schmutzig gelblich-ocker, vom roten Velum oft stark überzogen, bisweilen genattert, manchmal auch nur schwach ausgebildet. **Sporenpulver:** Rostbraun; Sporen apfelkernförmig, rauh. **Vorkommen:** Im Nadelwald, nicht im reinen Laubwald, unter Fichten oder Kiefern; August bis Oktober. **Verwechslung:** Große Formen dieses Pilzes könnten mit dem Geschmückten Gürtelfuß *(Cortinarius armillatus)* verwechselt werden, der auch ein rotes Stielvelum besitzt. Seine Lamellen sind jedoch nicht blutrot, ebenso nicht bei dem äußerlich ähnlichen Feuerfüßigen Wasserkopf *(Cortinarius bulliardi)*, der ungefährlich ist.
Bemerkungen: Die Hautköpfe (Gattung *Dermocybe*) sind mit den Schleierlingen eng verwandt und unterscheiden sich von diesen durch meist leuchtende Farben an den Lamellen, die rot, gelb oder orange sein können. Die Gattung besteht aus etwa 25 Arten, die bis vor wenigen Jahren als für den Menschen ungefährlich und lediglich ungenießbar galten. Kürzlich wurde aber auch hier der Verdacht laut, daß hier Giftstoffe enthalten sein könnten, die denen des tödlich giftigen Orangefuchsigen Schleierlings ähneln, so beim Purpurroten Hautkopf *(D. phoenicea)* und anderen Pilzen dieser Gattung.

120 Geschmückter Gürtelfuß

eßbar

Cortinarius armillatus (Fr.) Fr.
(Untergattung *Telamonia*)

Hut: Rostbraun bis fuchsbraun, fein filzig, ∅ 5–12 cm. **Lamellen:** Ockerbräunlich, dann zimtbraun, etwas entfernt. **Stiel:** Untergrund hell beige bis ockerbräunlich, mit mehreren zinnoberroten Velumgürteln. Basis meist leicht keulig-knollig. **Vorkommen:** Stets unter Birken, auf sauren Böden, gern in der Nähe von Mooren; Juli bis Oktober. **Verwechslung:** Der geschmückte Gürtelfuß gehört zu den Arten, die aufgrund ihrer Größe, des Standorts unter Birken und vor allem wegen des roten Stielvelums gut zu erkennen sind. Vorsicht aber bei einer Verwechslung mit der giftigen *Dermocybe phoenicea.*
Gattungsmerkmale: 500 Arten, meist Mykorrhizapilze, Fruchtkörper fleischig oder grazil, immer mit Cortina, Lamellen rostbräunlich, Sporen oval, apfelkern- oder zitronenförmig, warzig bis punktiert. Einige Sorten tödlich giftig.

121 Strohgelber Klumpfuß, Strohgelber Schleimkopf

eßbar

Cortinarius elegantior Fr.
(Untergattung *Phlegmacium*)

Hut: Strohgelb bis goldgelb oder olivgelblich, bei feuchtem Wetter schmierig, ∅ 5–12 cm. **Lamellen:** Erst gelblich, dann olivbräunlich, nie violettlich. **Stiel:** Strohgelblich, mit abgesetzt-knolliger Basis, jung mit deutlich ausgeprägter gelblicher Cortina, die von Stiel und Stielknolle zum Hutrand verläuft. **Fleisch:** Blaß gelblich. **Chemische Reaktionen:** Fleisch mit Ammoniak rosa. **Vorkommen:** Im Nadelwald, besonders im Gebirge; September bis Oktober. **Verwechslung:** Der Strohgelbe Klumpfuß hat mehrere ähnlich aussehende Verwandte, die ebenfalls nicht giftig sind und nur von Fachleuten auseinandergehalten werden können. Gewöhnlich gelten die milden angenehm riechenden Phlegmacien als eßbar. Die Verwechslungsgefahr mit anderen Schleierlingen, die sogar tödlich giftig sein können, ist jedoch viel zu groß, so daß eigentlich kein Schleierling für den Anfänger empfohlen werden kann. Außerdem werden bei den Schleierlingen immer wieder Arten als giftig erkannt, die früher als eßbar galten.
Gattungsmerkmale: siehe 120.

122 Ziegelgelber Schleimkopf, Semmelbrauner Schleimkopf

eßbar

Cortinarius varius Fr.

(Untergattung *Phlegmacium*)

Hut: Semmelfarben, gelbbräunlich oder fuchsig, bei feuchtem Wetter schmierig, Ø 4–10 cm. **Lamellen:** Lange deutlich violett, auch meist im reifen Zustand. **Stiel:** Weißlich, keulig. **Fleisch:** Weißlich. **Chemische Reaktionen:** Fleisch mit Laugen chromgelb. **Vorkommen:** Im Nadelwald auf Kalkboden, besonders im Gebirge; August bis Oktober. **Verwechslung:** Der Ziegelgelbe Schleimkopf ist durch sein weißes Fleisch, lila-violettliche Lamellen und die Hutfarbe gekennzeichnet. In Gegenden, in denen er häufig vorkommt, ist er gut wiederzuerkennen.
Gattungsmerkmale: siehe 120.

123 Blaustiel-Schleimfuß

eßbar

Cortinarius collinitus Fr.

(Untergattung *Myxacium*)

Hut: Heller oder dunkler braun, feucht sehr schleimig, Rand ungerieft, Ø 3–6 cm. **Lamellen:** Reif ockerbraun bis rostbraun, nie violettlich. **Stiel:** Schlank, von violettlichem Schleim strumpfartig überzogen, bei trockenem Wetter reißt die Schleimschicht natterig auf. **Fleisch:** Blaß holzfarben, weichlich. **Vorkommen:** Im Nadelwald, meist unter Fichten, auf saurem Boden; August bis Oktober. **Verwechslung:** Der Runzeliggeriefte Schleimfuß *(C. mucifluus)* und mehrere Verwandte können sehr ähnlich sein, besitzen aber teilweise einen gerunzelten Hutrand. Der Blaustiel-Schleimfuß unterscheidet sich von ihnen durch das Vorhandensein von Schnallen, ist also nur mit dem Mikroskop sicher zu trennen. In die gleiche Gruppe der schnallenlosen Schleimfüße gehört der Heideschleierling *(C. mucosus),* dem die violetten Farben auf dem Stiel fehlen. Er ist ein Kiefernbegleiter.
Gattungsmerkmale: siehe 120.

124 Lila Dickfuß, Safranfleischiger Dickfuß

giftig

Cortinarius traganus Fr.

(Untergattung *Sericeocybe*)

Geruch: Süßlich-karbidartig, nach Acetylen. **Hut:** Lila-violett, bald stark zu hell ockerlich verblassend, fleischig, am Rande oft mit schleierartigen Velumresten; Ø 4–10 cm. **Lamellen:** Erst ocker, dann dunkelbraun, nicht violett. **Stiel:** Violett, dann wie der Hut verblassend, mit schleierartigen Velumzonen, dick keulig-knollig. **Fleisch:** Im Gegensatz zu einigen ähnlichen Arten nicht violettlich, sondern safrangelblich (Name), besonders im Stiel. **Vorkommen:** Im Nadelwald, besonders unter Fichten auf saurem Boden; August bis September. **Verwechslung:** Sehr ähnlich ist der Bocksdickfuß *(C. camphoratus),* der seinen Namen von dem unangenehm süßlichen Bockgestank erhalten hat. Sein Fleisch ist violettlich gefärbt. Wegen der violetten Farben kann er als giftiger Doppelgänger des Violetten Rötelritterlings *(Lepista nuda)* angesehen werden.
Bemerkungen: Neben der unangenehm nach Acetylen riechenden Hauptform gibt es angenehm fruchtartig riechende Varianten (var. *finitimus* und *odoratum*), die aber auch an dem safranfarbenen Fleisch erkannt werden können.
Gattungsmerkmale: siehe 120.

125 Orangefuchsiger Schleierling, Orangefuchsiger Hautkopf

tödlich giftig

Cortinarius orellanus (Fr.) Fr.

(Untergattung *Leprocybe*)

Syn.: *Dermocybe orellana* (Fr.) Ricken

Geruch: Leicht rettichartig. **Hut:** Orangefuchsig, freudig rotbräunlich, gebuckelt, Oberfläche fein filzig-faserig; nur sehr jung mit einigen Schleierresten am Rand: Ø 3–8 cm. **Lamellen:** Rostbraun, etwas entfernt und dicklich. **Stiel:** Zylindrisch, mit oft zugespitzter Basis, gelblich, meist ohne Velumreste. **Fleisch:** Leicht gelblich, in Madengängen etwas rötlich-bräunlich. **Vorkommen:** In Laubwäldern auf Kalkboden, selten; August bis Oktober. **Verwechslung:** Dieser Giftpilz ist aufgrund seiner wenig einprägsamen Merkmale schwer erkennbar. Er könnte mit anderen Schleierlingen oder Hautköpfen verwechselt werden. Es ist zu raten, alle Pilze für Speisezwecke zu meiden, die eine entfernte Ähnlichkeit mit ihm haben.
Bemerkungen: Der Orangefuchsige Schleierling ist ein recht seltener Pilz, dessen Giftigkeit erst sehr spät entdeckt wurde. In den Jahren 1952–1957 gab es durch ihn in Polen eine Massenvergiftung, da er anscheinend in diesem Jahre sporadisch in Mengen auftrat. Von 132 Patienten starben 19 Personen. Interessant war, daß die ersten Vergiftungssymptome erst nach 2–15 Tagen auftraten, der Tod gewöhnlich nach 2–3 Wochen, selten nach mehreren Monaten. Heute weiß man, daß aus der gleichen Untergattung noch weitere Arten ähnliche Giftigkeit zeigen, z. B. *C. speciosissimus* und *C. orellanoides.* – Das Foto stammt aus der näheren Umgebung von Emmendingen im Schwarzwald.
Gattungsmerkmale: siehe 120.

126 Spitzbuckliger Orangeschleierling

tödlich giftig

Cortinarius speciosissimus Kühner & Romagn.
(Untergattung *Leprocybe*)

Hut: Rötlich-braun, orangebräunlich, spitz oder stumpf gebuckelt, etwas filzig-schuppig, ∅ 3–8 cm. **Lamellen:** Reif dunkel zimtbraun, dicklich, entfernt. **Stiel:** Dem Hut etwa gleichfarbig, oft mit gelblichen Velumzonen und dadurch genattert, oder ohne sichtbare Natterung. **Fleisch:** Rötlichgelb. **Vorkommen:** Im sauren Nadelwald, auch in Mooren unter Nadelbäumen; August bis Oktober.
Bemerkungen: Der Spitzbucklige Orangeschleierling ist nahe mit dem tödlich giftigen Orangefuchsigen Schleierling *(C. orellanus)* verwandt. Es konnte inzwischen nachgewiesen werden, daß er, genau wie dieser, auf die Nieren wirkende tödlich giftige Orellanine enthält. Wegen des nie massenhaften Auftretens wurde dieser Pilz wohl kaum gegessen. Seine gefährliche Giftigkeit war noch vor wenigen Jahren unbekannt und ist den Fortschritten der Chemie der Pilzinhaltsstoffe zuzuschreiben. – Die Abbildung entstand in Kärnten (Österreich) in einem sauren Nadelwald unter Fichten und Kiefern.
Gattungsmerkmale: siehe 120.

127 Reifpilz, Zigeuner, Runzelschüppling

eßbar *

Rozites caperata (Pers. ex Fr.) Karsten

Hut: Strohgelblich, ockergelblich, durch eine vor allem jung vorhandene Bereifung weißlich bis lilaweißlich überzogen, oft gerunzelt, ∅ 6–10 cm. **Lamellen:** Erst blaß ocker, dann rostbraun, mit gekerbter Schneide, am Stiel angewachsen. **Stiel:** Schmutzig weißlich, gestreift-faserig, mit schmalem häutigem Ring. **Sporenpulver:** Rostbraun; Sporen mandelförmig, rauh, ohne Keimporus. **Vorkommen:** Im Nadelwald auf sauren Böden, gern zwischen Heidelbeeren; August bis Oktober.
Bemerkungen: Der Reifpilz gilt als guter Speisepilz, der allerdings oft madig ist. Die Gattung *Rozites* ist in Mitteleuropa nur mit einer einzigen Art vertreten. Sie gehört in die Verwandtschaft der Schleierlinge.

128 Glimmerschüppling

eßbar

Phaeolepiota aurea (Matt. ex Fr.) Maire

Hut: Goldbraun bis leuchtend löwengelb, konvex oder gebuckelt, mit glimmerig-körnigem Belag, der im Mikroskop aus rundlichen Elementen besteht, ∅ 5–15 cm. **Lamellen:** Rostgelblich, am Stiel angewachsen. **Stiel:** Wie der Hut gefärbt, zylindrisch-keulig, aufsteigend beringt, körnig-flockig wie der Hut, über dem Ring kahl, heller gefärbt. **Fleisch:** Weißlich-gelblich, nachdunkelnd. **Sporenpulver:** Rostbräunlich; Sporen elliptisch-spindelförmig, glatt, ohne sichtbaren Keimporus. **Vorkommen:** In lichten Wäldern, in Parkanlagen und Friedhöfen, auf saurem Boden; September bis November. **Verwechslung:** Der Glimmerschüppling ist durch sein auffälliges Äußeres nicht zu verwechseln. In gewisser Beziehung ähnelt er den Körnchenschirmlingen *(Cystoderma),* die viel kleiner sind und weißes Sporenpulver besitzen.

Bemerkungen: Die Gattung *Phaeolepiota* wird nur von der oben beschriebenen auffälligen, aber seltenen Art gebildet. Der Glimmerschüppling lebt saprophytisch im Boden und sollte trotz seiner Ungiftigkeit für Speisezwecke verschont bleiben. – Die abgebildeten Exemplare wuchsen auf dem Gelände eines Friedhofes in Berlin.

129 Langstieliger Fälbling

ungenießbar

Hebeloma longicaudum (Fr.) sensu Lange

Geruch: Im Schnitt schwach rettichartig. **Geschmack:** Leicht bitterlich. **Hut:** Blaß ockerlich, manchmal mit leicht hellerem Rand, ohne Velumreste, feucht deutlich schmierig, ∅ 3–6 cm. **Lamellen:** Erst weißlich, dann milchkaffeefarben, manchmal tränend. **Stiel:** Weißlich, auf ganzer Länge flockig, an der Basis oft typisch abrupt verdickt, im unteren Teil im Alter bräunend. **Sporenpulver:** Tonbräunlich; Sporen mandelförmig, sehr fein rauhlich (fast glatt erscheinend), ohne Keimporus. **Vorkommen:** In feuchten Wäldern und Mooren, oft zwischen Torfmoosen; September bis November. **Verwechslung:** Sehr ähnlich ist der häufige Tongraue Fälbling *(H. crustuliniforme),* der aber an trockenen Stellen wächst und dessen Lamellen meist viel stärker tränen. Sein Geschmack ist viel stärker bitter.

Bemerkungen: Die Gattung *Hebeloma* besteht aus rund 50 Arten, die recht schwierig zu bestimmen sind. Fast alle Arten zeichnen sich durch bitteren Geschmack und schmierige Huthaut aus. Für Speisezwecke kommt keine Sorte in Frage. Eine Gruppeneinteilung der Fälblinge erfolgt danach, ob im aufgeschirmten Zustand ein Velum (in Form eines Schleiers wie bei den Schleierlingen) vorhanden ist oder nicht.

130 Grünspanträuschling

eßbar

Stropharia aeruginosa (Curt. ex Fr.) Quélet

Hut: Kräftig blaugrün oder dunkelgrün, senfgelblich ausblassend, weiße vergängliche Velumflocken am Hutrand, Huthaut stark schleimig-schmierig, Ø 3–8 cm. **Lamellen:** Erst grauviolettlich, dann dunkel violettbraun, breit angewachsen, mit deutlich hellerer Schneide. **Stiel:** Blaugrünlich, mit häutigem aufsteigendem Ring, darunter weißlich schuppig-flockig. **Fleisch:** Weißlich. **Sporenpulver:** Purpurbraun. **Zystiden:** An der Lamellenschneide schlank keulenförmig. **Vorkommen:** In Laub- und Nadelwäldern, vor allem unter Buchen, manchmal in Verbindung mit totem Holz; August bis November. **Verwechslung:** Der Grünspanträuschling ist durch seine blaugrünen Farben sehr auffällig. Deshalb wird häufig übersehen, daß noch eine weitere täuschend ähnliche Art, *S. cyanea,* existiert. Dieser Doppelgänger ist mehr außerhalb des Waldes zu finden, an Ruderalstellen, gern unter Brennesseln. Er ist ebenfalls eßbar. Die äußeren Unterschiede sind wenig auffällig: Die Lamellen sind blasser gefärbt und besitzen einen wärmeren Braunton (ähnlich wie bei vielen Zärtlingen), es fehlt die hellere Lamellenschneide; der Stiel weist keinen häutigen Ring auf, sondern nur einen kleinen Absatz an der entsprechenden Stelle. Das sicherste Unterscheidungsmerkmal ist mikroskopischer Art: Die Zystiden an der Lamellenschneide haben eine flaschenförmige Form und sind im unteren Teil bauchig.

Bemerkungen: Nach Kreisel (1979) wurde der Name *»cyanea«* falsch verwendet. Er schlägt deshalb dafür den neuen Namen *S. caerulea* vor.

Gattungsmerkmale: siehe 131.

131 Krönchenträuschling

eßbar

Stropharia coronilla (Bull. ex Fr.) Quélet

Hut: Weißlich, blaßocker oder gelblich, meist halbkugelig, glatt, feucht klebrig, Ø 2–4 cm. **Lamellen:** Erst blaßlila, dann purpurviolett, Schneide heller. **Stiel:** Weißlich, mit schmalem eng anliegendem Ring, der an der Oberseite gerieft ist (wie ein kleines Krönchen). Er kann auch fehlen. **Vorkommen:** An grasigen Wegrändern, auf Wiesen, in Parkanlagen; Juli bis Oktober. **Verwechslung:** Eine gewisse Ähnlichkeit können die Zwergchampignon-Arten haben (*Agaricus comptulus* u. a.). Ihre Lamellen sind aber frei vom Stiel und ein eventuell vorhandener Ring ist oberseits nicht gerieft.

Gattungsmerkmale: 16 Arten, Saprophyten, meist bodenbewohnend, Hüte schmierig, Stiele oft beringt, Sporenpulver purpurbraun bis dunkel violettbraun, Sporen oval, glatt, mit undeutlichem oder deutlichem Keimporus. Wenige Arten sind giftverdächtig, keine ernsthaften Vergiftungsfälle aus dieser Gattung bekannt.

132 Rotbrauner Riesenträuschling

eßbar

Stropharia rugosoannulata Farlow ex Murrill

Syn.: *Stropharia ferrii* Bres.

Hut: Dunkel rotbraun, feucht klebrig, bald zu grauocker oder ocker-gelblich ausblassend, ∅ 5–15 cm. **Lamellen:** Erst hellgrau, dann graulila und schließlich violettschwärzlich, mit hellerer Schneide, gedrängt. **Stiel:** Weißlich, nachdunkelnd, längsfaserig, mit oberseits gerieftem, unterseits sternförmig aufreißendem Ring. Stielbasis mit kleinen Myzelrhizoiden. **Vorkommen:** Auf verrottetem Stroh und Gartenabfällen; August bis Oktober. In Deutschland eine seltene Art, die sich auszubreiten scheint. **Verwechslung:** Sehr ähnlich ist der giftverdächtige, im Walde vorkommende Üppige Träuschling *(S. hornemannii).* Sein deutlich schmieriger Hut ist oft gelblich gefärbt, während der Stiel im unteren Teil auffallend schuppig ist. Der Ring, falls vorhanden, reißt nicht sternförmig auf.
Bemerkungen: Der Rotbraune Riesenträuschling wurde in letzter Zeit öfter kultiviert und im Handel angeboten. Er ist jedoch geschmacklich den Zuchtchampignons unterlegen.
Gattungsmerkmale: siehe 131.

133 Üppiger Träuschling

giftverdächtig

Stropharia hornemannii (Weinm. ex Fr.) Lund. & Nannf.

Syn.: *Stropharia depilata* (Pers. ex Fr.) Quélet

Hut: Elfenbeinweißlich, graugelblich oder bräunlich, feucht sehr schleimig, am Rande manchmal mit Velumfetzen, ∅ 5–12 cm. **Lamellen:** Erst hell grau-violettlich, dann dunkel purpurbraun. **Stiel:** Weißlich bis blaß gelblich, mit oberseits gerieftem Ring, der nicht sternförmig aufreißt, aber recht vergänglich ist. Unter dem Ring sparrig-schuppig. Oft fehlt der Ring gänzlich, dafür ist der Hutrand von Velumfetzen behangen. **Vorkommen:** Im Nadelwald, auf moderigem Holz oder in dessen Nähe; August bis Oktober. **Verwechslung:** Der Rotbraune Riesenträuschling *(S. rugosoannulata)* kann sehr ähnlich aussehen, vor allem, wenn die Exemplare gelblich ausgeblaßt sind und der Ring fehlt. Ein im Zweifel gutes Unterscheidungsmerkmal ist der schuppige untere Stielteil des Üppigen Träuschlings. Beide Arten sind sehr eng miteinander verwandt, so daß es kaum glaubhaft erscheint, daß der eine giftig und der andere ein züchtbarer guter Speisepilz sein soll, zumal Vergiftungen mit dem Üppigen Träuschling literaturmäßig nicht erfaßt sind.
Bemerkungen: In Kärnten (Österreich) wurden in höherer Gebirgslage unter Lärchen etwa 30 Exemplare (siehe Foto) angetroffen, denen durchweg der Ring fehlte!
Gattungsmerkmale: siehe 131.

134 Stockschwämmchen

eßbar *

Kuehneromyces mutabilis (Schff. ex Fr.) Singer & Smith

Hut: Gelbbräunlich, hygrophan, beim Austrocknen von der Mitte her hell beige, schnell zweifarbig und dadurch typisch konzentrisch gezont; meist kahl, seltener leicht flockig; ∅ 3–6 cm. **Lamellen:** Reif rostbraun, jung blasser, leicht herablaufend. **Stiel:** Braun, mit aufsteigendem Ring, darunter schuppig. **Sporenpulver:** Kräftig rostbraun; Sporen elliptisch, mit Keimporus. **Vorkommen:** An totem Laubholz in großen Büscheln; Mai bis November. **Verwechslung:** Mehrere Pilzarten wachsen, ähnlich wie das Stockschwämmchen, büschelig an Holz. Ein schmächtigerer giftiger Doppelgänger ist der Nadelholzhäubling *(Galerina marginata),* der nur sehr selten Laubholz besiedelt und nach Mehl riecht. Die etwas ähnlichen Schwefelköpfe (vgl. Grünblättriger Schwefelkopf, *Hypholoma fasciculare*) besitzen keinen Ring. Sehr ähnlich kann der eßbare Wässerige Saumpilz *(Psathyrella hydrophila)* aussehen, der auch einen braunen hygrophanen Hut besitzt. Der ringlose weiße Stiel ist ein gutes Unterscheidungsmerkmal.
Bemerkungen: Das Stockschwämmchen ist ein guter Suppenpilz, von dem nur die Hüte verwendet werden, da die Stiele zäh sind. Die Gattung *Kuehneromyces* besteht nur aus 2 Arten.

135 Nadelholzhäubling

giftig
(in Mengen tödlich?)

Galerina marginata (Fr.) Kühner

Geruch: Bei Verletzung mehlartig. **Geschmack:** Mehlartig. **Hut:** Ocker- bis gelbbraun, hygrophan, beim Trocknen heller werdend und zweifarbig, kahl und glatt, Rand leicht durchscheinend gerieft, ∅ 1–4 cm. **Lamellen:** Leicht ockergelblich, fast gerade angewachsen. **Stiel:** Ocker, zur Basis dunkler, dünn, zylindrisch, mit zartem häutigem meist aufsteigendem Ring. **Sporenpulver:** Rostbräunlich. **Vorkommen:** An Nadelholz, sehr selten auch an Laubholz; August bis Oktober. **Verwechslung:** Der Nadelholzhäubling sieht wie eine kleine Ausgabe des eßbaren Stockschwämmchens *(Kuehneromyces mutabilis)* aus. Vor allem, wenn die Exemplare etwas größer ausfallen. Das Stockschwämmchen ist unter dem deutlicher ausgeprägten Ring schuppig und riecht nicht nach Mehl. Es wächst fast nur auf Laubholz.
Bemerkungen: Kürzlich konnte entdeckt werden, daß in *G. marginata* Alpha-Amantin enthalten ist, also ein Gift, das auch im Grünen Knollenblätterpilz vorkommt! Die Gattung *Galerina* besteht in Mitteleuropa aus ungefähr 55 schwer zu bestimmenden Arten. Nur 3 davon, darunter auch die oben beschriebene Art, weisen einen Ring am Stiel auf. Viele Häublinge sind sehr klein und wachsen zwischen Moosen, viele sind Sumpfbewohner. Sie sind mit den Schleierlingen verwandt und haben rostbraunes bis zimtbraunes Sporenpulver und meist warzige Sporen ohne Keimporus (selten mit kleinem Porus). Unter ihnen gibt es vielleicht noch einige unerkannte Giftpilze.

136 Gemeiner Hallimasch

eßbar nach Abbrühen

Armillariella polymyces (Pers. ex S. F. Gray) Singer & Clc.

Geschmack: Wer ein kleines rohes Stück des Pilzes einige Zeit kaut und dann ausspeit, spürt nach kurzer Zeit ein eigenartiges seifig-kratzendes Gefühl tief im Rachen. Dies ist ein typisches Merkmal, an dem der Hallimasch und seine Verwandten erkannt werden können. **Hut:** Fleischbräunlich, honigbraun, rotbräunlich; mit kleinen sparrigen Schüppchen dicht bedeckt, die abwischbar sind; ∅ 3–8 cm. **Lamellen:** Fleischfarben, am Stiel herablaufend. **Stiel:** Schlank zylindrisch, glatt, mit häutigem weißlichem aufsteigendem Ring; Stielfarben fleischbräunlich, an der Basis meist gelblich. **Myzel:** Der Pilz bildet auffällige bräunliche Stränge (Rhizoiden) aus, die unter der Rinde von Bäumen entlangkriechen. Oft werden sie freigelegt und sind dann sehr auffällig! (siehe 80). **Sporenpulver:** Weiß bis schwach cremefarbig, nicht amyloid; Sporen oval. **Vorkommen:** In dichten Büscheln an Laubholz, an dem er parasitiert; Oktober bis Dezember. **Verwechslung:** Sehr ähnlich ist der Sparrige Schüppling *(Pholiota squarrosa),* der ebenfalls als Parasit büschelig an Laubholz wächst. Er besitzt aber nicht den laugenhaften Geschmack im rohen Zustand, riecht würzig und hat braunes Sporenpulver.
Bemerkungen: Bisher war immer nur »der Hallimasch« bekannt *(A. mellea).* Vor wenigen Jahren haben Mykologen entdeckt, daß dieser Pilz in Wirklichkeit aus mehreren unterscheidbaren Arten besteht. 5 Kleinarten, deren genaue Abgrenzung noch nicht ganz eindeutig ist, werden unterschieden. In der bisherigen Literatur werden hauptsächlich 2 Arten, die am häufigsten zu sein scheinen, abgebildet: *A. mellea* (Fl. Dan. ex Fr.) Karst. ss. restr. und *A. polymyces.* In Deutschland, vor allem in den tieferen Lagen des norddeutschen Raumes ist *A. polymyces* wohl der häufigere. *A. mellea* (im engeren Sinne) unterscheidet sich durch einen glatteren nur fein filzigen Hut und die mehr gelblichen Farben, vor allem im Bereich des Ringes. Ein sicheres Unterscheidungsmerkmal ist zu erkennen, wenn die Huthaut mikroskopisch untersucht wird. Das Huthautpigment sitzt bei *A. mellea* in den Vakuolen der Hyphen, während es bei *A. polymyces* außen an der Zellwand gelagert ist und diese dadurch rauh erscheinen läßt. Beide Arten sind gleichermaßen für die Küche verwendbar. Die Stiele sind zu zäh und werden am Standort belassen. Da der Hallimasch im rohen Zustand leicht giftig ist, soll er kurz abgekocht und das Kochwasser weggeschüttet werden. Er verliert dadurch auch seinen laugenhaften Geschmack. Nach dem Abbrühen kann die Zubereitung (Braten) wie bei jedem anderen guten Speisepilz erfolgen. Die Gattung *Armillariella* besteht, Kleinarten mitgerechnet, aus 8 Arten. Die meisten sind gefährliche, büschelig an Holz wachsende Parasiten, 2 Arten sind Moorbewohner.

137 Honiggelber Hallimasch

eßbar nach Abkochen

Armillariella mellea (Fl. Dan. ex Fr.) Karsten sensu restr.

Bemerkungen: Die hier gezeigte Abbildung stellt eine dunkelhütige Form des »Honiggelben Hallimasch« dar. Die Exemplare wuchsen an Laubholz und besaßen, wie die Abbildung zeigt, glatte, nur fein filzige Hüte, deren Flocken nicht etwa durch einen starken Regen abgewaschen wurden. Da auch das Huthautpigment in den Vakuolen lokalisiert war, mußte die Art so bestimmt werden.

138 Sparriger Schüppling

Pholiota squarrosa (Pers. ex Fr.) Kummer

eßbar
nach Abkochen

Geruch: Auffallend würzig-zimtartig. **Hut:** Einfarbig gelbbraun, mit sparrigen nicht abwischbaren Schuppen dicht besetzt, ∅ 5–10 cm. **Lamellen:** Olivgelblich. **Stiel:** Dem Hut gleichfarbig, sparrig schuppig, mit zerfetzter Ringzone, darüber glatt und dadurch deutlich abgesetzt. **Fleisch:** Leicht gelblich. **Sporenpulver:** Rostbraun. **Vorkommen:** An Laub-, seltener an Nadelhölzern, in Büscheln; September bis November. Der Pilz wächst auch gern an Apfelbäumen, die er zum Absterben bringt. **Verwechslung:** Er könnte mit dem Hallimasch *(Armillariella polymyces)* verwechselt werden, bei dem aber der Stiel glatter ist und die Farben ins Fleischbräunliche tendieren. Die Lamellen sind hier ebenfalls fleischbräunlich und das Sporenpulver weißlich. Der Goldfellschüppling *(Ph. aurivella)* unterscheidet sich durch den schmierigen Hut, der mit dunkleren aufgeklebten Schuppen besetzt ist. Sein Stiel ist wenigstens im Alter ± glatt, ein Ring fehlt.

Gattungsmerkmale: 30 Arten, Saprophyten oder Parasiten, Holz- und Brandstellenbewohner, Hüte trocken oder schmierig, kahl oder schuppig, Stiele ohne oder mit undeutlichem Ring, dieser jedoch eher häutig und nicht fädig, Sporenpulver ocker- bis rostbraun, Sporen glatt, mit oft undeutlichem Keimporus. Keine ausgesprochenen Giftpilze, einige Arten schmecken bitter.

139 Tonweißer Schleimschüppling

eßbar

Pholiota lenta (Pers. ex Fr.) Singer

Hut: Tonblaß, blaß lehmfarben, feucht stark schleimig, mit weißen im Schleim schwimmenden Schüppchen, die auch abgewaschen sein können, am Hutrand oft mit häutigem Velumsaum; ∅ 4–8 cm. **Lamellen:** Erst blaß olivgelblich, bald zimtgelblich. **Stiel:** Weißlich, im unteren Teil bräunend, oft flockig-faserig, im oberen Teil mit cortinaartiger Zone (einen Schleierling vortäuschend). **Sporenpulver:** Ockerbräunlich. **Vorkommen:** Im Laub- und Nadelwald, immer mit Verbindung zu abgestorbenem Holz; im Spätherbst besonders häufig, September bis November. **Verwechslung:** Der Tonweiße Schleimschüppling wird oft für einen Schleierling der Untergattung *Phlegmacium* (Schleimköpfe) gehalten. Er ist aber, sofern die Verbindung zum Holz nicht klar zu erkennen ist, an den olivgelblichen Lamellen zu erkennen, die die Schleimköpfe zumindest im reifen Zustand nicht aufweisen. Außerdem besitzen Schleierlinge warzige Sporen ohne Keimporus. Der Weißflockige Schleimschüppling *(Ph. lubrica)* unterscheidet sich durch rötlichbräunliche Hutfarben und wächst in Gebirgsgegenden.
Gattungsmerkmale: siehe 138.

140 Rauchblättriger Schwefelkopf, Milder Schwefelkopf

eßbar

Hypholoma capnoides (Fr. ex Fr.) Kummer

Geschmack: Mild. **Hut:** Blaß ockergelblich, gelbbräunlich, ohne grünlichen Beiton, kahl, ∅ 3–6 cm. **Lamellen:** Jung blaß rauchgrau, ohne grüngelblichen Beiton, auch bei der Reife noch relativ blaß graubräunlich. **Stiel:** Blaß ockergelblich, zur Basis hin deutlicher bräunlich als beim Grünblättrigen Schwefelkopf, schwach längsfaserig, Ringzone sehr schwach bis fehlend. **Fleisch:** Gelblich-weiß, in Stielbasis deutlich bräunlich. **Vorkommen:** Nur auf Nadelholz, büschelig, besonders an Fichten; Oktober bis Dezember. **Verwechslung:** Sehr ähnlich sind die bitter schmeckenden Schwefelkopfarten. Milder Geschmack in Verbindung mit dem Standort auf Nadelholz und fehlende grüngelbliche Töne auf den Lamellen sind die Kennzeichen dieses guten Speisepilzes.
Gattungsmerkmale: 17 Arten, Saprophyten, büschelig an Holz oder an Torfmoosen wachsend, Hüte meist kahl, Stiele ringlos, bisweilen mit cortinaartiger Zone, Lamellen bei der Reife dunkel umbrabraun bis schwarzviolett, Sporen oval, glatt, mit Keimporus. Einige Arten bitter, 1 Art nachgewiesen stark giftig.

141 Grünblättriger Schwefelkopf

stark giftig

Hypholoma fasciculare (Huds. ex Fr.) Kummer

Syn.: *Naematoloma fasciculare* (Huds. ex Fr.) Karsten

Geschmack: Stark bitter (möglichst nicht kosten). **Hut:** Rein schwefelgelblich bis ziegelgelblich, kahl, ∅ 3–6 cm. **Lamellen:** Immer mit grüngelblichen Beitönen, jung fast schwefelgelblich, dann dunkel grünlich-braun. **Stiel:** Schwefelgelblich, Basis kaum dunkler mit schwacher faseriger Ringzone. **Fleisch:** Im ganzen Pilz deutlich schwefelgelblich. **Vorkommen:** Büschelig an Laub- und Nadelholzstümpfen; ab Mai bis tief in die Wintermonate, sehr häufig. **Verwechslung:** Der Grünblättrige Schwefelkopf kann vor allem an seiner Lamellenfarbe und dem glatten (nicht flockigen) Hut erkannt werden, im Zweifel an seinem bitteren Geschmack (vorsichtig und wenig kosten). Ebenfalls bitter schmeckt der kompakte Ziegelrote Schwefelkopf *(H. sublateritium),* der auf dem Hut meist gelbgrünliche Velumflocken besitzt. Der milde Rauchblättrige Schwefelkopf *(H. capnoides)* hat nie einen grüngelblichen Schein auf den Lamellen und wächst nur an Nadelholz. Das Stockschwämmchen zeichnet sich durch einen häutigen Ring und warme braungelbliche Farbtöne am Hut aus.

Bemerkungen: Erst wurde lange Zeit angenommen, daß der Grünblättrige Schwefelkopf aufgrund seiner Bitterkeit nur ungenießbar ist. Vor kurzem wurde aber entdeckt, daß er Giftstoffe enthält, die denen des Grünen Knollenblätterpilzes ähnlich sind. Wegen der starken Bitterkeit wird der Pilz wohl kaum gegessen.

Gattungsmerkmale: siehe 140.

142 Ziegelroter Schwefelkopf

ungenießbar

Hypholoma sublateritium (Fr.) Quélet

Geschmack: Deutlich bitter, selten fast mild. **Hut:** Ziegelrot, mit gelbgrünlichen Velumflocken, vor allem in jungem Zustand am Hutrande; fleischig, ∅ 4–10 cm. **Lamellen:** Grau-olivgrünlich, reif dunkel purpurbraun, Schneide heller. **Stiel:** Gelblich, zur Basis imer dunkler werdend und dort braun, Oberfläche oft vom Velum schuppig-faserig überzogen, mit cortinaartiger Ringzone. **Fleisch:** Weißgelblich, heller als bei *H. fasciculare,* in der Stielbasis deutlicher braun. **Vorkommen:** An Laubholz, büschelig; September bis November. **Verwechslung:** Der Ziegelrote Schwefelkopf ist der kompakteste unter den büscheligen Holzbewohnern seiner Gattung. Das beste Kennzeichen ist, sofern nicht vom Regen abgewaschen, das flockige Hutvelum, welches hier besonders üppig ausgeprägt ist, und die ziegelrote Farbe, die aber auch an jungen Exemplaren des Grünblättrigen Schwefelkopfes *(H. fasciculare)* vorkommen kann.

Gattungsmerkmale: siehe 140.

143 Behangener Faserling, Lilablättriger Saumpilz

eßbar

Psathyrella candolleana (Fr.) Maire

Hut: Blaß honiggelblich, hygrophan, weißlich ausblassend, am Rande von häutigen bis flockigen, weißen Velumresten behangen, manchmal auch zart am ganzen Hut verteilt, ∅ 3–6 cm. **Lamellen:** Erst weißlich, dann purpur- bis lilabräunlich. **Stiel:** Weißlich, meist kahl, selten bleiben ringförmige Velumreste zurück, hohl und gebrechlich, manchmal etwas wurzelnd. **Fleisch:** Überall dünn und gebrechlich, weißlich. **Zystiden:** Nur an der Lamellenschneide vorhanden, an der Fläche fehlend. **Vorkommen:** Auf totem Holz oder am Boden, wenn dort Holzreste vergraben sind, büschelig bis gesellig; Mai bis Oktober, im Frühjahr besonders auffällig. **Verwechslung:** Ähnlich ist der Wäßrige Saumpilz *(P. hydrophila),* der aber deutlich dunkler gefärbt ist und im Spätherbst wächst. Er besitzt außerdem etwas kleinere Sporen.
Gattungsmerkmale: 100 Arten, Saprophyten, holz- oder bodenbewohnend, Fruchtkörper sehr grazil bis fleischig, den Tintlingen ähnlich, aber nicht zerfließend, Hüte nicht radial gefaltet, meist zerbrechlich, Sporenpulver dunkelbraun, schwarzbraun oder fleischbraun, Sporen meist glatt, selten rauh, immer mit deutlichem Keimporus.

144 Wäßriger Saumpilz, Weißstieliges Stockschwämmchen

eßbar, nicht jedem bekömmlich

Psathyrella hydrophila (Bull. ex Merat) Maire
Syn.: *Psathyrella appendiculata* (Fr.) Quélet

Hut: Feucht dunkelbraun, hygrophan, trocken heller ocker-beige, Hut oft gerunzelt, am Rande durch einen häutigen Saum behangen, ∅ 2–5 cm. **Lamellen:** Erst hell beige, dann braunschwarz, ohne lila Ton. **Stiel:** Weiß, oft etwas wellig-uneben, hohl, gebrechlich. **Zystiden:** An Schneide und Fläche der Lamellen vorhanden. **Vorkommen:** An Laubholz, gern an Buchen, büschelig bis gesellig; September bis November. **Verwechslung:** Durch den oft zweifarbigen durchwässerten Hut kann eine Ähnlichkeit mit dem Stockschwämmchen *(Kuehneromyces mutabilis)* entstehen. Dieses besitzt aber einen braunen, beringten im unteren Teil schuppigen Stiel. Der Lilablättrige Saumpilz *(P. candolleana)* ist auch in feuchtem Zustand viel heller honiggelb gefärbt. Andere Arten der Gattung *Psathyrella* können ebenfalls ähnlich aussehen und sind dann oft nur mit dem Mikroskop zu unterscheiden. Eine Verwechslung ist aber ungefährlich.
Gattungsmerkmale: siehe 143.

145 Tränender Saumpilz

eßbar, nicht jedem bekömmlich

Psathyrella velutina (Pers. ex Fr.) Singer

Syn.: *Lacrimaria lacrimabunda* auct. non Fr.

Geruch: Frisch angenehm würzig, alt aber unangenehm spermatisch wie viele Rißpilze. **Hut:** Gelbbraun, ockerbraun oder fuchsig-braun, Oberfläche filzighaarig, radialfaserig, am Rande faserig behangen, ∅ 3–10 cm. **Lamellen:** Fleischbraun bis schwarzbraun, fleckig, da die Sporen nicht gleichzeitig reifen, an der weißlichen Schneide besonders jung auffallend verwässerte Tröpfchen ausscheidend (tränend). **Stiel:** Weißlich-ocker, angedrückt schuppig-faserig, mit cortinaartiger Ringzone, deutlich hohl. **Sporen:** Rauh-warzig. **Fleisch:** Gelblich-ocker. Obwohl der Pilz einen kräftigen stämmigen Eindruck macht, ist das Fleisch doch sehr gebrechlich und überall dünn. Deshalb ist der Pilz auffallend leicht. **Vorkommen:** Auf Wiesen, in Gärten und Parkanlagen; Juli bis Oktober.

Bemerkungen: Über die Eßbarkeit bestehen noch Uneinigkeiten. Ich selbst probierte eine kleinere Menge (normal zubereitet), die ausgezeichnet schmeckte. Ein anderes Mal, die Pilze waren vom starken Regen durchwässert, schmeckten sie zubereitet leicht bitterlich.

Gattungsmerkmale: siehe 143.

146 Faltentintling, Knotentintling, Grauer Tintling

eßbar ohne Alkohol

Coprinus atramentarius (Bull. ex Fr.) Fr.

Hut: Hell grau bis graubräunlich, kahl bis leicht angedeutet schuppig, längsgefaltet; erst länglich eiförmig, dann glockig, reif stark zerfließend; Hut bis 10 cm hoch, dünnfleischig. **Lamellen:** Erst hellgrau, aufsteigend angeheftet, sehr gedrängt, breit. **Stiel:** Zylindrisch, weißlich, im unteren Teil mit knotenförmiger Anschwellung, hohl. **Sporen:** Glatt. **Vorkommen:** Offene Stellen, Ruderalstellen, auf gedüngten Wiesen, einzeln oder büschelig; Mai bis November, meist erst im Frühjahr und dann wieder im Herbst erscheinend. **Verwechslung:** Der Faltentintling ist ein Doppelgänger des Schopftintlings *(C. comatus),* der ein besserer Speisepilz ist. Dieser besitzt einen helleren sparrig-schuppigen Hut. Ein giftiger oder zumindest giftverdächtiger sehr ähnlicher Pilz ist der Große Rauhsportintling *(C. alopecia).* Er unterscheidet sich durch den Standort auf Holz und die rauhen Sporen. Der zuerst aus Nordamerika bekannte Tintling ist in Deutschland seltener.

Bemerkungen: Beim Genuß des Faltentintlings ist darauf zu achten, daß vor und nach der Mahlzeit kein Alkohol genossen wird, da sonst Vergiftungserscheinungen auftreten können (Antabuswirkung, siehe Abschnitt Pilzvergiftungen).

Gattungsmerkmale: siehe 150.

147 Schopftintling

Coprinus comatus (Müller in Fl. Dan. ex Fr.) S.F. Gray

eßbar * in jungem Zustand

Hut: Weiß, mit weißen bis leicht bräunlichen (am Scheitel) abstehenden Schuppen, erst walzenförmig, dann glockig, schließlich vom Rande her zerfließend. Höhe des geschlossenen Hutes bis 12 cm. **Lamellen:** Erst weiß, dann rosa, schließlich schwarz und zerfließend, aufsteigend angeheftet. **Stiel:** Weiß, zylindrisch, mit bald losem Ring, der oft abfällt, tief im Boden wurzelnd, hohl. **Vorkommen:** Auf gedüngten Wiesen, an Waldrändern, auf Schuttplätzen, an Misthaufen; einzeln oder büschelig; ab Mai bis November. **Verwechslung:** An den gleichen Stellen wächst der mit Alkohol giftig wirkende Faltentintling (siehe dort). Wie eine kleine Ausgabe des Schopftintlings sieht der Ring-Tintling *(C. sterquilinus)* aus, der ungefährlich ist.

Bemerkungen: Wer Schopftintlinge, die recht gute Speisepilze sind, zum Essen sammelt, achte darauf, daß er nur ganz geschlossene rein weiße Exemplare einsammelt. Angefärbte Pilze zerfließen manchmal noch im Korb und sind dann unbrauchbar. Schopftintlinge müssen deshalb möglichst sofort zubereitet werden.

Gattungsmerkmale: siehe 150.

148 Spechttintling

ungenießbar

Coprinus picaceus (Bull.) Fr.

Hut: Jung dicht von einem weißen, flockigen Velum bedeckt, welches durch die Hutstreckung schnell aufreißt und die schwarzbraune Huthaut sichtbar wird. Der Hut macht dann den Eindruck eines Spechtgefieders, Huthöhe 5–8 cm. **Lamellen:** Erst grau, dann schwarz und zerfließend. **Stiel:** Weiß, flockig. **Sporenpulver:** Schwarz. **Vorkommen:** Meist im Laubwald auf Kalkboden, gern unter Buchen, selten auch unter Nadelbäumen; August bis Oktober. **Verwechslung:** Junge vom Velum gänzlich überzogene Exemplare ähneln dem Schopftintling, der aber selten im Walde wächst und unter den Hutschuppen nicht schwarz gefärbt ist.
Gattungsmerkmale: siehe 150.

149 Glimmertintling

eßbar
ohne Alkohol

Coprinus micaceus (Bull. ex Fr.) Fr.

Hut: Gelbbräunlich, weit gefaltet-gefurcht, besonders jung mit einem feinkörnigen Belag, der bei auffallendem Licht glitzert (wie Glimmer), es handelt sich hier um einen Velumbelag, der, im Mikroskop betrachtet, aus rundlichen Zellen besteht. Durch Regen wird er oft abgewaschen. Höhe der noch glockigen oder geschlossenen Hüte 2–4 cm. Bei feuchtem Wetter zerfließen die Hüte rasch. **Stiel:** Weiß, dünn und gebrechlich, hohl. **Vorkommen:** In dichten Büscheln an Baumstümpfen; Mai bis November. **Verwechslung:** Sehr ähnlich und mit bloßem Auge nicht sicher unterscheidbar ist der Weidentintling *(C. truncorum).* Er besitzt einen meist stärker gefalteten Hut, vor allem aber sind die Sporen im Umriß regelmäßig oval, der Keimporus ist nicht verlängert. Gewisse Ähnlichkeit hat auch *C. radians,* zumal er auch an Holz wächst. Sein Hut zeigt aber mehr flockige Schüppchen, die bräunen. An seiner Stielbasis befindet sich ein sehr typischer rostbrauner Filz, das sog. Ozonium. Der Filz kann manchmal unter der Holzrinde versteckt sein. Der Kleine Rauhsportintling *(C. silvaticus)* ist ebenfalls recht ähnlich, weist aber auch in jungem Stadium keine Hutflocken auf und hat rauhe Sporen.
Bemerkungen: Der Glimmertintling soll, genau wie der Faltentintling, zusammen mit Alkohol Giftwirkungen zeigen.
Gattungsmerkmale: siehe 150.

150 Gesäter Tintling

ungenießbar

Coprinus disseminatus (Pers. ex Fr.) S. F. Gray

Hut: Erst ockergelblich, dann hellgrau, sehr zart und dünn, stark gefaltet-gefurcht, kahl, nicht zerfließend und glockig bleibend, ∅ 1–1,5 cm. **Lamellen:** Entfernt stehend. **Stiel:** Weißlich, dünn gebrechlich. **Vorkommen:** In dichten rasigen Büscheln an Baumstümpfen und am Boden, oft zu mehreren Hundert an einer Stelle; Mai bis Oktober. **Verwechslung:** Wenn der sehr häufige Gesäte Tintling in dichten Gruppen zu Hunderten wächst, ist er kaum zu verwechseln. Man achte auf den gefalteten nicht zerfließenden Hut. Eine Reihe von anderen Tintlingen oder Zärtlingen *(Psathyrella)* können ähnlich aussehen, wachsen aber nicht in so dichten Gruppen.

Gattungsmerkmale: 90 Arten, Saprophyten, Boden- oder Holzbewohner, viele Arten auf Mist, Lamellen oder ganzer Hut bei der Reife meist zu einem tintenartigen Brei zerfließend, Hüte radial gefaltet, Sporenpulver schwarz oder schwarzbraun, Sporen meist glatt, selten rauh, mit deutlichem Keimporus. Einige Arten zusammen mit Alkohol giftig.

151 Heudüngerling

ungenießbar

Panaeolina foenisecii (Pers. ex Fr.) Maire

Hut: Feucht dunkel rotbraun, durchscheinend gerieft, hygrophan, beim Trocknen von der Mitte her ausblassend, in halbfeuchtem Zustand meist mit dunkel gegürteltem Rande, ∅ 1–2 cm. **Lamellen:** Dunkelbraun scheckig, breit angewachsen. **Stiel:** Etwa wie der Hut gefärbt, dünn, gebrechlich, leicht bereift. **Sporenpulver:** Purpurbräunlich; Sporen zitronenförmig, deutlich warzig, mit großem Keimporus. **Vorkommen:** Sehr häufig auf gedüngten Wiesen, zwischen Gras, gern nach dem Heuschnitt; Mai bis Oktober. **Verwechslung:** Der Heudüngerling ist mit einer ganzen Anzahl ähnlicher kleiner Pilze zu verwechseln. Vor allem mit Düngerlingen (Gattung *Panaeolus*), die aber schwarzes Sporenpulver und glatte Sporen besitzen.

Bemerkungen: Der Heudüngerling ist nicht gefährlich, wenngleich in ihm manchmal halluzinogene Stoffe vorhanden sein können (Psilocybin und verwandte Stoffe).

152 Grasgrüner Birkentäubling

eßbar
in kleinen Mengen

Russula aeruginea Lindblad

Geschmack: Mild bis leicht schärflich. **Hut:** Grasgrün, hellgrün, auch fast weißlich, ∅ 5–10 cm. **Lamellen:** Erst weiß, dann cremegelblich. **Stiel:** Weiß, im unteren Teil oft rostfleckig, Basis zugespitzt. **Sporenpulver:** Cremefarbig. **Vorkommen:** Meist unter Birken, auch im reinen Fichtenwald; Juli bis September. **Verwechslung:** Grasgrüne Täublinge wurden von leichtsinnigen Sammlern schon mit Grünen Knollenblätterpilzen verwechselt. Täublinge besitzen aber nie eine Stielknolle, eine Volva und einen Ring.
Bemerkungen: Obwohl dieser Täubling zu den milden Arten gehört, erzeugt er in rohem Zustand starkes Erbrechen und kann sogar gut erhitzt leichte Vergiftungserscheinungen hervorrufen. Er sollte daher nur in kleinen Mengen als Mischpilz genossen werden.
Gattungsmerkmale: 160 Arten, Mykorrhizapilze, meist mit leuchtenden Hutfarben, Stiele ohne Ring oder Cortina, ohne Knolle, Fleisch typisch brüchig, bei Verletzung nicht milchend, Sporenpulver weiß, ockergelblich bis dottergelb, amyloid, Sporen warzig bis netzig ornamentiert. Einige scharfe Sorten wirken giftig.

153 Gefelderter Grüntäubling

eßbar *

Russula virescens (Schff. ex Zant.) Fr.

Geschmack: Mild. **Hut:** Heller oder dunkler grünspanfarben, bisweilen auch nur semmelgelb, Oberfläche kleiig-schorfig und felderig aufgebrochen, ∅ 6–12 cm. **Lamellen:** Cremefarbig, stellenweise braunfleckig. **Stiel:** Weißlich, an der Basis oft braunfleckig. **Sporenpulver:** Cremeweißlich. **Vorkommen:** Meist im Laubwald, unter Eichen, Buchen und Birken; in einigen Gegenden auch im Nadelwald; Juli bis September. **Verwechslung:** Grüne Formen mit dem typisch felderigen Hut sind leicht zu erkennen. Blasse Stücke sind oft schwierig zuzuordnen.
Gattungsmerkmale: siehe 152.

154 Frauentäubling

eßbar *

Russula cyanoxantha Schff. ex Fr.

Geschmack: Völlig mild. **Hut:** Heller oder dunkler violett, grauviolett oder grünlich, oft mehrfarbig, kompaktfleischig, ∅ 5–15 cm. **Lamellen:** Weiß, elastisch und untermischt (eine Ausnahme bei den Täublingen). **Stiel:** Weiß, selten lilarötlich überhaucht. **Chemische Reaktionen:** Fleisch mit Eisen-II-Sulfat nicht verfärbend (normal ist eine rosafleischfarbene Reaktion). **Sporenpulver:** Weiß. **Vorkommen:** Im Laubwald, seltener auch Nadelwald; Juli bis Oktober.
Bemerkungen: Der Frauentäubling ist einer der häufigsten und ergiebigsten Speisetäublinge, der mit einiger Übung leicht wiedererkannt werden kann.
Gattungsmerkmale: siehe 152.

155 Gelbgrün-violetter Täubling, Cremeblättriger Bunttäubling

eßbar

Russula ionochlora Romagn.

Syn.: *Russula grisea* Gill. var. *ionochlora* Romagn.
Russula grisea sensu J. Schff.

Geschmack: Mild. **Hut:** Verschiedenfarbig, violettlich-grünlich, oft mit rosa oder gelblichen Beitönen, ∅ 4–8 cm. **Lamellen:** Erst weißlich, dann hell cremefarbig. **Stiel:** Weiß. **Chemische Reaktionen:** Fleisch mit Eisensulfatlösung sofort fleischrosa. **Sporenpulver:** Blaß cremefarbig. **Vorkommen:** Im Laubwald unter Buchen, auf sauren Böden; Juli bis September. **Verwechslung:** Dieser Täubling wird oft für den Frauentäubling *(R. cyanoxantha)* gehalten, der aber viel festfleischiger und kompakter ist. Sein Fleisch färbt sich mit Eisensulfatlösung nicht.
Gattungsmerkmale: siehe 152.

156 Weinroter Graustieltäubling

eßbar

Russula vinosa Lindblad

Syn.: *Russula decolorans* var. *obscura* Romell

Geruch: Im Alter nach moderigem Weinfaß. **Geschmack:** Mild, mit etwas unangenehmer traniger Komponente. **Hut:** Weinrot bis weinbräunlich, ∅ 5–12 cm. **Lamellen:** Erst blaß cremefarbig; dann creme-ocker, Schneide manchmal schwärzend. **Stiel:** Weißlich, im Alter grauend. **Chemische Reaktionen:** Fleisch mit Formalin leuchtend rosa-rot. **Sporenpulver:** Hellocker. **Vorkommen:** Im Nadelwald, gern unter Kiefern; August bis September.
Bemerkungen: Der Weinrote Graustieltäubling ist, wie andere Vertreter aus seiner Gruppe, an dem grauenden Stielfleisch zu erkennen. Auch die starke Formolreaktion ist bezeichnend.
Gattungsmerkmale: siehe 152.

157 Wieseltäubling

eßbar *

Russula mustelina Fr.

Syn.: *Russula elephantina* Fr.

Geschmack: Mild. **Hut:** Gelbbraun, haselbraun oder rotbraun, festfleischig, ∅ 6–15 cm. **Lamellen:** Blaß gelblich. **Stiel:** Cremeweißlich, im Innern oft typisch gekammert hohl. **Sporenpulver:** Cremefarbig. **Vorkommen:** In den Nadelwäldern der Mittelgebirge, unter Fichten, nicht überall häufig, liebt sauren Boden; Juli bis September.
Bemerkungen: Der Wieseltäubling ist einer der besten eßbaren Täublinge, da er durch seine Größe sehr ergiebig und fast nie madig ist. Er besitzt sehr festes Fleisch.
Gattungsmerkmale: siehe 152.

158 Heringstäubling

eßbar

Russula graveolens Romell

Syn.: *Russula xerampelina* p. p.

Geruch: Nach Heringslake, zumindest im reifen Zustand deutlich, oder beim Trocknen. **Geschmack:** Mild. **Hut:** Purpurrot, weinbräunlich oder fleischocker, Ø 5–10 cm. **Lamellen:** Reif buttergelblich. **Stiel:** Weiß, bei Berührung vor allem im unteren Teil bräunend. **Chemische Reaktionen:** Fleisch mit Eisen-II-sulfat grün. **Sporenpulver:** Cremegelblich. **Vorkommen:** Im Laubwald, unter Eichen; Juli bis Oktober.

Bemerkungen: *Russula xerampelina,* im heutigen Sinne der »Echte« Heringstäubling, ist eine rote Art mit rot überflammtem Stiel und wächst im Nadelwald. Früher unterschied man von dieser einzigen Art mehrere Varietäten, die sich äußerlich durch andere Farben und andere Standorte abhoben. Alle weisen den auffallenden Heringsgeruch auf. Der französische Mykologe Romagnesi hat 1967 in seinem fundamentalen Werk über die Täublinge (Les Russules d'Europe et d'Afrique du Nord) all diese Varianten als selbständige Arten anerkannt, die sich teilweise auch in ihrem Sporenornament unterscheiden. Für den Speisepilzsammler sind diese feinen Unterschiede jedoch belanglos, da alle »Heringstäublinge« gute Speisepilze sind. Der aufdringliche Geruch verliert sich beim Zubereiten.

Gattungsmerkmale: siehe 152.

159 Maires Speitäubling, Buchen-Speitäubling

giftig

Russula mairei Singer

Syn.: *Russula emetica* sensu lato

Geruch: Schwach obstartig. **Geschmack:** Sehr scharf. **Hut:** Leuchtend rot, karminrot, Ø 4–8 cm. **Lamellen:** Weiß, Schneide leicht schartig. **Stiel:** Weiß. **Fleisch:** Weiß, unter der Huthaut rosa durchgefärbt. **Sporenpulver:** Weiß. **Vorkommen:** Im Laubwald, auf trockeneren Böden, gern unter Buchen; August bis Oktober. **Verwechslung:** Die scharf schmeckenden Speitäublinge gelten in der Literatur immer als die klassischen Doppelgänger der eßbaren Speisetäublinge *(R. vesca).* Die Hutfarben von *R. vesca* sind eher fleischrosa und die Huthaut steht in typischer Weise etwa 1 mm vom Rand zurück, so daß das weiße Hutfleisch sichtbar wird.

Bemerkungen: Der im Volksmund gebrauchte Name »Speitäubling« bezieht sich auf alle leuchtend roten scharf schmeckenden Arten, die rein weißes Sporenpulver besitzen. Genauer betrachtet verstecken sich dahinter mehrere unterscheidbare Arten; z.B. der echte Kirschrote Speitäubling *(R. emetica),* ein großer in Mooren (auf feuchten Böden) wachsender Pilz.

Gattungsmerkmale: siehe 152.

160 Speisetäubling

eßbar *

Russula vesca Fr.

Geschmack: Mild. **Hut:** Fleischrosa bis fleischbräunlich, Huthaut typisch etwa einen Millimeter vom Rand zurückgesetzt, wodurch das weiße Fleisch sichtbar wird, ∅ 5–10 cm. **Lamellen:** Weiß. **Stiel:** Weiß, an der Basis oft rostfleckig und zugespitzt. **Sporenpulver:** Weiß. **Vorkommen:** Im Laubwald unter Eichen, seltener im Nadelwald; Juli bis Oktober. **Verwechslung:** Vorsicht bei roten Speitäublingen, bei denen die Huthaut bis zum äußeren Rand durchgeht. Ihr Geschmack ist unerträglich scharf.
Gattungsmerkmale: siehe 152.

161 Dickblättriger Schwärztäubling

ungenießbar

Russula nigricans (Bull.) Fr.

Geschmack: In den Lamellen scharf, im Fleisch mild. **Hut:** Erst weißlich, dann zunehmend schwarzbraun, ∅ 8–15 cm. **Lamellen:** Erst weißlich, dann hellgrau, zuletzt schwärzlich, helle Lamellen sind meist schon an der Schneide schwärzlich, sehr entfernt stehend. **Stiel:** Erst weißlich, dann bräunlich, meist kurz. **Fleisch:** Fest und hart, bei Verletzung erst nach einigen Sekunden rötend, dann schwärzend. **Sporenpulver:** Weiß. **Vorkommen:** Im Laub- und Nadelwald; Juli bis Oktober. **Verwechslung:** Andere schwärzende Täublinge besitzen enger stehende Lamellen oder schwärzen direkt, ohne vorher zu röten.
Gattungsmerkmale: siehe 152.

162 Ockertäubling, Zitronentäubling

ungenießbar

Russula ochroleuca (Pers.) Fr.

Geschmack: Mild bis schärflich. **Hut:** Lebhaft ockergelblich, ∅ 4–8 cm. **Lamellen:** Weißlich bis cremefarbig. **Stiel:** Weiß, bei alten Exemplaren leicht grauend! **Sporenpulver:** Weißlich. **Vorkommen:** Im Laub- und Nadelwald, sehr häufig; August bis November.
Bemerkungen: Die Schärfe des Ockertäublings schwankt, ist aber kaum sehr stark ausgeprägt. Völlig mild erscheinende Exemplare könnten ohne Schaden im Mischgericht verwendet werden, sind jedoch ohne besonderen Speisewert.
Gattungsmerkmale: siehe 152.

163 Camemberttäubling

ungenießbar

Russula amoenolens Romagn.

Syn.: *Russula sororia* sensu J. Schff.

Geruch: Typisch nach Camembertkäse. **Geschmack:** Scharf. **Hut:** Graubraun, sepiabraun, selten fast weiß (Albinoform), am Rande stark kammartig gerieft, ∅ 4–10 cm. **Lamellen:** Erst weißlich, dann mit leichtem Grauton. **Stiel:** Grauweißlich oder weißlich. **Sporenpulver:** Cremefarbig. **Vorkommen:** Unter Eichen; Juli bis Oktober. **Verwechslung:** Recht ähnlich kann der Kratzende Kammtäubling *(R. pectinata)* aussehen. Er schmeckt fast mild und riecht tranig-fischartig. Seine Hutfarben weisen meist wärmere Brauntöne auf.
Gattungsmerkmale: siehe 152.

164 Stinktäubling

ungenießbar

Russula foetens Fr.

Geruch: Unangenehm süßlich-ölig-ranzig. **Geschmack:** Scharf. **Hut:** Gelbbräunlich, am Rande stark kammartig gerieft, ∅ 6–15 cm. **Lamellen:** Erst blaß cremefarbig, dann gelbbräunlich und braunfleckig, in der Jugend tränend. **Stiel:** Weißlich bis blaßgelblich, bald kammerig hohl werdend. **Sporenpulver:** Cremefarbig bis blaßocker. **Vorkommen:** Im Laub- und Nadelwald; Juli bis Oktober. **Verwechslung:** Der Mandeltäubling *(R. laurocerasi)* ist ähnlich, riecht aber angenehm nach Bittermandeln.
Gattungsmerkmale: siehe 152.

165 Kiefern-Blutreizker, Echter Reizker

eßbar **

Lactarius deliciosus Fr.

Geschmack: Mild. **Hut:** Orangeocker, dunkler gezont, stellenweise auch schwach grünlich, ∅ 4–10 cm. **Lamellen:** Orangegelb bis orangeocker. **Stiel:** Wie der Hut gefärbt, dunkler grubig-gefleckt. **Milch:** Karottenrot, nicht weinrot verfärbend. **Vorkommen:** Unter Kiefern; August bis Oktober. **Verwechslung:** Neben dem Kiefern-Blutreizker gibt es noch einige andere Arten mit karottenroter Milch. Der häufigere Fichtenblutreizker *(L. deterrimus)* ist geschmacklich minderwertiger, er ist etwas bitterlich. Seine Milch verfärbt sich nach etwa 10 Minuten weinrot! Der wärmeliebende Südliche Blutreizker *(L. sanguifluus)* besitzt von Anfang an blut- bis weinrote Milch. Auch die Lamellen weisen einen weinroten Ton auf. Er ist eßbar.
Bemerkungen: Der Kiefern-Blutreizker ist ein ausgezeichneter Speisepilz, wenn er nicht gekocht, sondern paniert und wie ein Schnitzel überbacken wird.
Gattungsmerkmale: 85 Arten, Mykorrhizapilze, Merkmale denen der Täublinge ähnlich (brüchiges Fleisch, Habitus), Farben meist trister und Fleisch bei Verletzung milchend, Sporenpulver weiß, cremefarbig oder gelblich, amyloid, Sporenornament warzig oder netzig, bei einigen Arten mit stark ausgeprägten Graten.

166 Fichtenblutreizker

eßbar, nicht schmackhaft

Lactarius deterrimus Gröger

Geschmack: Bitterlich. **Hut:** Orange-fleischfarben, oft dunkler orange-rötlich gezont, bald stellenweise grünlich gefärbt, ∅ 4–8 cm. **Lamellen:** Erst blaß ocker, dann ocker-orange. **Stiel:** Orange, einfarbig oder dunkler orange gefleckt-grubig. **Milch:** Orangerot, nach einigen Minuten langsam weinrot verfärbend. **Vorkommen:** Unter Fichten auf sauren und kalkhaltigen Böden; August bis Oktober, sehr häufig. **Verwechslung:** Der Fichtenblutreizker wurde lange mit dem unter Kiefern auf Kalkboden wachsenden *L. semisanguifluus* verwechselt. Der Echte Reizker *(L. deliciosus)* besitzt eine blutrote Milch, die sich nicht weinrot verfärbt. Er ist ein sehr guter Speisepilz.
Gattungsmerkmale: siehe 165.

167 Rotbrauner Milchling

ungenießbar

Lactarius rufus (Scop.) Fr.

Geschmack: Brennend scharf, oft erst nach einigen Sekunden. **Hut:** Rotbraun, matt, ungezont, oft mit kleinem spitzem Buckel, ∅ 3–8 cm. **Lamellen:** Fleischrötlich bis fleisch-ocker. **Stiel:** Erst heller, dann dem Hut fast gleichfarbig. **Milch:** Weiß, sehr scharf. **Vorkommen:** Unter Kiefern auf saurem Boden, seltener auch unter anderen Nadelbäumen und Birken; Juni bis Oktober. **Verwechslung:** Andere Milchlinge mit rotbräunlichen Farben sind ähnlich. Der häufige Rotbraune Milchling ist an seinem neutralen Geruch, der sehr scharfen weiß bleibenden Milch und dem kleinen Hutbuckel zu erkennen.
Bemerkungen: In einigen Gegenden wird auch dieser Pilz nach stundenlangem Wässern und gründlichem Abkochen entschärft und mit Speck gebraten. Er soll dann gut schmecken.
Gattungsmerkmale: siehe 165.

168 Eichenmilchling

eßbar nach Abbrühen

Lactarius quietus Fr.

Geschmack: Mild. **Geruch:** Etwas unangenehm nach Blattwanzen. **Hut:** Rotbraun bis fleischbraun, oft leicht dunkler gezont, matt, ∅ 3–8 cm. **Lamellen:** Blaß zimtfarben, fleisch-rötlich, alt rostfleckig. **Stiel:** Dem Hut ähnlich gefärbt, zur Basis dunkler braun. **Milch:** Mild bis leicht bitterlich, weißlich, mit gelblichem Schein. **Vorkommen:** Unter Eichen, sehr häufige Art, die fast jedes Jahr in Mengen wächst; Juli bis Oktober. **Verwechslung:** Zimt- bis fleischbräunliche Farben sind bei den Milchlingen häufig vertreten. Der ähnliche Süßliche Milchling *(L. subdulcis)* riecht ebenfalls etwas nach Blattwanzen und schmeckt mild bis bitterlich. Er wächst später im Jahr unter Buchen und hat einen nicht gezonten bei feuchtem Wetter glatten durchwässerten Hut. Die Huthaut des Eichenmilchlings ist immer matt. Der rotbraune kleinere Kampfermilchling *(L. camphoratus)* riecht vor allem beim Antrocknen nach Kampfer oder Zichorien (maggiartig). Er ist ein Gewürzpilz. In Moorgebieten, in denen auch Eichen zu finden sind, können Eichenmilchling und Bruchreizker *(L. helvus)* zusammen auftreten. Der leicht giftige filzige ungezonte Bruchreizker riecht leicht nach Maggi. Seine Milch ist spärlich und fast wasserklar.
Gattungsmerkmale: siehe 165.

169 Brätling, Milchbrätling

eßbar

Lactarius volemus Fr.

Geruch: Heringsartig. **Hut:** Rotbraun, orangefuchsig, orangegelblich, matt leicht bereift, oft konzentrisch aufgebrochen, ∅ 5–15 cm. **Lamellen:** Blaßgelb, oft rostbräunlich verfärbt. **Stiel:** Ähnlich wie der Hut gefärbt, jedoch meist blasser. **Milch:** Weiß, besonders reichlich hervorquellend, sofern der Pilz frisch ist. **Vorkommen:** Im Laub- und Nadelwald, gern auf Kalk- und Lehmböden, besonders häufig in Gebirgsfichtenwäldern; Juli bis Oktober. **Verwechslung:** Vom Brätling existieren mehrere Varietäten, die sich durch kleineren Wuchs und blassere oder dunklere Hutfarben unterscheiden. Alle sind aber an dem typischen Heringsgeruch zu erkennen.
Gattungsmerkmale: siehe 165.

170 Bruchreizker, Maggipilz

giftig

Lactarius helvus Fr.

Geruch: Nach Liebstöckel oder Maggiwürze. **Geschmack:** Mild. **Hut:** Zimtbräunlich, ockerrötlich, graugelblich, Oberfläche fein filzig, ∅ 5–15 cm. **Lamellen:** Bald dem Hut gleichfarbig, gedrängt. **Stiel:** Wie der Hut gefärbt, jung bereift. **Milch:** Wasserklar, bald spärlich und schwer sichtbar. **Vorkommen:** Auf sauren feuchten Böden, gern unter Birken; Juli bis Oktober.

Bemerkungen: Der Bruchreizker ist schwach giftig und erzeugt Darmstörungen. In kleinen Mengen kann er jedoch als Gewürz in getrocknetem Zustand verwendet werden.

Gattungsmerkmale: siehe 165.

171 Flatter-Reizker, Milder Schwefel-Milchling

ungenießbar

Lactarius thejogalus (Bull.) Fr.

Syn.: *Lactarius tabidus* sensu Konrad

Geschmack: Mild, seltener schärflich. **Hut:** Hell roströtlich, rötlich-orange, beim Trocknen ausblassend, feucht leicht durchscheinend gerieft oder ungerieft, meist mit kleiner Papille, ∅ 2–5 cm. **Lamellen:** Blaß gelblich-zimtocker. **Stiel:** Dem Hut ähnlich gefärbt, bald hohl. **Milch:** Wässerig-weißlich, an der Luft langsam gilbend. **Vorkommen:** An feuchten sumpfigen Stellen unter Kiefern und Birken; Juni bis November. **Verwechslung:** Sehr ähnlich ist der Scharfe Schwefelmilchling *(L. decipiens),* der unerträglich scharf schmeckt und auf trockeneren Böden unter Eichen wächst. In Sümpfen unter Erlen kommt auch der kleinere Rotbraune Erlenmilchling *(L. obscuratus)* vor. Der dunklere olivrotbräunliche Hut ist stärker gerieft, besitzt immer eine deutliche Papille und die Milch gilbt nicht.

Gattungsmerkmale: siehe 165.

172 Graugrüner Milchling

ungenießbar

Lactarius blennius Fr.

Geschmack: Scharf. **Hut:** Graugrün, dunkel olivgrün, oft konzentrisch gefleckt, ∅ 4–8 cm. **Lamellen:** Jung rein weiß, dann cremegelblich. **Stiel:** Graugrünlich, meist blasser als der Hut. **Milch:** Weiß, bei Eintrocknen graugrün verfärbend. **Vorkommen:** Im Laubwald unter Buchen, auf sauren Böden; Juli bis Oktober. **Verwechslung:** Sehr ähnlich ist der Braunfleckende Milchling *(L. fluens),* dessen Lamellen von Jugend an creme-fleischfarbig sind und auf Druck braun flecken; sie stehen auch etwas entfernter. *L. fluens* wächst gern auf Kalk- und Tonböden; der Geschmack ist ebenfalls scharf.
Gattungsmerkmale: siehe 165.

173 Tannenreizker, Mordschwamm

ungenießbar

Lactarius necator (Bull. em Pers. ex Fr.) Karsten

Syn.: *Lactarius turpis* (Weinm.) Fr.

Geschmack: Brennend scharf. **Hut:** Dunkel olivgrün bis olivbraun, oft etwas gezont, Rand besonders jung filzig, ∅ 5–15 cm. **Lamellen:** Erst weißlich, dann cremegelblich, im Alter braunfleckig. **Stiel:** Ähnlich wie der Hut gefärbt, doch heller, mit grubigen Flecken. **Milch:** Weiß, scharf. **Vorkommen:** Unter Birken oder unter Fichten, auf sauren Böden; August bis Oktober.
Bemerkungen: Der Pilz ist, wie viele scharfe Milchlinge, ungenießbar und erzeugt unabgekocht sogar Darmbeschwerden und Erbrechen. Wird er aber kleingeschnitten, mehrmals abgekocht und dann verwendet, ist er genießbar. Vor allem in Osteuropa werden auf diese Art viele Milchlinge entschärft und gegessen.
Gattungsmerkmale: siehe 165.

174 Birkenreizker

leicht giftig

Lactarius torminosus (Schff. ex Fr.) S. F. Gray

Geruch: Schwach obst- bis terpentinartig. **Geschmack:** Brennend scharf. **Hut:** Rosa-fleischfarben, oft dunkler rosa gezont, zottig am Rande behangen, ∅ 5–10 cm. **Lamellen:** Blaß fleischrosa, meist heller als der Hut, glatt oder manchmal etwas grubig. **Milch:** Weiß, sehr scharf, unveränderlich. **Vorkommen:** Unter Birken; August bis Oktober. **Verwechslung:** Der Flaumige Moormilchling *(L. pubescens)* gleicht dem Birkenreizker in fast allen Merkmalen. Er ist blasser gefärbt und gewöhnlich ungezont. Er wächst ebenfalls unter Birken, liebt aber feuchtere Standorte.
Gattungsmerkmale: siehe 165.

175 Wolliger Milchling, Erdschieber

ungenießbar

Lactarius vellereus (Fr.) Fr. var. ***velutinus*** Bert.

Geschmack: Im Fleisch brennend scharf. **Hut:** Cremeweißlich, etwas matt-filzig, breit trichterförmig, Erde mit hochschiebend, Rand lange eingerollt, ∅ 10–30 cm. **Lamellen:** Weißlich bis ockergelblich. **Stiel:** Weißlich wie der Hut, kurz und gedrungen. **Fleisch:** Sehr hart und kompakt, weißlich. **Milch:** Ohne Verbindung mit dem Fleisch mild, die Zähne stumpf machend, weiß, bei Eintrocknen langsam schwefelgelblich werdend. **Vorkommen:** Im Laub- und Nadelwald; August bis Oktober, sehr häufig. **Verwechslung:** Der Blaublättrige Weißtäubling *(Russula delica)* kann sehr ähnlich aussehen und erreicht auch eine beträchtliche Größe. Ihm fehlt aber bei Verletzung die Milch und die Lamellen haben oft einen feinen blaugrünlichen Schimmer. Der kleinere Pfeffermilchling *(L. piperatus)* besitzt eine scharfe weiße Milch und ist, da er nicht so zäh ist, nach entsprechender Vorbehandlung eßbar.
Bemerkungen: *L. vellereus* besitzt eine scharfe Milch und scharfes Fleisch. In Norddeutschland scheint die Varietät mit der milden Milch häufiger zu sein.
Gattungsmerkmale: siehe 165.

176 Grubiger Milchling

giftig

Lactarius scrobiculatus (Scop. ex Fr.) Fr.

Geschmack: Sehr scharf, dabei salzig-parfümiert und bitter, unerträglich unangenehm. **Hut:** Strohgelb-gelbocker, gezont, am Rande fransig behangen, sehr groß, ∅ 8–20 cm. **Lamellen:** Weißlich bis sahnegelblich, auf Druck dunkler fleckend. **Stiel:** Etwas blasser als der Hut, dunkler grubig-gefleckt. **Milch:** Brennend scharf, erst weiß, an der Luft schnell schwefelgelb verfärbend. **Vorkommen:** Im Nadelwald, vor allem im Gebirge, unter Fichten, häufig auf Kalkboden; Juli bis Oktober. **Gattungsmerkmale:** siehe 165.

177 Falscher Pfifferling, Orangegelber Gabelblättling

eßbar

Hygrophoropsis aurantiaca (Wulf. ex Fr.) R. Maire

Geruch: Etwas dumpf, unbedeutend. **Hut:** Weißlich, meist jedoch gelb bis orangegelb, leicht filzig, ∅ 2–6 cm. **Lamellen:** Orangegelb oder blasser, gedrängt, gegabelt, herablaufend. **Stiel:** Dem Hut ähnlich gefärbt, zuspitzend, zäh. **Sporenpulver:** Weiß, dextrinoid; Sporen elliptisch. **Vorkommen:** Im Nadelwald am Boden oder an Holz; im späteren Herbst; September bis November. **Verwechslung:** Der Pilz sieht oft einem echten Pfifferling *(Cantharellus cibarius)* täuschend ähnlich und ist sein ungefährlicher Doppelgänger. Der Pfifferling erscheint früher, hat entfernter stehende dickere Leisten (keine Lamellen), die auch gegabelt sein können, und riecht typisch mirabellenähnlich. Die kleine Gattung *Hygrophoropsis* enthält nur 4 Arten. *H. olida,* der Duftende Afterleistling, riecht stark nach Fruchtbonbons und ist in allen Teilen zart rosa gefärbt.

178 Pfifferling

eßbar **

Cantharellus cibarius Adans. ex Fr.

Geruch: Angenehm pfirsich- oder mirabellenartig. **Geschmack:** Nach einiger Zeit schärflich (roh). **Hut:** Leuchtend dottergelb bis hellgelblich, seltener weißlich-gelblich, Mitte meist leicht trichterig, Rand oft gelappt, ∅ 2–6 cm. **Leisten:** Wie der Hut gefärbt, dicklich, gegabelt, herablaufend. **Stiel:** Gelb, meist kurz und gebogen, mit zugespitzter Basis. **Sporenpulver:** Ockergelblich. **Vorkommen:** Im Laub- und Nadelwald, gern unter Fichten in moosigen Wäldern, im Laubwald oft die kompaktere weißliche Abart; Juni bis Oktober. **Verwechslung:** Der ungefährliche Falsche Pfifferling ist geruchlos und weichfleischiger, besitzt dünnere Lamellen und wächst meist im Spätherbst unter Kiefern. Er gehört zu den Lamellenpilzen. Der giftige Ölbaumtrichterling *(Omphalotus olearius)* ist ein Holzbewohner, dem ebenfalls der typische Pfifferlingsgeruch fehlt.
Gattungsmerkmale: Die Leistlinge gehören zu den Nichtblätterpilzen. Sie tragen an der Hutunterseite dickliche Leisten, die im Querschnitt nicht viel höher als dick sind. Das ganze Hymenophor läßt sich im Gegensatz zu den *Agaricales* nicht leicht vom Hutfleisch trennen. Die Gattung *Cantharellus* besteht aus etwa 5 Arten. Giftpilze sind hier nicht bekannt. Die Leistlinge sind Mykorrhizapilze.

179 Trompetenpfifferling, Durchbohrter Leistling

eßbar

Cantharellus tubaeformis Fr.

Syn.: *Cantharellus infundibuliformis* Scop. ex Fr.

Geruch: Etwas erdig-muffig. **Hut:** Heller oder dunkler gelbbräunlich, eng genabelt, Hutmitte oft zum Stiel durchbohrt, ∅ 2–5 cm. **Leisten:** Graugelblich, entfernt, gegabelt, herablaufend. **Stiel:** Hell gelblich bis trist graugelblich, hohl. **Sporenpulver:** Blaßgelblich. **Vorkommen:** Im Nadelwald, gern in feuchtem Moos; August bis Oktober. **Verwechslung:** Der Gelbstielige oder Starkriechende Leistling *(C. xanthopus)* besitzt einen auffälligen angenehmen Obstgeruch, der fast aufdringlich sein kann. Sein feinschuppiger Hut trägt auf der Unterseite keine eigentlichen Leisten, sondern nur mehr oder weniger stark ausgebildete Runzeln (ähnlich wie die Totentrompete). Der Graue Leistling *(Pseudocraterellus cinereus)* ist in allen Teilen düster gefärbt.
Gattungsmerkmale: siehe 178.

180 Starkriechender Leistling, Gelbstieliger L.

eßbar

Cantharellus xanthopus (Pers.) Duby

Syn.: *Cantharellus lutescens* Pers. ex Fr. sensu Fr.

Geruch: Stark süßlich-mirabellenartig, angenehm, im Alter aufdringlich. **Fruchtkörper:** Fast trompetenförmig, in Hut und Stiel eingeteilt, dünnfleischig. Hutoberseite gelbbräunlich bis braunschwärzlich, faserig-schuppig; Unter- bzw. Außenseite meist nur gerunzelt, seltener geadert, vom Hymenium überzogen, rosa-violettlich oder orangegelblich gefärbt. Stiel lebhaft orangegelb, hohl. Höhe der Fruchtkörper bis 10 cm. **Sporenpulver:** Hell gelblich. **Vorkommen:** In Nadelwäldern der Gebirge, gern auf Kalkboden, an feuchten moosigen Stellen; August bis November. **Verwechslung:** Der Starkriechende Leistling ist durch seinen Geruch gut gekennzeichnet. Gelbstielige Formen des Trompetenpfifferlings *(C. tubaeformis)* riechen nicht auffällig und besitzen an der Hutunterseite deutlich ausgeprägte Leisten.
Gattungsmerkmale: siehe 178.

181 Schweinsohr

eßbar *

Gomphus clavatus (Pers. ex Fr.) S. F. Gray

Syn.: *Neurophyllum clavatum* (Pers. ex Fr.) Pat.

Fruchtkörper: Dick kreiselförmig, angedeutet gestielt, sehr fleischig, Oberseite erst fleischviolettlich, dann ockergelblich, Außenseite dick leistenförmig-aderig, mit Querverbindungen, violettlich, Höhe bis 10 cm. **Fleisch:** Weiß, weichlich, wässerig marmoriert. **Sporenpulver:** Ockerfarbig; Sporen elliptisch. **Vorkommen:** In Laub- und Nadelwäldern, gern auf Kalkboden; in einigen Gegenden fehlend; August bis Oktober.
Bemerkungen: Das kaum zu verwechselnde Schweinsohr ist ein ausgezeichneter Speisepilz, der wegen seiner Fleischigkeit sehr ergiebig ist. Die Gattung *Gomphus* besteht in Mitteleuropa nur aus der oben beschriebenen Art, die wegen der Fleischigkeit ein auffälliges Äußeres besitzt.

182 Totentrompete, Herbsttrompete

eßbar *

Craterellus cornucopioides L. ex Fr.

Fruchtkörper: Trompetenförmig, gänzlich hohl und in allen Teilen gleichmäßig dünnfleischig; die Innenseite krempelt sich nach außen zu einem Hut um, der an der Oberfläche grauschwärzlich und etwas flockig-schuppig ist. Außenseite grau, das Hymenium tragend, Oberfläche leicht gerunzelt, ohne Leisten, fast ohne Übergang in den Stiel übergehend; Fruchtkörper 5–10 cm hoch. **Sporenpulver:** Weiß. **Vorkommen:** Im Laub- und Nadelwald, gern unter Buchen auf Kalkboden; August bis Oktober. **Verwechslung:** Eine gewisse Ähnlichkeit kann der Graue Pfifferling *(Pseudocraterellus cinereus)* haben, da er ebenso trist gefärbt ist. Er trägt aber ausgeprägte Leisten auf der Hutunterseite. Die Vollstielige Kraterelle *(Pseudocraterellus sinuosus)* ist innen nicht durchbohrt und dadurch fleischiger. **Bemerkungen:** Die Totentrompete ist ein guter Gewürzpilz, der zum Trocknen bestens geeignet ist. Die Gattung *Craterellus* wird in Mitteleuropa durch 1 Art vertreten.

183 Habichts-Stacheling, Rehpilz

eßbar
nach Abkochen

Sarcodon imbricatum (L. ex Fr.) Karsten

Syn.: *Hydnum imbricatum* L. ex Fr.

Hut: Hellbraun bis umbrabraun, Oberseite mit sparrig abstehenden Schuppen (Habichtsgefieder), ∅ 5–15 cm. **Stacheln:** Erst weißlich, dann graulich, brüchig, am Stiel herablaufend. **Stiel:** Grauweißlich bis bräunlich, an der Basis nicht schwärzlich! **Fleisch:** Erst weißlich, dann graubräunlich, ungezont, mürbe. **Sporenpulver:** Bräunlich; **Vorkommen:** Im Nadelwald, unter Fichten und Kiefern; August bis November. **Verwechslung:** Es existieren mehrere bitter schmeckende Arten, die für den Uneingeweihten täuschend ähnlich aussehen. Dazu gehören der Gallenstacheling *(S. scabrosus), S. fennicus* sowie *S. glaucopus.* Vor allem der Gallenstacheling besitzt oft einen ebenso sparrig-schuppigen Hut wie der Habichts-Stacheling. Alle Doppelgänger sind aber an ihrer mehr oder weniger stark schwärzlichen bis blaugrün-schwärzlichen Stielbasis zu erkennen, abgesehen von ihrem bitteren Geschmack.
Bemerkungen: Der Habichts-Stacheling ist roh giftig und sollte abgebrüht werden. Altere Pilze können zäh sein und bitterlich schmecken. Getrocknet läßt er sich zu würzigem Pilzpulver verarbeiten.

184 Semmel-Stoppelpilz

eßbar

Hydnum repandum L. ex Fr.

Geschmack: An rohe Haferflocken erinnernd, später mit leicht brennendem Nachgeschmack, im Alter bitterlich. **Hut:** Im typischen Fall blaß semmelgelblich; aber auch weißlich, auf Druck oder im Alter gilbend, ∅ 4–10 cm. **Stacheln:** Gedrängt stehend, meist 3–6 mm lang, am Stiel herablaufend oder nicht, brüchig, weißlich oder cremefarben. **Stiel:** Weißlich, zentral oder seitlich stehend. **Fleisch:** Weißlich, mürbe, brüchig, im Alter zäh und meist gilbend. **Sporenpulver:** Weißlich; Sporen rundlich bis breit-oval, glatt. **Vorkommen:** Im Laub- und Nadelwald, gern auf Kalkboden; Juli bis November. **Verwechslung:** Der Rotgelbe Stoppelpilz *(H. rufescens)* ist etwas kleiner. Hut und Stacheln sind von Jugend an orangegelblich bis orangerötlich gefärbt. Er wächst gerne in Gebirgsnadelwäldern. Von oben betrachtet gleicht er einem Pfifferling.

Bemerkungen: Semmel-Stoppelpilz und Rotgelber Stoppelpilz sind durch Übergänge miteinander verbunden, so daß eine genaue Unterscheidung oft schwerfällt. Die abgebildeten Pilze stammen von Mallorca und wuchsen dort unter Aleppokiefern. Es handelt sich hier um eine als Weißlicher Stoppelpilz *(H. albidum)* abgetrennte kleinsporige Sippe mit in jungem Zustand kalkweißem Hut. Sie wird von einigen Autoren als selbständige Art anerkannt und konnte kürzlich auch in Mitteleuropa gefunden werden. Die Gattung *Hydnum* im heutigen Sinne besteht nur aus den 3 erwähnten »Arten«, die man ebenso auch nur als Varietäten ansehen könnte. Unter ihnen befindet sich kein Giftpilz.

185 Schwarzer Korkstacheling

ungenießbar

Phellodon niger (Fr. ex Fr.) Karsten

Geruch: Beim Trocknen maggiartig. **Fruchtkörper:** Oft kreiselförmig, in Hut und Stiel eingeteilt, seltener jedoch einzeln, sondern oft in Gruppen wachsend und ineinanderfließend; Hutoberseite anfangs blaß grau bis violettgrau, bald schwärzlich und faserig-schuppig, gezont oder grubig-uneben; Stacheln weißlich bis hell blaugrau, später aschgrau; Stiel schwarzsamtig, Oberfläche schwammartig-filzig, in der Form veränderlich. Hutbreite bis 10 cm. **Fleisch:** Korkartig, schwärzlich, gezont, trocken grau. **Sporenpulver:** Weiß; Sporen rundlich-ellipsoidisch, stachelig. **Vorkommen:** Im Laub- und Nadelwald, gern auf Kalkböden; August bis Oktober. **Verwechslung:** Korkstachelinge sind in ihrer Form und Farbe sehr veränderlich. Eine sichere Unterscheidung ist oft nur mit Spezialkenntnissen möglich. Ähnlich ist der Schwarzweiße Korkstacheling *(Ph. melaleucus),* der sich am sichersten dadurch unterscheidet, daß der Stiel an der Oberfläche nicht schwammartig ausgebildet ist. Ausgeblaßte Exemplare von *Ph. niger* sind noch mit weiteren Arten verwechselbar.

Bemerkungen: Die Gattung *Phellodon*, die in Europa aus 4 Arten besteht, zeichnet sich durch weißes Sporenpulver und den beim Antrocknen auftretenden Maggigeruch aus. Die ähnlichen Arten der Gattung *Hydnellum* besitzen braunes Sporenpulver.

186 Herkuleskeule

ungenießbar

Clavariadelphus pistillaris (L. ex Fr.) Donk

Geschmack: Meist schon jung bitter. **Fruchtkörper:** Keulenförmig, ockergelblich, Höhe bis 12 cm. **Fleisch:** Weiß. **Sporenpulver:** Hell gelblich; Sporen länglich-elliptisch, glatt. **Vorkommen:** Im Laubwald unter Buchen auf Kalkboden, in kleineren Gruppen, gesellig; August bis November. **Verwechslung:** Sehr ähnlich ist die Abgestutzte Keule *(C. truncatus)*. Wie der Name aussagt, ist sie im oberen Teil abgeplattet und abgestutzt. Ihre Oberfläche ist stärker gerunzelt und das Fleisch schmeckt mild. Sie wächst meist im Nadelwald und ist eßbar. Die kleinere Zungenkeule *(C. ligula)* hat ihren typischen Standort ebenfalls im Nadelwald (vor allem Fichte) und tritt meist in großen gedrängten Gruppen auf. Der Geschmack ist mild.

Bemerkungen: Unter den recht verschiedengestaltigen »Keulenpilzen« besitzen die Arten der Gattung *Clavariadelphus* die auffälligsten Fruchtkörper. Etwa 5 Arten gehören hierher. Die schlanke, bis zu 20 cm hohe, innen hohle Röhrige Keule (*C. fistulosus)* wird jetzt in die neu aufgestellte Gattung *Macrotyphula* eingereiht. Die zarte Binsenkeule *(C. junceus)* hat ihren typischen Standort auf abgestorbenen Blättern. Sie ist mit 1–2 mm Dicke und einer Höhe von ca. 5 cm die kleinste ihrer Gruppe.

187 Graue Koralle

eßbar

Clavulina cinerea (Bull. ex Fr.) Schroeter

Geruch: Etwas dumpf. **Geschmack:** Mild. **Fruchtkörper:** Korallenartig verzweigt, mit grauen Farben, Äste leicht gerunzelt, Spitzen meist abgerundet; Pilz relativ klein, Höhe oder Breite unter 10 cm. **Sporenpulver:** Leicht gelblich. **Vorkommen:** Im Laubwald am Boden; August bis November. **Verwechslung:** Die manchmal ebenfalls graue Runzelige Keule *(Clavulina rugosa)* ist, wie der Name aussagt, viel weniger verzweigt und eher wie ein Keulenpilz aufgebaut. Graue Formen der Kammförmigen Koralle *(C. cristata)* können ebenfalls ähnlich sein, sind aber meist zierlicher und besitzen kammartig aufgespaltene Astspitzen. Runzelige Keule und Kammförmige Koralle sind gewöhnlich jedoch weißlich gefärbt.

Bemerkungen: Die Gattung *Clavulina* setzt sich aus 6 Arten zusammen, die vermutlich saprophytisch leben. Im Gegensatz zu *Ramaria* sind hier die Sporen glatt und das Sporenpulver weiß bis blaßgelblich gefärbt. Die Basidien sind zweisporig.

188 Gelbwerdende Koralle

eßbar

Ramaria flavescens (Schff.) Petersen

Geschmack: Mild, nur im Alter in den Spitzen bitterlich. **Fruchtkörper:** Farbe in den Ästen leicht orangegelblich, Spitzen gelb abgesetzt, Höhe bzw. Breite 10–20 cm. **Fleisch:** Weißlich, an der Luft nicht verfärbend, im feuchten Zustand im Strunk stark wässerig marmoriert. **Hyphen:** Mit Schnallen. **Vorkommen:** Eine der größten und häufigsten Arten im Laub- und Nadelwald, unter Buchen, Eichen und Fichten; August bis September. **Verwechslung:** Bei den Korallen ist größte Vorsicht geboten, da mehrere sehr ähnliche Arten schwächere bis starke Verdauungsstörungen erzeugen. Vor allem solche mit in feuchtem Zustand im Strunk nicht wässerig marmoriertem Fleisch sind gefährlich (vgl. Blasse und Schöne Koralle). Auch eßbare Korallen, wie die oben beschriebene, können bei einigen Personen (besonders aber im älteren Zustand, wenn die Endzweige leicht bitterlich schmecken) leichte Verdauungsstörungen verursachen. Weitere ähnliche eßbare Arten sind: *R. flava* mit reinen gelben Farben und *R. sanguinea* mit bei Verletzung stark rötendem Fleisch.

Bemerkungen: Die Goldgelbe Koralle schien lange Zeit die häufigste eßbare Art zu sein. Kürzlich wurde aber entdeckt, daß sich 2 Sorten dahinter verbergen, von denen die echte Goldgelbe Koralle *(R. aurea)* gar nicht so häufig ist. Fast alle Angaben und Abbildungen in der volkstümlichen Literatur scheinen sich auf die viel allgemeinere *R. flavescens* zu beziehen, die äußerlich kaum unterscheidbar ist. *R. flavescens* besitzt Schnallen, während solche bei *R. aurea* fehlen.

189 Blasse Koralle, Bauchwehkoralle

giftig

Ramaria mairei Donk

Syn.: *Ramaria pallida* (Schff. ex Bres.) Ricken

Geschmack: Bitterlich. **Fruchtkörper:** Farben blaß, schmutziggelblich, fleischgelblich, graugelblich, Spitzen der Zweige jung blaß lila, später lila-fleischfarben, Äste fein längsgerunzelt, Höhe bzw. Breite 10–15 cm. **Fleisch:** Weißlich, im Strunk feucht nicht wässerig-marmoriert. **Hyphen:** Im Fruchtkörper ohne Schnallen. **Vorkommen:** Im Buchenwald auf Kalkboden; August bis September. Die Art scheint nicht sehr häufig zu sein. **Verwechslung:** Vor allem im älteren Zustand ist eine Verwechslung mit mehreren anderen Korallenpilzen möglich, z. B. mit dem rotspitzigen eßbaren Hahnenkamm *(R. botrytis)*. *R. mairei* ist an den blassen Farben, den längsgerunzelten Ästen und den fleischviolettlichen Spitzen zu erkennen.

Bemerkungen: Die Blasse Koralle erzeugt heftige Darmstörungen und ist somit die giftigste Art in ihrer Gattung.

190 Schöne Koralle, Dreifarbige Koralle

giftig

Ramaria formosa (Pers. ex Fr.) Quélet

Geschmack: Leicht bitterlich. **Fruchtkörper:** Korallenartig verzweigt, von einem Mittelstrunk ausgehend, ockergelblich, im mittleren Bereich der Zweige schön lachsfarben, an den Spitzen gelb, Höhe und Breite bis ca. 15 cm. **Fleisch:** Weiß, in den Randzonen manchmal leicht rosa durchgefärbt, feucht nicht wässerig marmoriert, nicht an der Luft verfärbend. **Hyphen:** Im Fruchtkörper mit Schnallen. **Vorkommen:** Im Laubwald unter Buchen, gern auf Kalkböden; August bis September. **Verwechslung:** Die Schöne Koralle ist ein Doppelgänger der Goldgelben Koralle *(R. aurea)* oder ähnlicher eßbarer Arten. Leider sind sich die größeren Korallen im älteren Zustand so ähnlich, daß auch dem Fachmann keine sichere Unterscheidung mehr gelingt. Die wichtigsten Erkennungsmerkmale sind mikroskopischer Art. Von dem Genuß der Korallenpilze ist deshalb generell abzuraten, zumal auch als eßbar bekannte Sorten bei vielen Personen leichte Verdauungsstörungen hervorrufen können. Als Faustregel kann gesagt werden, daß die Arten mit rein weißem, nicht marmorierten Fleisch (Anschnitt im Strunk) besonders gefährlich sind. Umgekehrt sind nicht alle jene mit marmoriertem Fleisch eßbar. Die Blasse Koralle *(R. mairei)* erzeugt die schwersten Verdauungsstörungen. Sie hat blasse längsgerunzelte Äste, die an der Spitze fleischfarben-violettlich gefärbt sind.

191 Steife Koralle

ungenießbar

Ramaria stricta (Pers. ex Fr.) Quélet

Geschmack: Bitterlich. **Fruchtkörper:** Korallenartig verzweigt; Zweige relativ steif und aufrecht, ziemlich elastisch, ockergelblich; Astspitzen gelblich abgesetzt; Stielbasis mit auffallenden Myzelsträngen; Höhe 4–10 cm. **Fleisch:** Blaß lederfarbig, beim Reiben rotbraun verfärbend. **Sporen:** Elliptisch mandelförmig, schwach bis deutlich rauh durch abgerundete Warzen. **Hyphen:** Mit Schnallen. **Vorkommen:** Meist in Verbindung mit totem Laubholz, seltener an Nadelholz, an liegenden Ästchen und stark vermoderten Stümpfen; August bis November. **Verwechslung:** Die Kiefernkoralle *(R. corrugata = invalii)* besitzt Sporen mit stacheligem Ornament; das Fleisch verfärbt sich beim Reiben nicht rotbraun. Die Grünende Koralle *(R. ochraceo-virens)* färbt sich beim Reiben oder im Alter grünlich. Beide Arten wachsen auf dem Erdboden.

192 Krause Glucke, Fette Henne

eßbar ★★

Sparassis crispa Wulf. ex Fr.

Fruchtkörper: Groß, badeschwamm- oder blumenkohlähnlich, erst weißlich, bald aber ockergelblich, aus welligen, krausen Elementen zusammengesetzt, Breite 10–30 cm. **Sporenpulver:** Gelblichweiß; Sporen kurz-elliptisch. **Vorkommen:** Am Grunde von Kiefernstämmen, mit deren Wurzeln in Verbindung stehend oder morschen Kiefernstümpfen aufsitzend; seltener auf anderen Nadelhölzern; August bis November. **Verwechslung:** Die Krause Glucke ist einer der besten Speisepilze, die den Morcheln im Wohlgeschmack nicht nachsteht. Sie darf nicht mit den Korallenpilzen (Gattung *Ramaria*) verwechselt werden. Bei diesen enden die einzelnen Zweige in rundlichen Endästchen (wie bei Seewasserkorallen), während bei der Krausen Glucke die Oberfläche bandartig-kraus erscheint und rundliche Ästchen nicht zu erkennen sind. Unter den Korallen gibt es zwar auch eßbare Arten, diese sind jedoch von den giftigen so schwer zu unterscheiden, daß sich nur der Kenner daranwagen darf.

Bemerkungen: Die Gattung *Sparassis* ist in Europa noch durch eine zweite Art vertreten, die ebenfalls eßbare Breitblättrige oder Eichenglucke *(S. laminosa).* Sie ist viel seltener und unterscheidet sich durch die grobere entfernter stehende Blätterung. Auch stehen die einzelnen Äste aufrecht und besitzen an der vorderen Kante eine bandartige Zeichnung. *S. laminosa* wächst in Deutschland an Weißtanne und Fichte. Aus anderen Ländern wird sie für Eiche angegeben.

193 Schuppiger Schwarzfußporling, Schuppiger Porling

jung eßbar

Polyporus squamosus (Huds. ex Fr.) Fr.

Geruch und Geschmack: Auffallend gurkenartig-mehlartig. **Fruchtkörper:** Zentral oder seitlich gestielt, Hut grob schuppig, gelbbraun, Schuppen dunkler braun; Röhren auf der Hutunterseite auffallend weit, eckig, cremegelblich, am Stiel herablaufend; Stiel weißlich, an der Basis (manchmal undeutlich) schwärzlich samtig. Hutbreite 10–30 cm oder größer. **Sporenpulver:** Weiß; Sporen langelliptisch, glatt. **Vorkommen:** An verschiedenen Laubbäumen; junge Fruchtkörper erscheinen im Mai bis Juni, selten später.

Bemerkungen: Der Schuppige Schwarzfußporling ist in der Gattung *Polyporus,* die etwa 13 Arten umfaßt, der größte Pilz. Die 1jährigen Porlinge (im engeren Sinne) wachsen parasitisch oder saprophytisch auf Holz. Da die Fruchtkörper nicht in der Lage sind, störende Gegenstände zu umwachsen, und sich die Röhrenschicht relativ leicht vom Hutfleisch löst, hält man sie für verwandt mit den Blätterpilzen. Sie erzeugen im Holz eine Weißfäule.

194 Winterporling

ungenießbar

Polyporus brumalis Pers. ex Fr.

Hut: Ockerbraun bis schwarzbraun, kahl bis fein filzig, ∅ 2–6 cm. **Röhren:** Sehr kurz, leicht am Stiel herablaufend; Poren mittelweit (ca. 0,5–1 mm) und oft etwas rhombisch, in Stielnähe leicht verlängert, weißlich-cremefarbig. **Stiel:** Ocker bis dunkelbraun, fein filzig, meist zentralständig, seltener auch fehlend. **Fleisch:** Zäh, gummiartig elastisch, weißlich. **Sporen:** Zylindrisch gekrümmt. **Vorkommen:** An totem Holz, meist an liegenden Ästchen; in den Wintermonaten (November bis März), selten später. **Verwechslung:** Der Winterporling wird oft mit dem Maiporling *(P. lepideus)* verwechselt, der im unmittelbaren Anschluß an die Vegetationsperiode des Winterporlings wächst (etwa ab April). Er unterscheidet sich durch sehr feine, mit dem Auge bei jungen Pilzen kaum wahrnehmbare Poren.

195 Kiefern-Braunporling

ungenießbar

Phaeolus schweinitzii (Fr.) Pat.

Fruchtkörper: Fächer- oder dachziegelförmig seitlich am Holz sitzend oder zentral gestielt und dann in der Nähe von abgestorbenen Nadelbäumen (meist Kiefern) am Boden wachsend. Hut 10–30 cm breit, an der Oberseite braunfilzig, mit gelber auffallender Zuwachskante. Poren an der Hutunterseite olivgelb bis olivbräunlich, recht weit und eckig bis leicht labyrinthisch. Fleisch zuerst weichlich, braun, im Alter zäh-korkartig. Der Pilz ist 1jährig. **Sporen:** Glatt, im Mikroskop blaß gelblich. **Vorkommen:** Parasitisch an Nadelholz, vor allem an Kiefern und Fichten; August bis Oktober.
Bemerkungen: Die Gattung *Phaeolus* besteht aus nur einer Art, die eine Braunfäule erzeugt.

196 Dauerporling

ungenießbar

Coltricia perennis (L. ex Fr.) Karsten
Syn.: *Polystictus perennis* (L.) Fr.

Hut: Meist flach trichterförmig, zimtbräunlich, fein konzentrisch gezont, samtig, in der Mitte oft genabelt, dünnfleischig, ∅ 3–8 cm. **Röhren:** Meist sehr kurz, am Stiel herablaufend, mit erst hellgrau bereiften, dann zimtbraunen Poren. **Stiel:** Rostbraun, samtig-filzig. **Fleisch:** Holzig und zäh, rostbräunlich. **Sporenpulver:** Rostgelblich; Sporen elliptisch. **Vorkommen:** Der Filzige Porling *(C. tomentosa)* unterscheidet sich durch den meist ungezonten Hut und das Vorkommen von rotbraunen nadelförmigen Seten im Hymenium. Er ist ein Bewohner der Gebirgsnadelwälder.
Bemerkungen: Die Gattung *Coltricia* besteht aus 4 bodenbewohnenden saprophytischen Arten.

197 Spaltblättling

ungenießbar

Schizophyllum commune Fr.

Fruchtkörper: Muschel- bis fächerförmig seitlich am Holz angewachsen, Oberseite weiß und zottig-filzig, Unterseite mit Lamellen, die sich bei trockener Witterung der Länge nach umrollen und somit das Hymenium vor Verdunstung schützen. Farbe der Lamellen rötlich-grau. Breite der Hüte 1–3 cm. **Sporenpulver:** Blaß rosa; Sporen zylindrisch-gekrümmt, glatt. **Vorkommen:** An verschiedenen Laubhölzern, an freien besonnten Stellen; ganzjährig zu finden.
Bemerkungen: Die Gattung *Schizophyllum* besteht nur aus einer wegen der längsgespaltenen Lamellen unverkennbaren Art, die als Wundparasit und Saprophyt an Holz wächst.

198 Leberreischling, Ochsenzunge

jung eßbar

Fistulina hepatica Schff. ex Fr.

Fruchtkörper: Zungen- bis konsolenförmig, Oberseite blutrot bis rotbraun, matt, Unterseite blaß gelblich, mit dicht stehenden Röhren (wie bei einem Stachelpilz, bei dem die Stacheln hohl sind), Breite 10–30 cm. **Fleisch:** Blutrot, mit ebenso gefärbtem in jungem Zustand austretendem Saft, im Schnitt auffallend längsfaserig gezeichnet. **Sporenpulver:** Hellbräunlich; Sporen eiförmig. **Vorkommen:** Fast nur an alten Eichen, seltener an anderen Laubbäumen; August bis Oktober.
Bemerkungen: Der Leberreischling ist in jungem Zustand eßbar, wenn er zuvor gewässert wurde, um die Gerbsäure zu entfernen. Der porlingsähnliche Pilz ist der einzige Vertreter der Gattung *Fistulina,* der durch sein einzigartiges röhrenförmiges Hymenophor gekennzeichnet ist. Er lebt als Parasit und geht am umgefallenen Stamm in eine saprophytische Lebensweise über. Er erzeugt eine Braunfäule.

199 Riesenporling

jung eßbar

Meripilus giganteus (Pers. ex Fr.) Karsten

Fruchtkörper: Aus fächerförmigen verwachsenen Einzelhüten bestehend oder rosettenartig auf waagerechter Unterlage sitzend, Oberseite gelbbräunlich bis dunkelbraun, Poren weiß, sehr fein, auf Druck schwärzend, Konsistenz weichlich-zäh, Breite der Sammelfruchtkörper bis gut einen Meter, einzelne Hüte 15–50 cm. **Fleisch:** Weißlich, im Alter schwärzend. **Sporenpulver:** Weiß; Sporen elliptisch-rundlich, glatt. **Vorkommen:** An Laubholz, gern an Buchen, selten an Nadelholz; August bis Oktober. **Verwechslung:** Eine gewisse Ähnlichkeit hat der Bergporling *(Bondarzewia montana).* Er parasitiert an Nadelhölzern im Gebirge und unterscheidet sich durch größere Poren und den frisch scharfen Geschmack. Auch die Sporen sind amyloid und gratig ornamentiert. Der Klapperschwamm *(Grifola frondosa)* unterscheidet sich durch kleine Einzelhüte und nicht schwärzende Poren.
Bemerkungen: Der Riesenporling ist in ganz jungem Zustand in seiner Konsistenz weichlich und dadurch auch eßbar. Die Gattung *Meripilus* beinhaltet nur die 1 Art, die parasitisch lebt und Weißfäule hervorruft. Die Fruchtkörper sind 1jährig.

200 Schwefelporling

jung eßbar, roh giftig

Laetiporus sulphureus (Bull. ex Fr.) Murrill

Fruchtkörper: Flachhütig, fächerförmig, Farbe auffallend orangegelb, Porenschicht leuchtend gelb, Poren sehr fein, Konsistenz jung sehr weich und saftig, alt käsig-brüchig, Breite der Einzelhüte 20–40 cm. **Sporenpulver:** Hell gelblich; Sporen rundlich-elliptisch, glatt. **Vorkommen:** Meist an verschiedenen Laubbäumen, z. B. Eichen, Robinien und Weiden; selten an Nadelholz; frische Fruchtkörper bilden sich im Mai oder Juni.

Bemerkungen: Der Schwefelporling ist wegen der frühen Erscheinungszeit und den leuchtenden Farben kaum zu verwechseln. Die ganz jungen Hüte können wie ein Schnitzel paniert und gebraten werden. Zuvor sollte ein Abbrühen nicht unterlassen werden, um den harzig-terpentinartigen Beigeschmack zu entfernen. Der Pilz soll im rohen Zustand heftige Vergiftungen hervorrufen. Der 1jährige Schwefelporling (einzige Art der Gattung *Laetiporus*) lebt parasitisch und erzeugt Braunfäule.

201 Birkenporling

jung eßbar

Piptoporus betulinus (Bull. ex Fr.) Karsten

Fruchtkörper: Konsolenförmig, stielartig verschmälert angewachsen, weißlich bis bräunlich-beige an der Oberseite, weiß an den Poren gefärbt. Oberfläche matt und eben. Breite bis 20 cm. Fleisch weiß, im Schnitt einheitlich aufgebaut. Die 1jährigen Röhren lassen sich gut vom Hutfleisch lösen. **Sporenpulver:** Weiß; Sporen elliptisch, leicht gekrümmt, glatt. **Vorkommen:** An lebenden oder toten Birken; Juli bis Oktober.

Bemerkungen: Die beiden in Europa vorhandenen Arten der Gattung *Piptoporus* erzeugen eine Braunfäule und sind 1jährig. Neben dem oben beschriebenen sehr häufigen Birkenporling kennen wir noch den seltenen an Eichen lebenden Eichen-Zungenporling *(P. quercinus),* der eine entfernte Ähnlichkeit besitzt. Seine Poren bräunen auf Druck. Junge Birkenporlinge schieben sich zungenförmig unter der Rinde befallener Birken hervor, sind rein weiß und besitzen noch keine Röhrenschicht. Sie sind in diesem Zustand leicht zu verkennen.

202 Zinnoberrote Tramete

ungenießbar

Pycnoporus cinnabarinus (Jacq. ex Fr.) Karsten

Syn.: *Trametes cinnabarina* (Bolt. ex Fr.) Jörstad

Fruchtkörper: Konsolenförmig, dachziegelartig, ausgewachsen meist recht flach, heller oder dunkler zinnoberrot, Breite 3–10 cm. Unterseite mit gleichfarbigen Röhren; Trama und Myzel ebenfalls zinnoberrot gefärbt. **Sporenpulver:** Weiß; Sporen elliptisch-zylindrisch, glatt. **Vorkommen:** In Mitteleuropa fast immer an Laubholz, vor allem an Birken; von Frühjahr bis Herbst; im Mittelmeergebiet auch häufiger an Nadelholz beobachtet.

Bemerkungen: Die Gattung *Pycnoporus* besteht nur aus einer 1jährigen, Weißfäule erzeugenden, saprophytisch wachsenden Art.

203 Schmetterlingstramete

ungenießbar

Trametes versicolor (L. ex Fr.) Pilat

Syn.: *Coriolus versicolor* (L. ex Fr.) Quélet

Fruchtkörper: Flach fächerförmig, stiellos in Gruppen neben- und übereinander wachsend, Oberseite oft bunt gezont, striegelhaarige Bänder wechseln mit Glanzzonen ab; Farbe unterschiedlich, von hell beige bis schwarzbraun variierend, oft durch Algen grün gefärbt; Poren weißlich; Trama weißlich, durchgehend dünn, zäh; Hutbreite 3–10 cm. **Sporenpulver:** Weißlich-cremefarbig; Sporen zylindrisch gekrümmt, glatt. **Vorkommen:** Sehr häufig auf verschiedenen Laubhölzern, ganzjährig. **Verwechslung:** Sehr ähnlich ist der Zonenporling *(T. zonatella = zonata).* Er kann durch das Fehlen von Glanzzonen und die dickere Anwachsstelle unterschieden werden. Oft wachsen beide Arten am gleichen Stamm. Die Striegelige Tramete *(T. hirsuta)* unterscheidet sich durch die stark striegelhaarige Hutoberfläche und den grauen Schein auf den Poren.

Bemerkungen: Die 1jährigen Trameten (Gattung *Trametes* , etwa 7 Arten) leben saprophytisch und parasitisch und erzeugen eine intensive Weißfäule im Holz. Die Schmetterlingstramete ist einer der häufigsten »Porlinge« überhaupt.

204 Eichenwirrling

ungenießbar

Daedalea quercina L. ex Fr.

Syn.: *Trametes quercina* (L. ex Fr.) Pilát

Fruchtkörper: Konsolenförmig, Unterseite der holzbräunlichen Hüte mit dicklichen labyrinthartig gewundenen bis lamellenartigen Bildungen. Konsistenz korkartig-holzig. Breite 5–20 cm, manchmal sind mehrere Hüte reihig zusammengewachsen. **Sporen:** Oval, einseitig zugespitzt. **Vorkommen:** An lebenden und abgestorbenen Eichen, seltener auch an anderen Laubhölzern; ganzjährig. **Bemerkungen:** Der Eichenwirrling lebt saprophytisch und als Wundparasit an Holz und erzeugt eine Braunfäule. Je nach Auffassung der einzelnen Mykologen besteht die Gattung *Daedalea* aus nur 1 bzw. aus 3 Arten.

Die Fruchtkörper des Eichenwirrlings sind mehrjährig. Die Röhrenschicht wächst aber ohne sichtbare Grenze weiter, ist also nicht geschichtet.

205 Zunderschwamm

ungenießbar

Fomes fomentarius (L. ex Fr.) Fr.

Fruchtkörper: Dick konsolenförmig, mit grauer bis bräunlicher wellig gezonter Oberseite, die aus einer feinen Kruste besteht. Poren an der Hutunterseite weißlich, sehr fein, bei mehrjährigen Fruchtkörpern geschichtet. Im Schnitt sind zwischen den einzelnen Röhrenschichten keine Tramalagen vorhanden. Röhren- und Huttrama braun, im Hut an der Anwachsstelle weißlich aderig durchzogen (Myzelialkern). Breite der Hüte 10–30 cm. **Sporenpulver:** Weiß. Sporenbildung von April bis Juni, zu dieser Zeit sind die Hüte und die Umgebung oft weiß bestäubt. Sporen elliptisch-spindelig, glatt. **Vorkommen:** An Laubholz, gerne auf Buchen und Birken; ganzjährig. **Verwechslung:** Die Falschen Zunderschwämme oder Feuerschwämme, die zu der Gattung *Phellinus* gehören, können recht ähnlich sein. Im Gegensatz zum echten Zunderschwamm ist ihre Huttrama sehr fest und holzig, die Oberseite läßt sich nicht mit dem Finger eindrücken. Braune Formen können dem braunsporigen Flachen Lackporling *(Ganoderma applanatum)* ähneln (siehe dort). Vergleiche auch den Fichtenporling *(Fomitopsis pinicola).*
Bemerkungen: Das Hutfleisch des Zunderschwammes hat etwa die Konsistenz von Wildleder. Dieses Material wurde früher abgeschält, mit besonderen Chemikalien getränkt und zum Feueranzünden benutzt. Dieser »Zunder« hatte die Eigenschaft, ständig weiter zu glimmen. Die eine in der Gattung *Fomes* existierende Art lebt parasitisch und erzeugt eine intensive Weißfäule.

206 Flacher Lackporling

ungenießbar

Ganoderma applanatum (Pers. ex S. F. Gray) Pat.

Fruchtkörper: Flach konsolenförmig, fächerförmig vorgestreckt, mit harter holzartiger Konsistenz. Oberseite mit feiner Lackkruste, grau- bis rotbräunlich, mit weißer Zuwachskante, Röhrenschicht an der Hutunterseite bei mehrjährigen Pilzen geschichtet, Mündungen weiß, auf Druck bräunend, Röhren sehr fein. Trama rostbraun, weißaderig durchzogen. Breite 10–30 cm. **Sporenpulver:** Rostbraun. **Vorkommen:** An verschiedenen Laubhölzern, selten an Nadelholz; ganzjährig. **Verwechslung:** der Wulstige Lackporling *(G . adspersum)* ist äußerlich sehr ähnlich, unterscheidet sich aber durch die meist gelbliche Zuwachskante, die dickeren Fruchtkörper und die größeren Sporen. Bei mehrjährigen Pilzen stoßen die einzelnen Röhrenschichten direkt aufeinander, während bei *G. applanatum* jeweils eine dünne braune Tramaschicht zwischengelagert ist. Der manchmal ähnliche Zunderschwamm *(Fomes fomentarius)* hat weißes Sporenpulver.
Bemerkungen: Die Gattung *Ganoderma* besteht in Mitteleuropa aus etwa 6 Arten, die mit Ausnahme des Glänzenden Lackporlings *(G. lucidum)* mehrjährig sind und deshalb geschichtete Röhren besitzt. Sie leben saprophytisch und als Schwächeparasiten und erzeugen Weißfäule. Kennzeichnend ist die auf der Hutoberseite befindliche dünne oder dicke Lackkruste, der noch eine wachsartige Schicht aufgelagert sein kann. Die warzigen braunen Sporen werden von den Luftströmungen oft auf der Oberseite abgelagert. Der Flache Lackporling ist der am häufigsten vorkommende Pilz seiner Gattung, andere dagegen sind teilweise sehr selten.

207 Rotrandiger Baumschwamm, Fichtenporling

ungenießbar

Fomitopsis pinicola (Sow. ex Fr.) Karsten
Syn.: *Fomes marginatus* (Fr.) Gillet

Fruchtkörper: Konsolenförmig, Oberseite meist grau, mit rötlicher vorderer und weißlicher Zuwachszone. Die rötliche bis orangegelbliche Zone erscheint etwas verharzt. Poren weißlich bis gelblich, fein, geschichtet. Breite der Hüte 10–30 cm. Die Trama ist blaß gelblich bis holzfarben; junge Pilze scheiden oft gelbliche Guttationstropfen aus, vor allem am Hymenium. **Sporenpulver:** Weißgelblich; Sporen länglich-elliptisch, glatt. **Vorkommen:** An Nadel- und Laubhölzern, vor allem an Nadelbäumen im Gebirge; ganzjährig. **Verwechslung:** Der Fichtenporling ist je nach Alter in der Hutfärbung recht veränderlich. Junge 1jährige Pilze sind an der Oberseite einfarbig orangerötlich, sofern sich die dünne Oberkruste schon entwickelt hat. Zur Unterscheidung vom Zunderschwamm *(Fomes fomentarius)* kann ein brennendes Streichholz an die Kruste gehalten werden, die dann klebrig wird.
Bemerkungen: Die 4 in Mitteleuropa vorkommenden Arten der Gattung *Fomitopsis* erzeugen Braunfäule.

208 Judasohr

eßbar, aber zäh

Hirneola auricula-judae (Bull. ex St. Amans) Berk.

Syn.: *Auricularia auricula* (Hook.) Underwood
Auricularia sambucina Mart.

Fruchtkörper: Ohrmuschelförmig, dünnfleischig, mit zäh-gallertartiger Konsistenz, beim Eintrocknen hornartig werdend und schrumpfend, rot- bis olivbraun, Oberseite etwas filzig bis kahl, Breite bis 10 cm. **Sporenpulver:** Weiß; Sporen zylindrisch-gekrümmt, glatt. **Basidien:** Durch Querwände viergeteilt, im Mikroskop sehr schwer zu präparieren. **Vorkommen:** Auf alten Holunderstämmen, in einigen Gegenden auch häufig auf Eschenblättrigem Ahorn, selten auch an Fichten, in Büscheln und Gruppen; ganzjährig vorhanden. **Verwechslung:** Der Gezonte Ohrlappenpilz *(Auricularia mesenterica)* ist auf der Oberseite stark striegelig-filzig und gezont. Die hymeniumtragende Unterseite ist runzelig-aderig.
Bemerkungen: Die Gattung *Hirneola* besteht nur aus 1 Art. Der aus Ostasien importierte für chinesische Gerichte bevorzugte Pilz *(H. polyphylla)* ist dünnfleischiger und weniger zäh. Er wird in den Geschäften fälschlicherweise als »Chinesische Morchel« angeboten.

209 Klebriger Hörnling, Schönhorn

ungenießbar

Calocera viscosa Pers. ex Fr.

Fruchtkörper: Keulenpilzartig oder büschelig und dann einem Korallenpilz ähnlich, in allen Teilen goldgelb, beim Trocknen hornartig und dunkler rotorange, biegsam und zäh, Höhe 3–5 cm. **Sporenpulver:** Hell ockergelblich; Sporen zylindrisch-gekrümmt, glatt. **Basidien:** Zweisporig, gegabelt, einzellig. **Vorkommen:** Besonders auf totem Nadelholz, ganzjährig. **Verwechslung:** Der Klebrige Hörnling wird von vielen Pilzfreunden zuerst für einen Korallenpilz gehalten. Die Korallen sind nicht gummiartig biegsam, sondern mehr oder weniger brüchig und leben nach dem Trocknen nicht wieder auf, wenn sie befeuchtet werden. *C. cornea* ist kleiner und wächst gesellig, nicht büschelig. Er ist häufig auf Laubholz zu finden.
Bemerkungen: Die Gattung *Calocera*, die in Mitteleuropa aus ca. 5 saprophytisch lebenden Arten besteht, gehört in die unmittelbare Verwandtschaft zu den Gallerttränen *(Dacrymyces)*. Die Hörnlinge haben mit den letztgenannten die gegabelten Basidien gemein. Die weniger auffälligen Gallerttränen zeichnen sich durch kugel- bis knopfförmige kleinere Fruchtkörper aus.

210 Zitterzahn, Eispilz

eßbar

Pseudohydnum gelatinosum (Scop. ex Fr.) Karsten

Syn.: *Tremellodon gelatinosum* Fr.

Fruchtkörper: Halbkreis- bis muschelförmig, kurz gestielt, weißlich oder graubraun, gallertartig, an der Hutunterseite mit weißlichen gallertartigen Stacheln, die Oberseite ist körnig-warzig, Breite 3–8 cm. **Sporenpulver:** Weiß; Sporen kugelig, glatt. **Basidien:** Längsgeteilt, viersporig. **Vorkommen:** An morschem Laub- und Nadelholz; Juli bis November.

Bemerkungen: Der Zitterzahn kann roh als Salat genossen werden. Die Gattung *Pseudohydnum* beinhaltet nur 1 Art, die aber in 2 Farbvarianten auftritt: einer rein weißen bzw. glasigdurchscheinenden und einer graubraunhütigen Form.

211 Rötlicher Gallerttrichter

eßbar

Tremiscus helvelloides (DC. ex Pers.) Donk

Syn.: *Phlogiotis rufa* Quélet
Guepinia helvelloides DC. ex Fr.

Fruchtkörper: Füllhornähnlich bis halbiert-trichterförmig, rotorange, gallertartig, Höhe bis 10 cm. **Sporenpulver:** Weiß; Sporen länglich, glatt. **Basidien:** Durch Längswände geteilt, viersporig. **Vorkommen:** Auf Erde oder an morschem Holz, nur auf Kalkboden, vor allem im Gebirge; Juli bis Oktober.

Bemerkungen: Der Rötliche Gallerttrichter ist einer der wenigen Pilzarten, die roh als Salat genossen werden können. Er ist wegen seiner auffälligen Gestalt und Färbung kaum zu verwechseln. Die Gattung *Tremiscus* wird in Europa nur durch 1 Art vertreten.

212 Rotbrauner Zitterling

eßbar

Tremella foliacea Pers. ex Fr.

Fruchtkörper: Aus unregelmäßigen lappig gewundenen oder blattartigen Gebilden zusammengesetzt, oft faustgroß, rotbraun, Konsistenz gallertartig, beim Trocknen hornartig einschrumpfend, geruch- und geschmacklos. **Sporenpulver:** Weiß; Sporen rundlich, glatt. **Vorkommen:** An abgestorbenen Ästen von verschiedenen Laubhölzern, z.B. Birke, Ahorn und Traubenkirsche, aus der Rinde hervorbrechend; fast ganzjährig, vor allem aber in der kalten Jahreshälfte. **Verwechslung:** Der Rotbraune Zitterling kann bei flüchtiger Betrachtung eine gewisse Ähnlichkeit mit dem Judasohr *(Hirneola auricula-judae)* haben, dessen Gestalt aber regelmäßiger ohrförmig und die Konsistenz viel zäher ist. Auch wächst das Judasohr vorwiegend an Holunder. An Nadelholz kommt der ähnliche Kandisfarbene Drüsling *(Exidia saccharina)* vor, dessen Oberfläche fein drüsig punktiert ist. Seine Sporen sind zylindrisch und nicht rundlich. Der Goldgelbe Zitterling *(T. mesenterica)* unterscheidet sich durch die auffallend goldgelbe Farbe.
Bemerkungen: Der Rotbraune Zitterling ist im rohen Zustand als Salat genießbar, besitzt aber keinen Wohlgeschmack. Die Verwendung roher Pilze für die Küche ist generell kritisch, da überalterte Exemplare leicht von Bakterien befallen sein können.

213 Bleigrauer Zwergbovist

eßbar,
wenn innen weiß

Bovista plumbea Pers.

Fruchtkörper: Kugelförmig, zuerst weiß, fast glatt, mit leicht angedeuteter Felderzeichnung, bei der Reife nach Abfallen der Außenschicht bleigrau, ∅ 2–4 cm. **Sporenpulver:** Bräunlich; Sporen rundlich, glatt bis fein rauhlich, gestielt. **Vorkommen:** Auf Wiesen und Heideflächen; Juni bis Oktober. **Verwechslung:** Ähnlich ist der größere Schwärzende Eierbovist *(B. nigrescens)*, der im reifen Stadium nicht bleigrau, sondern braun-schwarz gefärbt ist. Auf Wiesen wächst häufig der Niedergedrückte- oder Münzenstäubling *(Vascellum pratense)*, der eine warzige Oberfläche besitzt.
Bemerkungen: Die echten Boviste, Gattung *Bovista*, sind in Mitteleuropa nur durch ca. 8 Arten vertreten. Bei unreifen (eßbaren) Pilzen läßt sich die äußere Schicht (Exoperidie) wie eine Eierschale abbröckeln. Ebenso bei *B. nigrescens*, der deshalb »Eierbovist« genannt wird.

214 Flaschen-Stäubling

eßbar, wenn innen weiß

Lycoperdon perlatum Pers.

Fruchtkörper: Verkehrt flaschen- bis birnenförmig, am Scheitel mit kleiner Papille, weiß, alt gelbbräunlich, jung mit derben leicht abfallenden Stacheln besetzt, die dann ein typisches Muster hinterlassen; Höhe bis 8 cm. Bei der Reife entsteht am Scheitel eine kleine Öffnung, während der Fruchtkörper noch lange seine Form behält. **Sporenpulver:** Oliv- bis grau-bräunlich; Sporen kugelig, fein warzig. **Vorkommen:** Im Laub- und Nadelwald, sehr häufig; Juli bis November. **Verwechslung:** Der Flaschen-Stäubling hat viele nahe verwandte Arten, die oft nur mit dem Mikroskop sicher von ihm zu unterscheiden sind. Der Stinkende Flaschen-Stäubling *(L. foetidum)* besitzt derbere bräunende Stacheln und riecht unangenehm nach Fisch. Der Beutel-Stäubling *(Calvatia excipuliformis)* unterscheidet sich durch feinere Stacheln, die nach dem Abfallen kein typisches polygonales Muster hinterlassen. Der zähe und ungenießbare Birnen-Stäubling *(L. pyriforme)* wächst auf Holzstümpfen und riecht etwas leuchtgasartig. Seine Außenseite ist meist glatt.

215 Birnen-Stäubling

ungenießbar

Lycoperdon pyriforme Schff. ex Pers.

Geruch: Etwas unangenehm nach Leuchtgas. **Fruchtkörper:** Verkehrt birnenförmig, Außenseite fast glatt bis fein kleiig, Farbe nur jung weißlich, bald gelbbräunlich, Höhe 3–5 cm. **Sporenpulver:** Olivbraun; Sporen kugelig, glatt. **Vorkommen:** In Laub- und Nadelwäldern, in Büscheln auf Stümpfen oder in deren unmittelbarer Nähe, immer in Verbindung mit Holz; August bis November. **Verwechslung:** Der ähnliche Flaschen-Stäubling *(L. perlatum)* wächst nicht auf Holz und ist an der Oberfläche mit deutlichen Stacheln besetzt. Er riecht nicht leuchtgasartig.

216 Igel-Stäubling

Lycoperdon echinatum Pers.

eßbar, wenn innen weiß

Fruchtkörper: Kugelig bis birnenförmig, braun, an der Oberfläche mit 3–4 mm langen derben, in Gruppen zusammenneigenden Stacheln, die abwischbar sind und dann ein polygonales Muster hinterlassen. Breite 2–4 cm. **Sporenpulver:** Purpurbraun; Sporen rundlich, warzig. **Vorkommen:** Meist am Boden von Laubwäldern, unter Buchen auf Kalkboden, selten auch im Nadelwald; Juli bis Oktober. **Verwechslung:** Der Igel-Stäubling ist an seinen besonders langen Stacheln gut zu erkennen. Andere bräunliche Arten wie *L. molle* oder *L. umbrinum* sind an der Oberfläche nur fein kleiig-warzig. Die Stacheln hinterlassen nach dem Abfallen kein auffallendes Muster.

217 Beutel-Stäubling, Sack-Stäubling

Calvatia excipuliformis (Pers.) Perdeck

Syn.: *Lycoperdon saccatum* auct.

eßbar, wenn innen weiß

Fruchtkörper: In der Form veränderlich, meist aber wie ein Pistill geformt, kopfig-keulenförmig, Peridie fein stachelig, Höhe bis 15 cm. Reife, halb ausgestäubte Exemplare ähneln denen des Hasenbovist, sind aber deutlich gestielt. **Sporen:** Kugelig, fein warzig, mit Stielchen, manchmal im mikroskopischen Präparat separat neben den Sporen liegend. **Sporenpulver:** Olivbräunlich. **Vorkommen:** In Laub- und Nadelwäldern, selten außerhalb; Juli bis November. **Verwechslung:** Große Exemplare können dem Hasen-Stäubling ähneln, während kleine Fruchtkörper vor allem wegen der Form mit Flaschen-Stäublingen verwechselt werden können. Letzterer zeichnet sich durch grobere stachelartige Warzen aus, die nach dem Abfallen ein polygonales Muster hinterlassen, welches dem Beutel-Stäubling fehlt.

218 Hasen-Stäubling, Getäfelter Stäubling

eßbar, wenn innen weiß

Calvatia caelata (Bull.) Morgan

Syn.: *Calvatia utriformis* (Bull. ex Pers.) Jaap

Fruchtkörper: Groß, plump, umgekehrt birnenförmig, Oberfläche weißlich bis weißgrau, grob getäfelt oder nicht, fein warzig-stachelig (Warzen im Alter vergehend), Breite bis 12 cm. **Sporenpulver:** Olivbräunlich, Sporen kugelig, glatt. **Vorkommen:** Auf Wiesen, Brachfeldern und Waldrändern, besonders im Gebirge auf Weiden; Juni bis Oktober. **Verwechslung:** Eine gewisse Ähnlichkeit kann der Beutel-Stäubling *(C. excipuliformis)* haben. Er ist meist kleiner und hat eine Form wie ein Pistill, ist also deutlich stielförmig abgesetzt. Der Riesenbovist *(Langermannia gigantea)* ist viel größer und besitzt eine glatte Oberfläche. Er reißt bei der Reife nicht becherförmig ab, sondern bleibt kugelig. Der hauptsächlich im Mittelmeergebiet vertretene Lilafarbene Stäubling, *C. lilacina (= cyathiformis)*, ist in Form und Größe sehr ähnlich. Seine grauweißliche bis deutlich bräunliche Peridie kann ebenfalls felderig aufbrechen. Er ist makroskopisch durch sein violettbraunes Sporenpulver zu unterscheiden. Der Geschmack des gebratenen Pilzes ist ausgezeichnet und übertrifft den des Hasen-Stäublings bei weitem. Der Pilz wurde in Süddeutschland schon beobachtet, wenn auch sehr selten. Verwechslung auch mit dem leicht giftigen Kartoffelbovist möglich.

Bemerkungen: Die Gattung *Calvatia* besteht in Mitteleuropa aus 4 Arten, wenn *C. lilacina* zugerechnet wird. Die ausgestäubten schalenförmigen Überbleibsel der Hasen-Stäublinge sind oft noch im nächsten Frühjahr zu beobachten. Daran können Standorte des Pilzes erkannt werden. Die rechte Bildhälfte zeigt ein ausgestäubtes Exemplar, wie es für den Hasen-Stäubling typisch ist.

219 Riesenbovist

eßbar, wenn innen weiß

Langermannia gigantea (Batsch ex Fr.) Rostk.

Syn.: *Calvatia maxima* (Schff.) Morgan

Fruchtkörper: Kugelförmig, weiß, glatt, bei der Reife nach Abblättern der äußeren Peridie graugelblich, Breite 20–50 cm. Der reife Pilz bleibt längere Zeit als Kugel erhalten, wird dann aber von oben her langsam abgetragen. **Sporenpulver:** Olivgrünlich bis graubraun. Sporen kugelig, fein warzig oder glatt, kurz gestielt. **Vorkommen:** Auf Wiesen und Weideplätzen, auf fetten stickstoffhaltigen und auf sauren Böden; August bis Oktober.

Bemerkungen: Eines der größten bisher gefundenen Exemplare war ca. 150 cm breit und 60 cm hoch! (nach Kreisel).

220 Dickschaliger Kartoffelbovist

giftig

Scleroderma citrinum Pers.

Syn.: *Scleroderma aurantium* L. ex Pers.
Scleroderma vulgare Hornem.

Fruchtkörper: Knollenförmig, stiellos, gelbbräunlich, Oberfläche fein körnig bis grob schuppig-felderig, Breite bis 10 cm. Die Peridie ist derb, im jungen Zustand bis 4 mm dick (Schnitt). Sie öffnet sich bei der Reife durch eine unregelmäßige Öffnung am Scheitel. **Sporen:** Mit netzigem Ornament. **Vorkommen:** In Laub- und Nadelwäldern, auf sauren Böden; Juli bis November. **Verwechslung:** Die Kartoffelboviste dürfen nicht mit den eßbaren Stäublingen und Bovisten verwechselt werden, die nicht stechend metallisch riechen, innen nicht schwärzlich gefärbt sind und eine weichere Konsistenz besitzen. Sehr ähnlich ist der Dünnschalige Kartoffelbovist *(S. verrucosum);* dessen Peridie auch im Jugendzustand kaum dicker als 1 mm ist. Der Pilz ist meist deutlich gestielt und besitzt stark ausgebildete Rhizomorphen an der Basis. Die Sporen sind nicht genetzt, sondern isoliert stachelig. Es existieren noch weitere ähnliche Kartoffelboviste, die alle für den Genuß nicht in Frage kommen. Der in der Konsistenz ähnliche Erbsenstreuling *(Pisolithus tinctorius)* zeigt im Innern ein grobkörniges Muster. Er ist ein guter Gewürzpilz.

Bemerkungen: Früher wurden mit den Kartoffelbovisten Trüffelgerichte verfälscht. In größeren Mengen genossen können aber Ohnmachtsanfälle, Übelkeit und Erbrechen auftreten.

221 Dünnschaliger Kartoffelbovist

giftig

Scleroderma verrucosum Bull. ex Pers. ss. Grev.

Fruchtkörper: Knollenförmig, meist deutlich gestielt, an der Basis mit stark ausgeprägten Rhizomorphen, gelbbräunlich, Oberfläche nur fein flockig-körnig, Peridie dünn (kaum dicker als 1 mm), bei Verletzung oft leicht rötend, Breite bis 6 cm. **Sporen:** Rundlich, isoliert stachelig warzig. **Vorkommen:** Im Laubwald, in Parkanlagen, an Wegen und Waldrändern, gern auf sandigem Boden; Juli bis Oktober. **Verwechslung:** Der viel häufigere Dickschalige Kartoffelbovist besitzt im Längsschnitt eine 2–3 mm dicke Peridie, ist außen meist gröber flockig-schuppig und rötet nicht. Sehr ähnlich und mit *S. verrucosum* gleich häufig an gleichen Standorten vorkommend, ist *S. areolatum.* Er unterscheidet sich durch kleineren Wuchs und größere Sporen.

222 Erbsenstreuling, Böhmische Trüffel

Pisolithus tinctorius (Mich. ex Pers.) Coker & Couch

eßbar *
Gewürzpilz

Fruchtkörper: Knollenförmig, sack- oder beutelförmig, mit oder ohne Stiel, die Form ist sehr veränderlich, Außenseite gelbbräunlich, olivbräunlich oder dunkelbraun, glatt, Höhe bis 15 cm. Bei der Reife wird der Pilz von oben her durch Zerstäuben abgetragen. **Gleba:** Im Längsschnitt auffällig grob körnig, kammerig, leuchtend gelb, vor allem im unreifen Zustand, beim Reifen rostbraun und die typische Struktur verlierend, stäubend. **Sporenpulver:** Rostbraun; Sporen kugelig, warzig-stachelig. **Vorkommen:** Auf sterilen Böden, Sandboden, auf Halden, Böschungen und Bahndämmen; Juli bis September. Nicht in allen Gegenden zu finden. Im Mittelmeergebiet teilweise sehr häufig. **Verwechslung:** Da der Erbsenstreuling ein guter Gewürzpilz ist, muß vor den ähnlichen Kartoffelbovisten gewarnt werden. Diese sind aber durch die fast einheitlich grau-schwärzliche, fein marmorierte Gleba gut zu unterscheiden. Die grobkörnige Kammerung des Erbsenstreulings ist einmalig.

Bemerkungen: Die große Formveränderlichkeit hat die Mykologen dazu verleitet, den Erbsenstreuling in mehrere Arten aufzuspalten. *P. tuberosus:* ungestielt; *P. arenarius:* kurzgestielt; *P. crassipes:* langgestielt. Alle diese Formen sind als zu einer Art zugehörig zu betrachten.

Das untere Foto zeigt den Pilz im Längsschnitt.

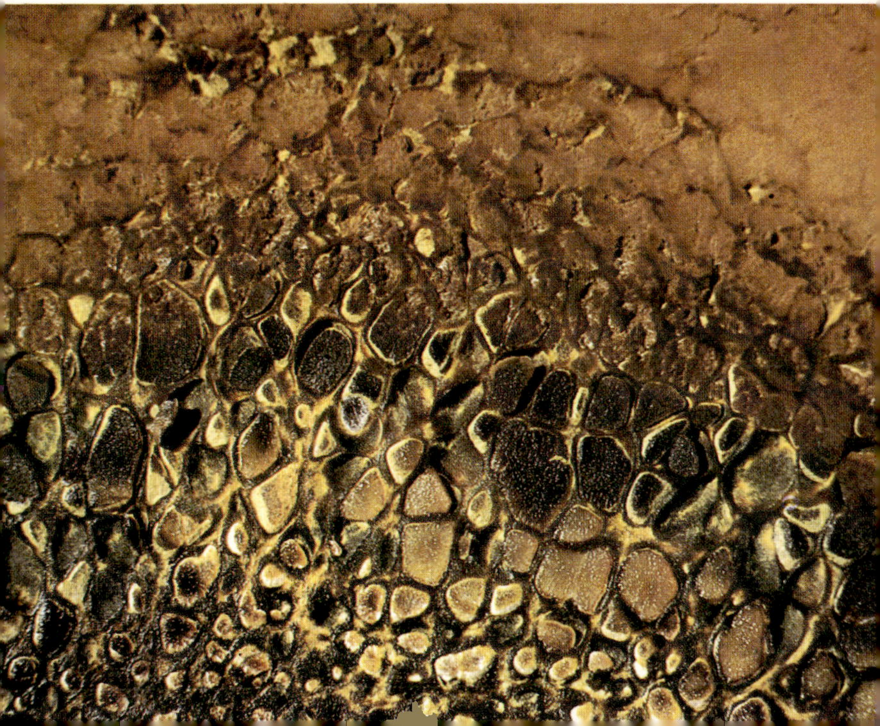

223 Halskrausenerdstern

ungenießbar

Geastrum triplex Jungh.

Fruchtkörper: Erst kugelig-zwiebelförmig, rotbraun bis ockerbraun, halb unterirdisch; beim Reifen vom Scheitel her aufspaltend und sternförmig umrollend, dabei wird die innere Staubkugel emporgehoben, die sich am Scheitel wie bei den Stäublingen öffnet, um die reifen Sporen zu entlassen. Beim Halskrausenerdstern bleibt beim Umrollen der Exoperidie wegen der mangelnden Elastizität meist ein deutlicher »Kragen« stehen. Breite des entfalteten Pilzes 6–10 cm. **Sporenpulver:** Braun; Sporen rundlich, deutlich warzig. **Vorkommen:** In Laubwäldern und lichten Stellen in Parkanlagen; Juli bis Oktober. Einer der häufigsten Erdsterne im Berliner Raum, in anderen Gegenden seltener. **Verwechslung:** Der Halskrausenerdstern kann mit anderen Vertretern seiner Gattung verwechselt werden, vor allem wenn die typische Halskrause (bei gerade entfalteten Pilzen) noch nicht ausgebildet ist. Der relativ häufige kleinere Gefranste Erdstern *(G. sessile = fimbriatum)* besitzt keinen Kragen, dafür aber eine fransig-gewimperte Mündung. Der Rötende Erdstern *(G. rufescens = vulgatum)* unterscheidet sich durch rötendes Fleisch.

Bemerkungen: Die Gattung *Geastrum* besteht aus rund 25 teilweise sehr seltenen Arten, die saprophytisch im Boden leben. Für Speisezwecke kommt keine Sorte in Frage. Der manchmal in Massen auftretende Halskrausenerdstern riecht und schmeckt im rohen Zustand unangenehm ranzig-tranig (Ähnlichkeit mit Blattwanzengeruch). Alle Erdsterne sollten wegen ihrer Seltenheit geschont werden.

224 Gestreifter Teuerling

ungenießbar

Cyathus striatus (Huds. ex Pers.) Willd.

Fruchtkörper: Becherförmig, im jungen Zustand durch ein weißliches Häutchen geschlossen; Farbe der zottigen Außenseite dunkelbraun, Innenseite grau-weißlich und auffallend längsgestreift. Im Innern der Fruchtkörper liegen kleine linsenförmige Sporenbehälter (Peridiolen), die mit einem kleinen Fädchen (Funiculum) an der Basis des Bechers befestigt sind. Höhe 1–2 cm. **Sporen:** Länglich-elliptisch, glatt, farblos. **Vorkommen:** Meist an faulenden Holzresten, seltener am Boden; August bis November. **Verwechslung:** Der Gestreifte Teuerling ist durch seine braunzottige Außenseite und die innere Streifung gut gekennzeichnet. Der Topfteuerling *(C. olla)* ist mehr graubraun gefärbt, außen feiner filzig und innen nicht gestreift. Der Tigelteuerling *(Crucibulum laeve)* ist freudig ockergelblich gefärbt. Der den jungen Pilz verschließende Deckel (Epiphragma) ist orangegelblich.

Bemerkungen: Die ca. 6 in Mitteleuropa vorkommenden Arten der Gattung *Cyathus* leben saprophytisch an Holz, im Boden oder auf Dung. Sehr ähnlich sehen die meist viel kleineren Nestlinge *(Nidularia)* aus.

225 Stinkmorchel

Phallus impudicus L. ex Pers.

eßbar
als »Hexenei«

Geruch: Im reifen Zustand stark süßlich aasartig. **Fruchtkörper:** Zunächst eiförmig, außen weißlich, halb im Boden eingesenkt, mit dicker gallertartiger Umhüllung, dann entfaltet sich ein weißlicher hohler poröser Stiel, auf dessen Spitze ein wabiges glockenförmiges Köpfchen sitzt. Es trägt die olivgrünliche Gleba, die, sofern sie mit der Luft in Berührung kommt, aasartig zu riechen beginnt. An der Basis des Stieles bleiben die gallertartigen Hüllreste wie bei der Volva eines Knollenblätterpilzes zurück. Höhe des Gesamtfruchtkörpers ca. 10–20 cm. Durch den aasartigen Geruch der reifen Sporenmasse sollen Insekten angelockt werden, die für die Verbreitung der darin enthaltenen Sporen sorgen. Ist die Gleba nach einiger Zeit abgetragen, so kommt die wabenartige Struktur zum Vorschein. Dadurch entsteht der Eindruck als habe man eine Morchel vor sich. **Sporenmasse:** Olivgrün; Sporen oval, glatt. **Vorkommen:** In Laub- und Nadelwäldern, unabhängig von bestimmten Baumarten, an lichten Stellen; gern auch unter Robinien, wo keine Mykorrhiza gebildet werden kann; Juli bis November, hauptsächlich aber im Sommer. **Verwechslung:** Die Dünenstinkmorchel *(Ph. hadriani)* unterscheidet sich durch das außen violettbräunlich gefärbte Hexenei (eiförmiger geschlossener Zustand). Sie ist in Dünenlandschaften verbreitet und lebt dort in einer parasitischen Wurzelverbindung mit höheren Pflanzen. Eine gewisse Ähnlichkeit besitzen die Hundsrute *(Mutinus caninus)* und ihre Verwandten. Ihre Fruchtkörper sind orange bis himbeerrot gefärbt und deutlich kleiner. Auch ist der Teil, der die Gleba trägt, fest mit dem Stiel verwachsen.

Bemerkungen: In dem eiförmigen Jugendstadium, dem sog. »Hexenei« ist der Fruchtkörper vollständig angelegt. Durch eine bloße Streckung des Stielteiles, die in wenigen Stunden vollzogen wird, kommt es bei der Reife zur vollständigen Entfaltung. Wer ein Hexenei findet und es »hochzüchten« möchte, bedeckt es zu zwei Drittel mit feuchter Erde und schirmt es mit einer Glasglocke ab. Unter der Voraussetzung, daß das Ganze dem täglichen Lichtrhythmus ausgesetzt wird, kann, je nach Reifezustand, am nächsten Tag oder nach einer Woche die fertige Stinkmorchel bewundert werden. Das von der Gallerthülle befreite Hexenei wird, in Scheiben geschnitten und gebraten, bisweilen für Speisezwecke verwendet. Es riecht und schmeckt etwas aufdringlich rettichartig. Zur Gattung *Phallus* gehören 3 Arten in Mitteleuropa.

226 Hundsrute

ungenießbar

Mutinus caninus (Huds. ex Pers.) Fr.

Geruch: Schwach, etwas nach Katzendreck. **Fruchtkörper:** Rutenförmig, fingerartig, sich aus einem taubeneigroßen weißlichen Hexenei entwickelnd, Rezeptakulum blaß orange, an der nicht abgesetzten Spitze die olivgrüne Gleba tragend, darunter orangerot gefärbt, nicht gekammert. Höhe bis 8 cm, Dicke bis ca. 1 cm. Die entwickelten Fruchtkörper liegen meist um. **Sporen:** Elliptisch, glatt. **Vorkommen:** In Laubwäldern, gern an morschen moosigen Stümpfen, an Buchen und Haselnuß öfter in Gruppen anzutreffen; Juli bis Oktober. **Verwechslung:** *M. ravenelii* ist in Form und Größe sehr ähnlich. Die Farbe des Rezeptakulums ist meist himbeerrot und der Geruch ist stark aasartig (im Gegensatz zu der fast geruchlosen Hundsrute). In Berlin ist *M. ravenelii* in warmen Sommern fast häufiger als *M. caninus* und wächst am Boden in Parkanlagen. Wegen seines Geruchs wird er gern von Hunden gefressen, die davon keinen Schaden nehmen. Der Elegante Rutenpilz *(M. curtisii = elegans)* ist größer, riecht ebenfalls stark aasartig und besitzt größere Sporen.

Bemerkungen: Die Gattung *Mutinus* ist in Europa mit 4 Arten vertreten, die teilweise nur sporadisch auftreten. Sie leben saprophytisch am Erdboden oder auf Holz.

227 Gitterling

ungenießbar

Clathrus ruber Micheli ex Pers.

Syn.: *Clathrus cancellatus* Tourn. ex Fr.

Geruch: In reifem Zustand süßlich-aasartig. **Fruchtkörper:** Zunächst rundlich, weiß, halb unterirdisch, an der Außenseite mit weiter eingedrückter Netzzeichnung, mit Gallerthülle. Bei der Reife platzt das »Hexenei« auf und es entsteht ein weitmaschig gitterförmiges Gebilde, welches an der Innenseite der Verstrebungen die olivbraune Sporenmasse (Gleba) trägt. Farbe orange bis scharlachrot; Höhe 5–8 cm. An der Basis bleiben die Reste des Hexeneis als gallertartige Hülle zurück, im Prinzip genau wie bei der Stinkmorchel. **Sporen:** Elliptisch, glatt. **Vorkommen:** In Mitteleuropa sehr selten und nur sporadisch auftretend. Besonders in feuchtwarmen Sommermonaten (Juni-Juli) auf Friedhöfen und Vorgärten. Im Mittelmeergebiet ist der Pilz so häufig wie bei uns die Stinkmorchel und wächst dort in Wäldern auf Sand- oder Kalkboden in den Monaten September bis Februar. Wohl auch zu anderer Jahreszeit, sofern es feucht genug ist. **Verwechslung:** Der in Deutschland häufigere Tintenfischpilz *(Anthurus archeri)* ist ähnlich aufgebaut und gefärbt, besteht in entfaltetem Zustand aber aus polypenartigen Armen.

Bemerkungen: Die Gattung *Clathrus* ist in Mitteleuropa nur durch die 1 oben beschriebene Art vertreten. – Das Foto stammt aus Sardinien (Italien).

228 Weiße Trüffel, Mäandertrüffel

eßbar

Choiromyces maeandriformis Vitt.

Geruch: Angenehm aromatisch. **Fruchtkörper:** Grauweißlich, ockergelblich, okkerbräunlich, knollenförmig, Außenseite fast glatt oder leicht höckerig-wulstig, Breite bis gut 10 cm. Im Anschnitt zeigt sich das marmorierte, cremeweißliche Innere. **Fleisch:** Fest und hart. **Sporen:** Kugelig, grob warzig-stachelig, im Mikroskop blaß gelblich. **Vorkommen:** Im Laub- und Nadelwald, gern unter Buchen auf Lehm- und Kalkboden, oft nur halbunterirdisch und mit dem Scheitel aus dem Erdreich hervorschauend; Juli bis September. **Verwechslung:** Die Mäandertrüffel fällt durch ihre Größe und das halbunterirdische Wachstum auf. Sie könnte mit kleineren unterirdisch lebenden Trüffeln verwechselt werden, die aber andere Sporen besitzen. Das labyrinthartig marmorierte Fleisch ist ein gutes Kennzeichen für die Trüffeln. Unterirdische Bauchpilze (z. B. Erdnüsse, *Hymenogaster*) zeigen im Schnitt isoliert stehende rundliche Glebakammern.
Bemerkungen: Die Gattung *Choiromyces* wird in Mitteleuropa nur durch 1 Art vertreten. Ihr Genuß soll leicht abführende Wirkung hervorrufen.

229 Halbfreie Morchel

eßbar *

Mitrophora semilibera (DC. ex Fr.) Lev.

Syn.: *Mitrophora hybrida* Sow. ex Grev.
Mitrophora rimosipes DC.

Geruch: Etwas dumpf, kaum angenehm. **Hut:** Meist olivbräunlich, mit erhabenen deutlich längs ausgeprägten Rippen und weniger auffälligen Querverbindungen, Hutkante deutlich bis zu einem Drittel der Hutlänge frei vom Stiel. **Stiel:** Cremeweißlich, blaßocker, außen körnig, besonders im oberen Teil, dort fast runzeligkörnig, hohl wie der ganze Fruchtkörper; Höhe bis 10 cm. **Sporenpulver:** Ockergelblich; Sporen elliptisch, glatt. **Vorkommen:** In Auwäldern, in Parkanlagen und Gärten, gern unter Eschen; April bis Mai.
Bemerkungen: Die Halbfreie Morchel ist extrem veränderlich. Einmal ist der Hut groß und der Stiel klein oder umgekehrt. Riesen- und Zwergformen sind bekannt. Die langstieligen Formen wurden früher *M. rimosipes* genannt, die großhütigen *M. hybrida.* Wenn der Pilz an einer Stelle in großen Mengen wächst, kann man alle Übergangsformen auf einmal bewundern. Bei den echten Morcheln *(Morchella)* sind die Hutkanten am Stiel angewachsen.

230 Spitzmorchel

eßbar *

Morchella conica Pers.

Syn.: *Morchella elata* Fr.

Geruch: Etwas dumpf. **Hut:** Graubraun bis olivbräunlich, mit ausgeprägten Längsrippen und schwächeren Querverbindungen, ähnlich wie bei der Halbfreien Morchel, Hutkante jedoch angewachsen, Höhe des Fruchtkörpers bis 10 cm oder mehr. **Stiel:** Im Verhältnis zum Hut klein oder groß, weißlich-ocker, kleiig, hohl. **Sporenpulver:** Cremegelblich; Sporen elliptisch, glatt. **Vorkommen:** In Auwäldern, unter Gebüsch usw., an ähnlichen Stellen wie die Speisemorchel; April bis Mai, im Gebirge auch noch früher oder später, dort auch im Nadelwald. **Verwechslung:** Vorsicht bei Verwechslungen mit der Frühjahrslorchel. Die Speisemorchel besitzt am Hut keine ausgeprägten Längsrippen. Bei der ähnlichen Halbfreien Morchel ist die Hutkante nicht angewachsen. *Morchella deliciosa* scheint morphologisch ein Übergang zwischen *M. esculenta* und *M. conica* zu sein. Sie soll einen angenehmen Geschmack besitzen.
Bemerkungen: Bei der Spitzmorchel existiert ein ebenso großes Arten- und Varietätenwirrwar wie bei der Speisemorchel. Bei den Morcheln können 3 Gruppen sicher unterschieden werden: die Halbfreien *(Mitrophora),* die Rillhütigen (*conica*-Gruppe) und die Wabenhütigen (*esculenta*-Gruppe).

231 Speisemorchel

eßbar **

Morchella esculenta Pers. ex St. Amans

Geruch: Angenehm aromatisch. **Hut:** Gewöhnlich ockergelblich, aber auch grau, in der Form rundlich bis langgestreckt, mit wabenartigen Vertiefungen, die erhabenen sterilen Kanten sind nicht auffällig längs ausgerichtet. Hutkante nicht frei am Stiel, Höhe des Fruchtkörpers bis 15 cm. **Stiel:** Blaß ocker bis weißlich-grau, an der Basis bei älteren Exemplaren wellig-kraus und verbreitert, hohl. **Sporenpulver:** Cremegelblich; Sporen elliptisch, glatt, an den Polenden oft mit tropfenförmigen Ausscheidungen. **Vorkommen:** In Auwäldern, an Flußufern, Waldrändern, unter Gebüsch, gern unter Eschen, auf armen wie auf reicheren Böden, seltener auch auf Humus, meidet gedüngten Boden; April bis Mai. **Verwechslung:** Die giftige Frühjahrslorchel *(Gyromitra esculenta)* besitzt einen heller oder dunkler rotbraunen Hut, der gehirnartig nach außen gewunden ist. Sie wächst häufig auf sandigem Boden unter Kiefern. Die dunklere Spitzmorchel *(M. conica)* besitzt ausgeprägte Längsrippen.
Bemerkungen: Die Speisemorchel ist sehr veränderlich. Sie wird deshalb gerne in mehrere Arten und Varietäten unterteilt. Grau- bis schwarzhütige Formen werden von manchen Autoren als *M. vulgaris* abgetrennt. Ferner werden unterschieden: var. *rotunda* mit rundlichen Hüten; var. *crassipes* mit besonders dickem hohem Stiel; var. *alba* mit weißlichen Farben u. a. Alle Jahre kommen mehrere neue Varietäten hinzu, deren Eigenständigkeit oder Berechtigung umstritten erscheint.

232 Frühjahrslorchel

giftig

Gyromitra esculenta (Pers.) Fr.

Geruch: Angenehm aromatisch. **Hut:** Rotbraun, mit gehirnartig nach außen gewundener Oberfläche, Breite bis 10 cm. **Stiel:** Weißlich bis fleischfarben, oft kurz. Der Fruchtkörper ist im Längsschnitt nicht wie bei den Morcheln regelmäßig hohl. **Sporen:** Elliptisch, glatt, farblos, meist mit einem großen oder zwei kleineren Öltropfen. **Vorkommen:** Im Nadelwald, besonders unter Kiefern in Jungpflanzungen; März bis Mai, meist um die Monatswende von März zu April. **Verwechslung:** Die giftige Frühjahrslorchel ist der klassische Doppelgänger der eßbaren Morcheln, die hellere (jedenfalls nicht rotbraune) wabenartig nach innen vertiefte Hüte besitzen. Ihr Fruchtkörper ist innen regelmäßig hohl. Die Riesenlorchel *(Maublancomyces gigas)* ist am Hut mehr beigebräunlich gefärbt und wächst im Laubwald. Sie ist sehr selten und ebenfalls giftverdächtig. Die Bischofsmütze *(Gyromitra infula)* ist rotbraun wie die Frühjahrslorchel und kommt im Herbst vor. Ihr Hut ist oft mehrzipfelig aufgebaut. Sie gilt als eßbar, sollte aber vorsichtshalber abgekocht werden.

Bemerkungen: Die Frühjahrslorchel hat, und zwar wenn kurz hintereinander größere, wahrscheinlich ungenügend erhitzte Gerichte genossen wurden, schon zu Todesfällen geführt. Im abgekochten Zustand galt sie als eßbar. Es ist nicht auszuschließen, daß hier ein ähnlicher Vergiftungsmechanismus wie beim Kahlen Krempling wirkt.

233 Fingerhutverpel

eßbar

Verpa digitaliformis Pers.

Syn.: *Verpa conica* (Mill.) Swartz

Hut: Heller oder dunkler bräunlich, glockenförmig frei, nur an der Stielspitze angeheftet, Oberfläche leicht gerunzelt, Höhe des Fruchtkörpers bis 10 cm. **Stiel:** Blaß gelblich bis fleischrötlich, außen fein kleiig, hohl. **Sporen:** Elliptisch, glatt, farblos. **Vorkommen:** In lichten Wäldern und Parkanlagen, an ähnlichen Standorten wie die Morcheln, aber seltener; April bis Mai. **Verwechslung:** Die Böhmische Verpel *(Ptychoverpa bohemica)* ist noch seltener und unterscheidet sich durch einen deutlich gewunden-gefalteten Hut. Sie ist mikroskopisch durch meist 2- bis 4-sporige Schläuche leicht abzugrenzen.

234 Herbstlorchel, Krause Lorchel

eßbar

Helvella crispa (Scop.) Fr.

Hut: Viellappig, kraus, weißlich bis schmutzig ocker. **Stiel:** Meist lang, weißlich, auffallend längsgefurcht, Höhe bis 15 cm. **Sporen:** Elliptisch, glatt, farblos, mit einem großen Öltropfen. **Vorkommen:** Im Laubwald, unter Gebüsch, am Waldrand; August bis Oktober, vereinzelt auch im Frühjahr. **Verwechslung:** Sehr ähnlich können blasse Formen der Grubenlorchel *(H. lacunosa)* aussehen, die im Normalfall in allen Teilen grauschwärzlich gefärbt sind. Sie wachsen meist im Sommer.

Bemerkungen: Bei der Verwendung von Lorcheln ist Vorsicht geboten. Da Lorcheln sehr langsam wachsen, können sie stellenweise schon am Standort in Fäulnis übergegangen sein, ohne daß der Sammler es ihnen ansieht. Gerade die Herbstlorchel bekommt dann einen etwas aufdringlichen süßlichen Geruch! Derartige Exemplare sind keinesfalls zu verwenden.

235 Pokal-Rippenbecherling

eßbar

Paxina acetabulum (L. ex St. Amans) O. Kuntze

Fruchtkörper: Schlank-kelchförmig, pokalförmig, dunkelbraun bis graubräunlich, an der Außenseite mit erhabenen Rippen gezeichnet, Höhe bis 8 cm. **Sporen:** Elliptisch, glatt. **Vorkommen:** An lichten Waldstellen, Wegrändern; Mai bis Juni. **Verwechslung:** Sehr ähnlich können jüngere Stadien von *Helvella queletii* sein, die zur gleichen Zeit am gleichen Standort vorkommen. Hier ist meist der Stiel schlanker und deutlicher vom Hutteil abgesetzt. Im Alter schlagen die Hutränder der Lorchel um, so daß ein sattelförmiges Gebilde entsteht. *P. sulcata* ist nach Dennis nur eine Form von *P. acetabulum.* Der kleinere mehr grau-schwärzlich gefärbte *P. leucomelas* besitzt einen meist stärker wurzelnden Stiel und ist an der Außenseite weniger stark gerippt.

Bemerkungen: Die aus ca. 4 Arten bestehende Gattung *Paxina* zeigt große verwandtschaftliche Beziehungen zu den Lorcheln *(Helvella).* Der Pokal-Rippenbecherling scheint kein guter Speisepilz zu sein. Einige zur Probe zubereiteten Exemplare (Abkochen und Braten) waren zäh und schmeckten bitterlich. Bei größeren Exemplaren, die eine entsprechende Reife erreicht haben, kann bei gutem Gehör der Sporenauswurf durch ein feines Prasseln wahrgenommen werden!

236 Morchelbecherling, Aderiger Becherling

eßbar *

Disciotis venosa (Pers.) Boud.

Geruch: Bei Verletzung auffallend chlorartig. **Fruchtkörper:** Schalen- bis becherförmig, mit kurzem Stielansatz, Innenseite bräunlich und oft aderig-gefaltet, Außenseite heller weißlich bis graugelblich, fein kleiig, Breite 5–15 cm. **Sporen:** Elliptisch, farblos, glatt, an den Polen wie bei den Morcheln oft mit kleinen tropfenförmigen Ausscheidungen. **Vorkommen:** In Auenwäldern, an Waldrändern, an Wegen, gern auf tonigen Böden, oft zusammen mit Morcheln; April bis Mai. **Verwechslung:** Sehr ähnlich ist der Schildförmige Scheibenbecherling *(Discina perlata),* der etwa um die gleiche Jahreszeit im Bereich von Nadelbaumwurzeln oder auf vermulmten Stümpfen wächst. Er riecht nicht nach Chlor und gehört aufgrund seiner länglichen mit zwei Anhängseln versehenen Sporen in die Verwandtschaft der Lorcheln.

Bemerkungen: Der Morchelbecherling ist ein guter Speisepilz, der seinen Chlorgeruch beim Kochen verliert. Er ist der einzige Vertreter seiner Gattung.

237 Kronenbecherling

giftig

Sarcosphaera crassa (Santi ex Steudel) Pouzar

Syn.: *Sarcosphaera coronaria* (Jacq. ex Cooke) Boudier
Sarcosphaera eximia Maire

Fruchtkörper: Anfangs kugelförmig geschlossen und in den Erdboden eingesenkt, weißlich; dann sternförmig aufbrechend, dünnfleischig, Innenseite (Hymenium) meist schön violett oder rosa-lila, seltener auch nur weißlich; Breite bis ca. 15 cm. **Sporen:** Elliptisch, glatt, mit zwei Öltropfen. **Vorkommen:** In Nadel- und Laubwäldern auf Kalkboden, gerne unter Buchen; Mai bis Juni, stellenweise häufig, aber nicht in allen Gegenden vorkommend. **Verwechslung:** Der Blasige Becherling *(Peziza vesiculosa)* kann in der Form eine gewisse Ähnlichkeit haben; er reißt aber nicht sternförmig auf, besitzt nie ein violettes Hymenium und wächst auf gedüngtem Boden.

Bemerkungen: Der Kronenbecherling besitzt eine ähnliche Giftwirkung wie die Frühjahrslorchel *(Gyromitra esculenta),* vor allem im rohen Zustand. Auch nach Abbrühen und Weggießen des Kochwassers können noch Beschwerden auftreten. Die Gattung *Sarcosphaera* besteht nur aus 1 Art, die sich von den echten Becherlingen *(Peziza)* hauptsächlich dadurch unterscheidet, daß sich die jungen Fruchtkörper halbunterirdisch entwickeln und dann kronenförmig aufbrechen. Die abgebildeten Exemplare besitzen leider kein typisch violettes Hymenium (Innenseite), können aber an dem sternförmig aufreißenden Rand und dem leicht eingesenkten Wachstum gut erkannt werden.

238 Orangebecherling

eßbar

Aleuria aurantia (Fr.) Fuckel

Fruchtkörper: Becher- bis schalenförmig, Innen- und Außenseite leuchtend orange, außen meist etwas blasser, Breite 2–10 cm. **Sporen:** Oval, grobnetzig, farblos. **Vorkommen:** Auf lehmigem Boden an Wegen und freien Waldstellen; Mai bis Oktober. **Verwechslung:** Durch seine Größe und die auffallende Färbung ist der Pilz kaum zu verwechseln. *Melastiza chateri* ist viel kleiner und hat eine durch dunkle kurze Haare flaumig punktierte Außenseite. Die Farben stimmen überein.
Bemerkungen: Die Gattung *Aleuria* besteht aus etwa 5 in Europa bekannten Arten. Alle sind orange bis scharlachrot oder goldgelb gefärbt. Der Orangebecherling ist der weitaus häufigste und größte Vertreter seiner Gattung. Von den echten Becherlingen *(Peziza)* unterscheiden sich die Orangebecherlinge dadurch, daß die Asci an der Spitze mit Lugolscher Lösung nicht blauen.

239 Blasiger Becherling

eßbar

Peziza vesiculosa Bull. ex St. Amans

Fruchtkörper: Schüsselförmig, becherförmig, lange blasig geschlossen, in allen Teilen ockergelblich, Außenseite kleiig, Breite 5–10 cm. **Sporen:** Elliptisch, glatt, farblos. **Vorkommen:** Auf gedüngten Böden, auf Misthaufen oder Beeten, in Büscheln oder gesellig; April bis September. **Verwechslung:** Der Blasige Becherling kann mit mehreren ähnlich aussehenden Becherlingen verwechselt werden. Er unterscheidet sich jedoch von allen anderen Arten durch seine Vorliebe für gedüngten Boden. Becherlinge aus der *Peziza-varia*-Gruppe sind durch das Wachstum auf morschem Holz und die kleineren Sporen zu unterscheiden. Wer Becherlinge für die Küche verwendet, sollte den giftigen Kronenbecherling *(Sarcosphaera crassa)* kennen. Er entwickelt sich ebenfalls fast blasenförmig, reißt dann aber kronenförmig auf und entblößt seine violettliche Innenseite. Er zeigt ähnliche Vergiftungserscheinungen wie die Frühjahrslorchel und liebt Kalkboden, auf dem er in Gruppen in den Monaten Mai und Juni vorkommt. Er ist nicht allgemein verbreitet.
Bemerkungen: Die Gattung *Peziza* besteht aus einer Vielzahl von schwer unterscheidbaren Arten (ca. 70). Eine genauere Bestimmung ist nur (wenn überhaupt) mit dem Mikroskop möglich. Einige haben die Eigenschaft, bei Verletzung einen verschieden gefärbten Saft auszuscheiden. Wir kennen gelb- und violettmilchende Sorten. Die Ascusspitzen aller echten Becherlinge färben sich in Lugol'scher Lösung blau.

240 Schlammbecherling

eßbar nach Abkochen

Peziza limosa (Grelet) Nannf.

Fruchtkörper: Schüssel- bis schalenförmig, innen und außen meist rotbraun, seltener mit olivbräunlichem Schein, Außenseite meist glatt, Breite 2–6 cm. **Sporen:** Oval, mit länglichen Warzen, die teilweise untereinander leicht verbunden sind, aber nicht netzig (wie beim Kastanienbraunen Becherling). **Vorkommen:** Auf feuchtem Torf- und Schlammboden, gern in Sumpfgebieten oder an den Rändern von stehenden Gewässern; Juni bis Oktober. **Verwechslung:** Der Schlammbecherling ist ein weniger bekannter Vertreter einer Gruppe von bräunlichen Becherlingen, die sich äußerlich sehr ähnlich sehen. Der Kastanienbraune Becherling *(P. badia)* ist ohne Mikroskop kaum zu unterscheiden. Er wächst an trockeneren Stellen auf Lehm- und Sandboden und besitzt ± genetzte Sporen. *P. michelii* kann ebenfalls ähnlich aussehen, sofern das Hymenium (Innenseite) nicht violettlich, sondern bräunlich gefärbt ist. Sein Fleisch scheidet an verletzten Stellen einen wässerigen Milchsaft aus, der sich nach einigen Minuten gelblich verfärbt. Vorsicht ist bei allen Becherlingen wegen der Verwechslungsgefahr mit dem giftigen Kronenbecherling *(Sarcosphaera crassa)* geboten!

Bemerkungen: Becherlinge (im engeren Sinne, Gattung *Peziza*) galten bisher als uneingeschränkt eßbar. Da bei rohem Verzehr schon leichte Vergiftungsfälle bekannt wurden, muß ein Abkochen angeraten werden. – Die abgebildeten Pilze wurden in einem Naturschutzgebiet (Feuchtgebiet) in Berlin aufgenommen, wo diese Art alljährlich in größeren Mengen erscheint.

241 Eselsohr

eßbar

Otidea onotica (Pers.) Fuckel

Fruchtkörper: Ohrförmig, einseitig schüsselförmig, mit kurzem filzigem Stielchen, Innenseite schön rosarötlich, Außenseite ockergelblich, Höhe bis 10 cm. **Sporen:** Elliptisch, farblos, glatt. **Vorkommen:** Im Laub- und Nadelwald, in kleinen Gruppen; Juli bis November. **Verwechslung:** Das Eselsohr könnte mit anderen Arten seiner Gattung verwechselt werden. *O. concinna* ist ähnlich gefärbt und sicher nur mit dem Mikroskop zu unterscheiden. Andere Öhrlinge, wie *O. bufonia* und *O. alutacea* sind bräunlich gefärbt. Das Hasenohr *(O. leporina)* ist ebenfalls etwas dunkler und hat kleineren Wuchs. Keiner der Öhrlinge ist giftig.

Bemerkungen: Die Öhrlinge, Gattung *Otidea,* werden in ca. 11 schwer zu trennende Arten geteilt. Alle besitzen ein leicht zu erkennendes mikroskopisches Merkmal: die krückstockartig an der Spitze gekrümmten Paraphysen. Die in Wuchs und Farbe ähnlich aussehenden Wurzelbecherlinge *(Sowerbyella)* zeichnen sich durch ornamentierte Sporen aus. Sie kommen für Speisezwecke nicht in Frage und sind recht selten.

242 Lederfarbiger Öhrling

eßbar

Otidea alutacea (Pers.) Massee

Fruchtkörper: Kelchförmig, mit fast abgestutztem Rand, nicht wie beim Eselsohr ohrförmig verlängert, an einer Seite meist tief eingeschnitten, Basis stielartig verschmälert, Innen- und Außenseite relativ hell ockerbräunlich, Breite oder Höhe bis ca. 4 cm. **Sporen:** Oval, meist mit zwei Öltropfen. **Vorkommen:** Am Boden in Laub- und Mischwäldern, in büscheligen Gruppen wachsend; August bis September. **Verwechslung:** *O. bufonia* und *O. cochleata* sind gewöhnlich dunkler gefärbt, können aber leicht verwechselt werden. *O. cochleata* ist noch an seinen größeren Sporen zu unterscheiden. Manchmal ist auch der Kastanienbraune Becherling *(Peziza badia)* einseitig leicht eingeschnitten und kann einen Öhrling vortäuschen. Eine sichere Unterscheidung ist dann nur mit dem Mikroskop möglich, da bei dem Becherling die Sporen netzig ornamentiert sind. Außerdem sind die Paraphysen an der Spitze gerade und nicht gekrümmt, wie bei den Öhrlingen.

243 Wurzellorchel

ungenießbar

Rhizina undulata Fr.

Syn.: *Rhizina inflata* (Schff.) Quélet

Fruchtkörper: Rotbraun, mit gelblichem Rand, konvex-polsterförmig dem Boden aufsitzend, hohl, dünnfleischig, aber zäh, innen mit dicken wurzelartigen Myzelsträngen, die den Fruchtkörper mit dem Substrat verbinden; Breite 3–8 cm. **Sporen:** Spindelförmig, rauhlich, mit mehreren Öltropfen im Innern, an den Polenden mit je einem Anhängsel. **Vorkommen:** Auf Brandstellen (Nadelholz); Juni bis Oktober.

Bemerkungen: Die Gattung *Rhizina* besteht nur aus 1 Art, die saprophytisch an verkohltem Nadelholz lebt. Die Wurzellorchel ist zwar eßbar, ihr Fleisch ist aber zäh und meistens innen mit sehr viel Holzkohleteilchen versetzt.

244 Vielgestaltige Holzkeule

ungenießbar

Xylaria polymorpha (Pers. ex Mérat) Grev.

Syn.: *Xylosphaera polymorpha* (Pers. ex Mérat) Dum.

Fruchtkörper: Schwarz, keulenförmig, knollenförmig, mit oder ohne stielartige Basis, Außenseite punktiert; Fleisch weiß und zäh, an der Peripherie mit ca. 1 mm großen schwarzen Kernbechern (Perithecien), in denen die Sporen gebildet werden. Höhe bis 8 cm. **Sporenpulver:** Schwarz; Sporen länglich-spindelförmig, an einer Seite abgeflacht, glatt. **Vorkommen:** An toten Holzstümpfen, gern an Buche; ganzjährig zu finden, reife Sporen werden im Herbst gebildet. **Verwechslung:** Sehr ähnlich kann *X. longipes* sein, die sich durch schlanken keulenförmigen Wuchs, verdickte Stielbasis und deutlich kleinere Sporen unterscheidet. Sie wächst vor allem an toten Ästen des Ahorns. Die Geweihartige Holzkeule *(X. hypoxylon)* ist kleiner und an der Spitze verzweigt und weißlich.
Bemerkungen: Im Frühjahr sehen die Holzkeulen oft olivgrau bestäubt aus. Es handelt sich hier um keinen Befall, sondern um die ungeschlechtliche Konidienform. Die ganze Oberfläche ist dann mit den Konidiosporen bestäubt.

245 Geweihartige Holzkeule

ungenießbar

Xylaria hypoxylon (L. ex Hooker) Grev.

Fruchtkörper: Schlank keulenförmig, Höhe 3–6 cm, schwarz, an der Basis zottig, an der Spitze oft geweihartig verzweigt und durch die ungeschlechtlichen Sporen weiß bestäubt. Im Frühjahr sind die Fruchtkörper meist gänzlich schwarz, im unteren Teil verdickt und an der Oberfläche punktiert. Die Punktierung entsteht durch die etwas nach außen gewölbten Kernbecher, in denen die Schläuche mit den geschlechtlichen Sporen (Hauptfruchtform) gebildet werden. Im Längsschnitt können die schwarzen Kernbecher, die sich deutlich von dem weißen Fleisch abheben, erkannt werden. **Sporenpulver:** Schwarz; Sporen bohnenförmig. **Vorkommen:** Sehr häufig an Laubholz, besonders gern an Buche; ganzjährig zu finden; im Herbst die weiß bestäubte ungeschlechtliche Form und im Frühjahr die geschlechtliche Form mit entwickelten Kernbechern.

Register der deutschen Pilznamen

Die Zahlen beziehen sich auf die laufenden Nummern der Artbeschreibungen

Register der wissenschaftlichen Pilznamen

(Abgebildete Arten und deren Synonyme, Gattungen)

T

U

V

X

Die Natur besser kennen